云原生敏捷运维从入门到精通

王　宇　张　乐　侯皓星　编著

机 械 工 业 出 版 社

本书共 8 章。第 1 章介绍云化产品的需求分析以及云资源的规划和选型；第 2 章通过对开源工具 Redmine 的讲解，提出云化产品的项目管理解决方案；第 3 章对版本控制系统 Git 的使用原理、基本操作和场景进行了详细阐述，并简单介绍了两大 Git 代码托管服务 GitHub 和 GitLab；第 4 章详细讲解了流行的持续集成系统 Jenkins；第 5 章主要讨论如何在云原生的环境下规划测试计划，从而对产品的功能、性能、安全等方面进行可重复、可迭代的质量评估；第 6 章以实例的方式讲解 Ansible 和 Kubernetes 在产品部署到云环境中所发挥出的高效和灵活的作用；第 7 章介绍云化应用的性能检测的相关概念以及定义性能监测指标数据的各种方法；第 8 章对智能运维（AIOps）的概念和潜在的应用场景进行简单介绍，并展望了未来 AIOps 的发展方向。

本书并未深究运维中的单个环节，而是对 IT 服务云化过程中开发运维工作的方方面面都有所涉及，以期读者能够对云运维的整个生产周期具备全局的认知。

本书非常适合正在考虑 IT 服务云化的企业运维人员阅读，也对期待进一步改进现有云开发运维流程的相关人士有一定启发作用。

图书在版编目（CIP）数据

云原生敏捷运维从入门到精通 / 王宇，张乐，侯皓星编著．—北京：机械工业出版社，2019.12

ISBN 978-7-111-64269-5

Ⅰ．①云…　Ⅱ．①王…　②张…　③侯…　Ⅲ．①云计算　Ⅳ．①TP393.027

中国版本图书馆 CIP 数据核字（2019）第 266916 号

机械工业出版社（北京市百万庄大街 22 号　邮政编码 100037）

策划编辑：张淑谦　　责任编辑：张淑谦

责任校对：张艳霞　　责任印制：郜　敏

北京圣夫亚美印刷有限公司印刷

2020 年 1 月 • 第 1 版第 1 次印刷

184mm×260mm • 19.25 印张 • 473 千字

0001－3000 册

标准书号：ISBN 978-7-111-64269-5

定价：99.00 元

电话服务　　网络服务

客服电话：010-88361066　　机　工　官　网：www.cmpbook.com

010-88379833　　机　工　官　博：weibo.com/cmp1952

010-68326294　　金　书　网：www.golden-book.com

机工教育服务网：www.cmpedu.com

前　言

最近几年，我们时时刻刻都能够感受到互联网发展给我们带来的冲击，我们衣食住行的方方面面都受到互联网的影响。例如，如果想买衣服，我们不需要去大型购物商场，只需要坐在电脑前，在各大购物网站浏览选购、下单，然后坐等快递送货上门即可；晚上回到家肚子饿了，又不想出门吃饭，那么可以拿出手机，在大众点评或美团上下单，很快就有送餐员上门服务；要买房子或者租房子，我们可以在网上查看选择符合条件的房源，然后再实地考察，这样可以节省大量的时间；出门吃饭或者购物，自己开车有时候不方便停车，打开手机，在滴滴出行输入目的地址，很快就有司机来接你；出门逛街的时候，完全不需要带上钱包，因为商店甚至街头小贩都支持微信或者支付宝结算，非常方便。

在享受生活工作的方便之余，作为技术工作者，有时我们也会思考在背后支撑这些场景的技术——云计算。

通常，云计算具有如下特征。

- 计算资源可以根据需要进行自动扩展。大家都知道，在双 11 购物节，网上购物的交易量是平时的数十倍甚至数百倍，要应付如此庞大的交易量，相应的计算资源也需要根据需要进行扩充。根据过去的经验，扩充计算资源可能需要数月的时间，包括资源规划、硬件采购、软件部署等步骤，但是利用云计算技术，计算资源可以在数分钟、甚至数秒内得以扩展。
- 计算资源是按需付费的，通常是按分钟计费的，有消息称某些云服务商未来将提供按秒计费的能力。
- 计算资源可以在不同的用户之间共享，这就意味着电商的冗余计算资源在销售淡季可以用于出租。

那么，在云端进行软件开发有什么特点呢?

在传统的软件发布模式下，用户需要下载软件安装包，将其安装部署到自己的主机上，然后才能使用。但是在云端模式下，一旦软件部署到云端，所有用户都可以使用它，而不需要用户进行任何部署操作。也就是说，软件的部署升级控制权是属于云端软件开发者的，而不是软件的使用者。这可以带来一个好处，那就是软件的开发者可以根据需要主动升级云端的软件。例如，在软件中发现一个安全漏洞，原来的做法是软件开发者在下载页面提供补丁下载，然后通知用户，要求用户下载并安装，但是如果用户因为某种原因忽略了这个通知，那么用户因为没有主动升级补丁，仍然会受到安全漏洞的威胁；而在云端，软件开发者也同时充当软件维护者的角色，他们可以主动升级补丁以保证用户不受高危漏洞的威胁。另外，假设存在一个很严重的漏洞，如果按照原来的模式，只是通知用户下载补丁并修复漏洞，很多情况下用户会选择性地忽略这些问题，从而造成某些关键特性不可用，降低用户的满意度；而在云端，软件开发者可以主动升级软件，也就不存在这样的问题。

但是软件开发者在云端主动升级软件会带来另外一个问题，那就是如果新的补丁中引入了新的问题，怎么办？

有三种解决办法：

- 采取严格的质量保证流程，在发布每次新版本时都进行充分的测试，但是这只能阻止大部分问题，而无法完全避免新问题的出现。
- 采取比较保守的升级策略，或者按照需要进行升级。也就是说，如果用户的应用需要特定的功能，而老的版本不支持，那么就必须升级，但这样做只能延缓新问题被发现的时间。
- 采取比较激进的升级策略，只要有新版本发布，一律升级到最新的版本，同时加快新版本的迭代速度。例如，一个星期或者两个星期一个迭代，当迭代周期足够短的时候，大量用户还没有意识到问题的存在，问题就已经被修复了。

解决方案 2 是不值得推荐的，因为它只是规避问题，而没有解决问题。解决方案 1 和 3 都可以一定程度地解决问题，但是它们都需要快速的迭代周期来提高用户的满意度。如何提高迭代的速度？答案是采用敏捷的方法配合高度的自动化。敏捷方法的特点就是微迭代，每个迭代周期很短，发布的内容很少，但都是经过充分测试的发布版本。假设发布周期为一周，在这一周时间里，整个软件生命周期的各个步骤一样都不能少，包括软件设计、编码、单元测试、编译、部署、端到端测试等。怎么才能做到这一点呢？答案是充分自动化。这就引入了持续集成和持续发布的概念。所谓持续集成，就是利用一套自动化工具，在每天的特定时间将当天入库的代码进行集成、编译、测试，保证当前的最新版本是可以发布的版本。所谓持续发布，就是在持续集成结果没问题的情况，根据软件发布的要求，自动发布最新的软件到生产环境，保证生产环境是最新的版本，从理论上应该可以实现每天或者更短时间一个发布。

工欲善其事，必先利其器。掌握好的工具和方法可以使我们在工作和竞争中掌握先机。本书的目的是向读者讲解和展示原生云上基于产品生命周期的持续集成和持续部署交付的原理和流程步骤，并提供一系列工具、代码和相关镜像来构建企业原生云的持续集成和持续部署交付产品。其中重点讲述和展示了产品需求分析和竞争对手产品分析、产品项目 Redmine 的构建和管理、驱动代码 GitLab 的构建及与 GitHub 的集成、满足持续质量保证的 Jenkins 集群定制、基于 Kubernetes 集群的端到端产品自动测试和基于 Kafka 和 Streaming 技术的实时预警、基于历史日志存储的 ELK 日志分析，在本书最后还向读者介绍了 Devops 和 AIops 的行业案例和最新技术进展。

本书有助于读者了解和掌握基于云原生应用和产品的项目流程设计和运维的全过程。同时本书还提供了一系列实用设计文档模板、简洁完备的源代码和即插即用的可执行容器镜像，读者可在理解本书图文的基础上直接上手参与实际项目。

本书文字部分重点讲述原生云 Devops 的原理和流程，图示部分涉及各章核心流程。各章代码提供重点代码讲解，完整代码在 GitHub 和机械工业出版社计算机分社官方微信订阅号“IT 有得聊”上提供下载。各章运行环境提供开箱即可用的 docker 镜像，并在 Docker Hub 上提供下载。

本书主要适合读者对象包括：云平台产品设计开发运营人员；企业传统应用的云迁移项目实施人员；企业信息部门决策人员；大学及研究机构的相关研究人员和在校学生等。

本书的代码已经共享到 GitHub，地址是https://github.com/cloudAgileOps/cloudagileops，读者可以随时下载并使用。

在本书的编写过程中，我要特别感谢我的两位同事兼朋友——张乐和侯皓星，他们承担了本书编写的大量工作，正是他们的加倍努力，才使本书的问世成为可能。下面是整个编书团队的简单介绍：

王宇，西安交通大学博士毕业，拥有 17 年行业经验，目前是思爱普中国研发中心西安分公司高级开发经理，主要从事数据库云服务的开发运维管理工作。

张乐，西安交通大学硕士研究生毕业，拥有 10 年以上行业经验，目前是思爱普中国研发中心西安分公司的高级开发工程师，主要从事数据库云服务的开发运维工作。

侯皓星，西安交通大学硕士研究生毕业，拥有 8 年以上行业经验，目前是思爱普中国研发中心西安分公司的高级开发工程师，主要从事数据库云服务的开发运维工作。

如果读者能从本书获得某些帮助和启迪，我们将不胜荣幸和欣慰。

王宇

2019/6/5 晚

目 录

前言
第 1 章 云时代客户需求的及时响应…………1
1.1 客户需求与竞争对手产品分析驱动的行动框架…………1
1.1.1 云应用客户需求的收集分析决策…………1
1.1.2 云应用竞争对手产品分析与敏捷应对…………4
1.2 实施应用决策——预算规划下的云资源投入…………7
1.2.1 预算规划下的云资源投入计算和优化…………7
1.2.2 快速迭代与优化客户反馈和市场反应…………10
1.3 小结…………11
第 2 章 产品项目生命周期的开始——Redmine…………13
2.1 从创建开始——Redmine 入门…………13
2.1.1 首次体验 Redmine…………13
2.1.2 使用 Redmine 定义产品项目…………15
2.1.3 众人的合力——Redmine 角色定义与产品预期沟通…………16
2.2 产品管理——进度与反馈…………18
2.2.1 TodoList 应用项目总览…………18
2.2.2 Redmine 问题跟踪…………20
2.2.3 Redmine 活动管理…………21
2.3 深入阶段——Redmine 日历与进度表…………23
2.3.1 Redmine 日历记录与管理…………23
2.3.2 使用甘特图实施进度把控…………25
2.3.3 综合使用日历与进度把控的讨论区管理…………26
2.4 基于需求的扩展——使用 Redmine 高级管理功能…………28
2.4.1 组功能和任务指派…………28
2.4.2 项目权限和角色管理…………31
2.5 小结…………32
第 3 章 管理代码——从分布式版本控制系统 Git 出发…………33
3.1 版本控制系统构建与管理——Git…………33
3.1.1 Git 如何工作…………33
3.1.2 Git 操作场景…………37
3.1.3 Git 协作开发的经典模式…………53
3.2 管理分享代码宝库——GitHub…………62

3.2.1 GitHub 基本简介 …… 63
3.2.2 GitHub 其他功能 …… 69
3.2.3 快速找到你感兴趣的项目 …… 77
3.3 企业的内部代码仓库管理——GitLab …… 79
3.3.1 GitLab 基本简介 …… 80
3.3.2 搭建 GitLab 服务 …… 82
3.4 小结 …… 84
第 4 章 让需求和质量持续得到满足——快速交付中的 Jenkins …… 85
4.1 精良的工作流设计——Jenkins 定制 …… 85
4.1.1 简单的开始——安装和使用容器化的 Jenkins …… 85
4.1.2 选择合适的工具——Jenkins 插件的搜索和使用 …… 91
4.1.3 Jenkins 崭新的用户体验——BlueOcean …… 93
4.2 跟踪问题——Gerrit …… 102
4.2.1 Gerrit 简介和使用 …… 103
4.2.2 Gerrit 与 Jenkins 集成 …… 113
4.3 更健全的 Jenkins 系统及维护实践 …… 119
4.3.1 Jenkins 分布式节点的构建 …… 119
4.3.2 Jenkins 用户管理 …… 124
4.3.3 Jenkins 安全配置 …… 125
4.3.4 管理及监控 Jenkins …… 131
4.4 小结 …… 136
第 5 章 迭代——持续集成的自动化测试 …… 137
5.1 自动化测试与 Jenkins …… 137
5.1.1 代码片段能工作吗——单元测试 …… 139
5.1.2 发现局部的问题——集成测试 …… 139
5.1.3 持续交付——端到端测试 …… 139
5.2 全面的考虑——规划 Jenkins 测试 …… 139
5.2.1 规划回归测试 …… 139
5.2.2 规划端到端测试 …… 140
5.2.3 用户可以使用吗——定义功能测试 …… 140
5.2.4 可以做到足够好——定义性能测试 …… 141
5.2.5 预防可能出现的安全问题——定义安全性测试 …… 141
5.3 用户可以使用吗——定义功能测试 …… 141
5.3.1 面向图形用户界面的测试 …… 142
5.3.2 面向系统互联接口（RESTAPI）的功能测试 …… 170
5.4 可以做到足够好——定义性能测试 …… 185
5.4.1 预先准备——Web 性能 KPI 定义 …… 185

5.4.2 LOCUST 的安装和配置……186
5.4.3 LOCUST 测试代码……186
5.4.4 运行 LOCUST 进行性能测试……187
5.4.5 LOCUST 测试在云端……191
5.5 预防可能出现的安全问题——定义安全性测试……192
5.5.1 如何安装 Metasploit……193
5.5.2 如何使用 Metasploit……193
5.5.3 基于 Metasploit 的自动化测试……197
5.5.4 Metasploit 在云端……200
5.6 小结……201
第 6 章 尽快让客户看到改进和得到反馈——端到端的交付部署 Kubernetes 和 Ansible……202
6.1 规划云原生端到端的域部署——流程域的划分……202
6.2 实现部署——使用 Ansible 配置管理……203
6.2.1 Ansible 的安装和使用……204
6.2.2 测试区域/预生产区域/生产区域的 Ansible 配置……216
6.2.3 跨域部署——Ansible 如何应对跳转机……217
6.3 构建容器式交付部署环境——使用 Kubernetes 集群……222
6.3.1 即插即用——容器运行环境……222
6.3.2 部署和管理容器集群——Kubernetes 集群构建……224
6.3.3 注入应用——在交付部署环境中使用容器工具……233
6.4 让一切动起来——持续集成交付部署……245
6.4.1 整体流程的自动化……245
6.4.2 Redmine 流程信息自动化查询与更新……247
6.4.3 Jenkins + Redmine 集成……250
6.4.4 Jenkins + Ansible 集成……250
6.5 小结……250
第 7 章 对一切了如指掌——应用性能监测……251
7.1 应用性能管理概述……251
7.1.1 应用性能管理过程……251
7.1.2 产品生命周期中的应用性能管理……252
7.2 深入应用性能监测……253
7.2.1 根据性能数据类型探索性能监测……253
7.2.2 覆盖端到端的性能监测维度……254
7.2.3 服务器性能数据监测分类……255
7.3 使用 InfluxDB 管理应用性能数据……260
7.3.1 时间序列数据库的结构和原理介绍……260

7.3.2 InfluxDB 数据库管理 ……261
7.3.3 应用性能数据表操作……268
7.4 小结……277
第 8 章 新的开始——拥抱机器学习与人工智能的明天……279
8.1 人工智能的新课题——AIOps……279
8.1.1 AIOps 的诞生……279
8.1.2 AIOps 的现状……282
8.2 AIOps 的应用场景和典型案例 ……283
8.3 AIOps 的未来展望……289
附录 A 公有云提供商的相关服务列表……290
附录 A-1 使用阿里云实现敏捷运维管理的相关服务 ……290
附录 A-2 使用亚马逊云实现敏捷运维管理的相关服务 ……291
附录 A-3 使用 Azure 实现敏捷运维管理的相关服务 ……292
附录 A-4 使用 Google 云实现敏捷运维管理的相关服务……293
附录 B 云服务测评指标体系（CMI） ……295

第 1 章　云时代客户需求的及时响应

1.1　客户需求与竞争对手产品分析驱动的行动框架

1.1.1　云应用客户需求的收集分析决策

客户需求对于供应商的重要性不言而喻。在企业数字化运营要求日益强化的今天，云应用团队承载的任务自然也日益突出。客户需求的产生来自客户所处行业和相关业务发展及变化的要求，作为满足客户业务稳定和增长的云应用服务，其提供的服务也需要相应的支持。

云应用客户需求管理分为以下几个方面，即客户需求规划、客户需求收集、客户需求定义、客户需求变更管理和客户需求反馈。下面依次对它们进行介绍，如图 1-1 所示。

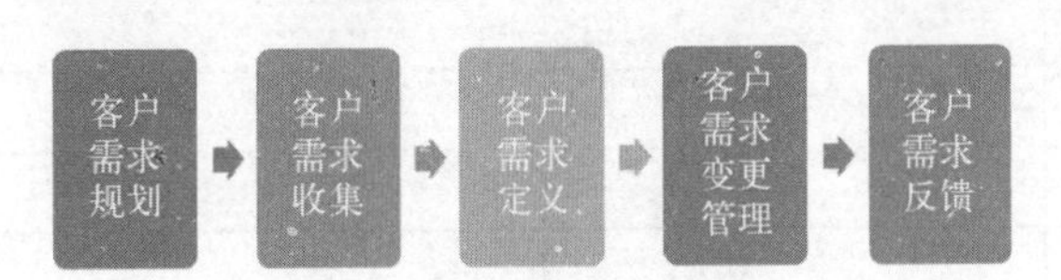

图 1-1　云应用客户需求管理

客户需求规划，也就是对客户业务背景的理解和客户业务环境的梳理。客户业务背景在客户需求规划中的重要性不言而喻，从以往的经验来看，客户业务背景的理解需要团队长时间地和客户进行深入沟通才能达到应有的效果。客户业务背景的理解包括对客户所在行业研究报告的了解、客户业务流程梳理和客户业务痛点梳理。客户业务环境梳理包括深入客户企业现场调查、客户关键决策人访谈、客户现有系统流程梳理和客户遗留系统数据交接等环节，如图 1-2 所示。

客户需求收集，也就是对客户系统期望的统一收集和规划。在与企业内部外部客户沟通访谈和调研的过程中，客户的需求是逐渐了解和积累起来的，不仅包括对客户现有业务构成的了解和整理，也包括对客户业务增长诉求和业务价值收益的通盘了解，在此基础上，客户的潜在需求和潜在价值主张也需要进一步理顺和构建。这里我们向读者朋友们，特别是产品经理提供了客户拜访与需求调查报告的模板表格，在模板表格中详细记录了访谈活动的全程信息。这对于同事后续的工作跟进和项目结束后的复盘工作都是可供参考的重要文档（见表 1-1）。

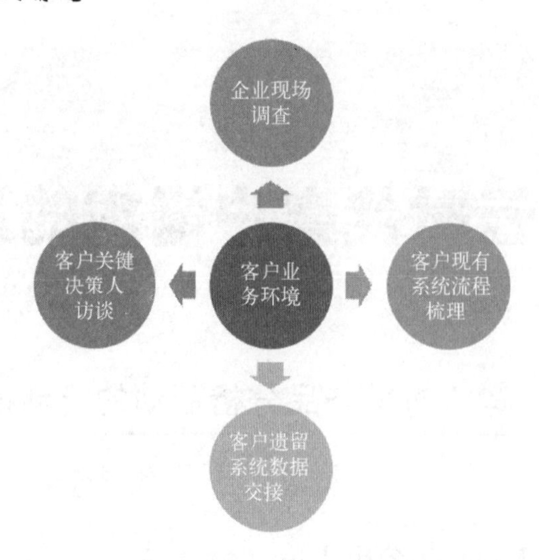

图 1-2　客户业务环境梳理

表 1-1　客户拜访与需求调查报告

调查项目	调查结果评述	团队讨论后评估意见	具体负责人
客户公司全称			
访谈日期			
客户项目决策人和相关信息			
客户项目接待人和相关信息			
客户目标			
拜访与需求调查议程安排			
客户需求框架和表述次序			
客户业务痛点描述			
访谈调查评述			
客户接受方案的顾虑与风险			
总体情况综述			
附录和跟进工作计划			

我们知道，客户需求在相关文档构建完成之前，需要经过多次的沟通和反复的调研确定，并且很多情况下，客户需求调研在不同部门和不同调查人员之间也存在种种表述差异和理解歧义的情况，因此针对相关的业务人员和决策人员，经常需要多次确认和频繁沟通。这对客户需求收集人员和售前团队人员提出了很高的要求，他们不仅要对业务有较深的理解，同时也需要在产品架构和成本预算等方面综合考虑，以向客户提出符合投资回报预期的最终决策方案。

客户需求定义，即在前述客户需求收集，以及与客户相关业务人员和决策人员充分沟通和确认的基础上，拿到了相关的确认文档之后，团队开始着手进行客户需求的条理化梳理工作，包括客户需求价值主张、客户需求业务总体目标定义、客户需求系统定义和业务系统对接映射表等相关文档，如图 1-3 所示。

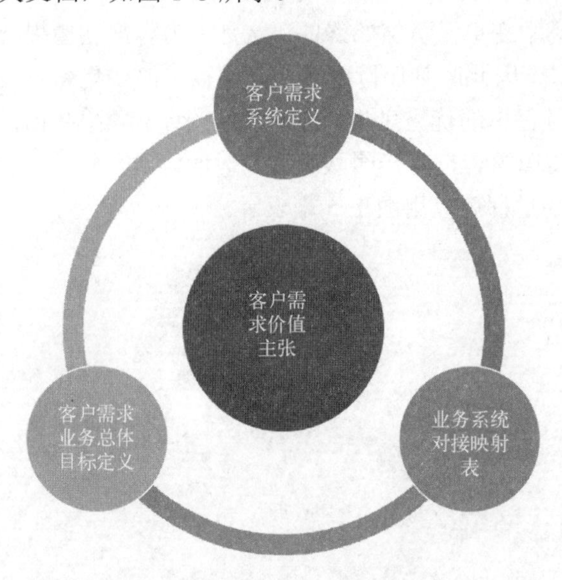

图 1-3　客户需求梳理结构图

因此，客户需求定义提供的是一整套完整的文档体系，用来表示客户需求在前期的阶段性确定，不仅仅是系统目标的确定，也是客户价值主张和业务增长诉求的真实反映。客户需求定义向团队对接人员提出的高要求具有价值反映准确、目标划定清晰、系统架构简洁、实现路线可用等特点。

客户需求定义可以按照如下关键词来进行划分，即客户场景、核心活动、整体方案、价值创建差异，如图 1-4 所示。

图 1-4　客户需求定义构成图

客户需求变更管理，即团队在确定客户需求定义文档集之后，由于客户业务的变化和增长的特性要求，需要产品团队对于客户价值期望进行持续跟进和更新的表现。在我们的经验中，如果客户需求变更不能有效实施，则一方面会破坏与客户的长期稳定合作关系，另一方面也会深刻影响系统设计和实现中可能遇到的风险和障碍，需要特别重视。从产品生命周期来看，客户需求变更是贯穿始终的。这是因为客户期望提交的产品会持续受到市场和用户的挑战和冲击，因此时刻保持准备的产品设计路线更新计划和产品变更风险评估方案就是一个团队必须保持的优秀风格。根据以往的经验，团队内部保持变更计划的敏捷更新的同时，也应向相应的客户对接团队进行及时的沟通，并尽可能快速地响应他们的诉求和反馈。这个沟通的过程可以用图 1-5 来表示。

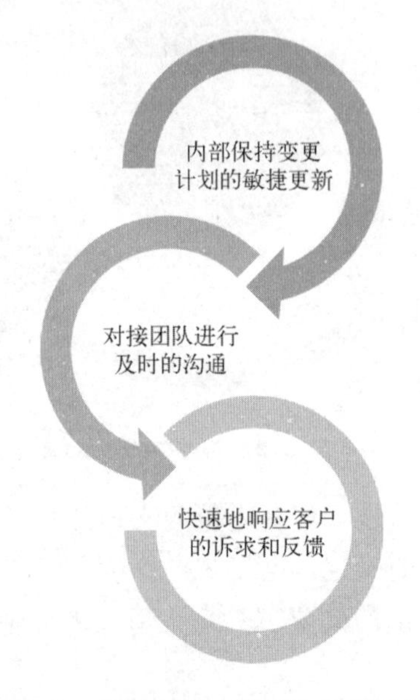

图 1-5　团队与客户敏捷沟通示意图

客户需求反馈，即团队在客户需求变更管理和其他需求管理过程中，对于客户需求的合理期望和变更要求作出及时响应和相关跟进。它包括客户需求反馈系统记录、客户对接团队敏捷会议沟通以及设计团队内部的计划更新等过程。客户需求反馈对于促进客户需求的明晰准确和实时性具有十分重要的作用，相应地，也对团队内部的敏捷处理和更新工具提出了相当高的要求。

1.1.2　云应用竞争对手产品分析与敏捷应对

任何一款具有市场竞争力的产品都会受到竞争对手的借鉴和新进入市场的竞争者的跟随。竞争产品之间相对的市场地位，经常会发生或大或小的变化，而云应用市场中的产品由于其特有的敏捷性、易用性、经济性等多重特点，更容易体会到竞争对手所带来的产品特性和服务质量的市场压力。因此，云应用竞争对手的产品分析和敏捷应对非常重要。

云应用竞争对手的产品分析由以下几个部分组成：产品核心价值比对；产品特性列表计分；产品用户体验调查；产品估算投入产出比分析，如图 1-6 所示。

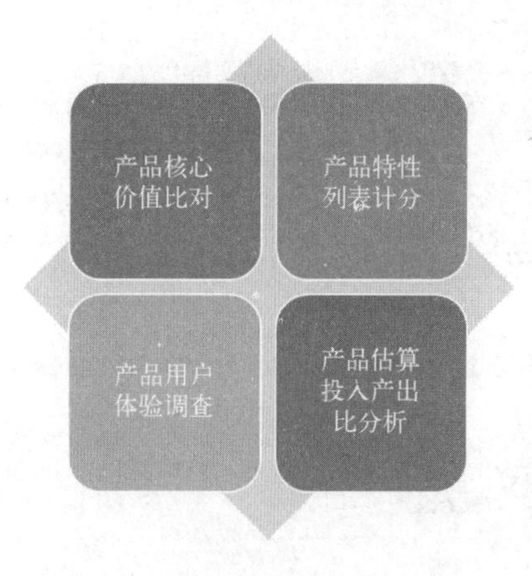

图 1-6 云应用竞争对手的产品分析

产品核心价值比对是竞品分析中最为重要的一环，在我们的经验中，它更加依赖于丰富的行业经验和灵敏的产品嗅觉。产品核心价值所代表的是这款产品给用户带来的综合体验和全方位助益。我们经常需要替用户问自己的问题是：这款产品能够为用户带来什么？用户为什么要使用这款产品？用户需要承担额外的努力和费用才能获得这款产品带来的体验吗？所有这些（不仅仅包括上述的问题）都是产品核心价值需要解决的核心诉求，并且也是我们进行竞争对手产品分析的过程中，自始至终需要关注的方面。

产品核心价值比对在实际业务中可以使用产品核心价值比对表管理工具来实现，如图 1-7 所示。

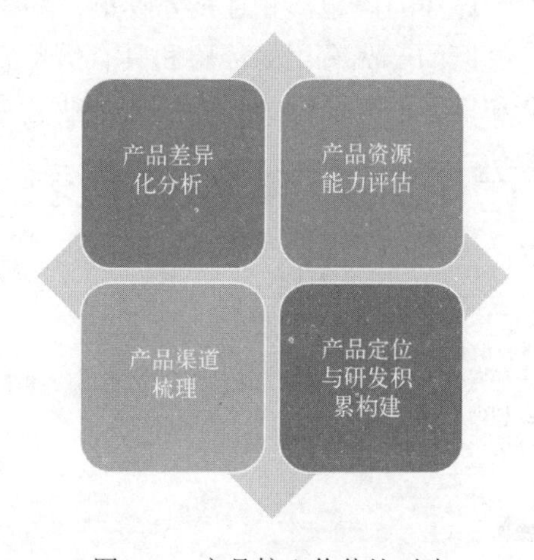

图 1-7 产品核心价值比对表

产品特性列表计分在竞争产品分析中需要特别精细的工作，因为它如实记录了各个竞品的重要特性表现，这些特性的选择标准代表了用户选择这些产品的最重要和最显著的原因。我们经常需要反向思考这些原因本身，比如操作易用性、展示全面性、流程清晰感等，因为这些重要的使用角度会最终体现在产品特性列表当中，这些反向的映射过程促使着竞争对手不断改进他们的产品，产品团队不能不提早预料并及时跟进相关的变化。产品特性列表计分卡作为一种产品管理工具，如图 1-8 所示。

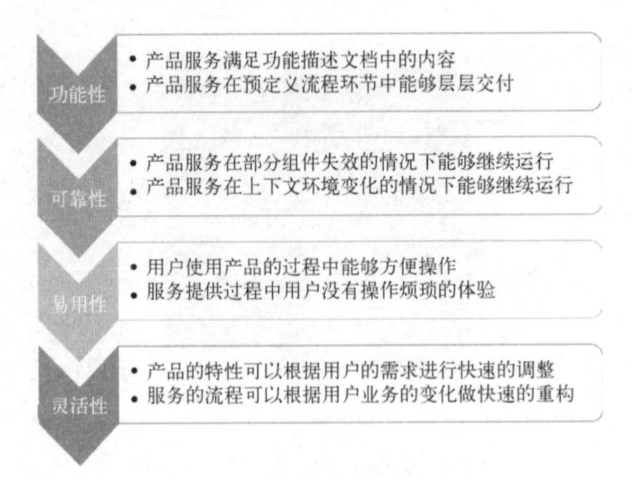

功能性
• 产品服务满足功能描述文档中的内容
• 产品服务在预定义流程环节中能够层层交付
可靠性
• 产品服务在部分组件失效的情况下能够继续运行
• 产品服务在上下文环境变化的情况下能够继续运行
易用性
• 用户使用产品的过程中能够方便操作
• 服务提供过程中用户没有操作烦琐的体验
灵活性
• 产品的特性可以根据用户的需求进行快速的调整
• 服务的流程可以根据用户业务的变化做快速的重构

图 1-8　产品特性列表计分卡

产品用户体验调查实际上是一个跨团队合作的结果，因为它需要很多领域的相关经验，特别是在体验调查列表设计阶段和具体统计实施阶段。如果说团队需求确定和设计开发过程中的数据代表了产品本身打磨萃取的过程，那么产品用户体验调查则代表了市场和用户体验数据的效能发挥。我们时常看到产品团队在埋头苦干之后发布的产品并没有得到应有的市场效果，这往往并不代表产品设计和实现过程本身不规范或者实施不够彻底，造成这种现象的原因恰恰是因为产品用户体验调查做的并不理想。因此，在竞争对手产品分析中，为了在未来留住具有价值的客户，我们必须了解“在客户眼中，产品 A 或者产品 B 到底是怎样的感觉和体验？”这样的问题，并且充分收集、整理和分析获取到的数据，从中提取和抽象出对团队自己打磨的产品有用的经验和具有借鉴意义的价值。产品用户体验调查表的构建应该根据团队和实现的产品中所包含的具体业务来确定，如图 1-9 所示。

产品用户体验调查表			
受访客户名称		受访客户类型	
姓名		联系邮箱	
联系方式			
调查主题：产品/服务用户体验调查 调查目的：根据客户细分市场的特性，为团队产品的商业计划和研发计划提供指导性建议			
您对现有产品使用的整体感觉如何？ 您的建议是什么？			
您对现有产品的界面布局和操作方式是否感到舒适？ 您的建议是什么？			
您认为现有产品的功能是否能满足您的日程安排计划的需要？ 您的建议是什么？			
您认为现有产品的操作性能是否能够满足您移动办公的需求？ 您的建议是什么？			

图 1-9　产品用户体验调查表

产品估算投入产出比分析主要是指在上述各个方面的竞品数据分析收集的基础上，根据跨部门合作的原则，由具有产品经济指标估算经验的市场部门或者营销团队所得出的关键产品指标。这些投入产出比指标可以再一次从用户角度展示一款产品在整个生命周期中价值变化的历史和趋势。掌握这些趋势数据并把它们进行横向对比，可以发现在一个细分市场当中，在一定购买饱和度的用户人群当中，竞争产品之间增长的趋势和价值收益的可能变化。我们都非常清楚，额外的努力也许可以带来额外的效益，产品估算投入产出比分析就是这样的一种高效方式。

1.2 实施应用决策——预算规划下的云资源投入

1.2.1 预算规划下的云资源投入计算和优化

任何产品顺利如期的发布都需要在相应的合理预算的支持下完成，这往往也是产品和项目团队最为重视和关注的一个方面。随着云应用快速落地的要求越来越高，相应云平台基础设计的支持越来越完善，对于一个客户需求明确和市场分析定位准确的产品计划来说，预算规划的时间敏捷性要求也越来越严峻。之前需要通过一个财年或者几个季度才能获得预算批准的产品项目，现在往往只需要几个星期就可以进行原型设计和快速实验性投放。这种转变如图 1-10 所示。

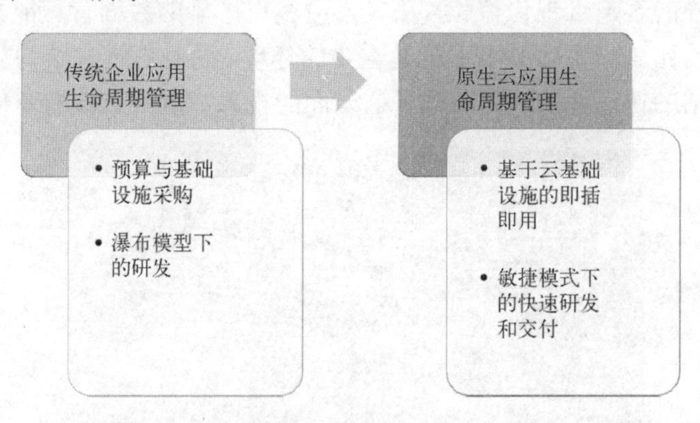

图 1-10 云计算下的产品快速迭代的转变

对于大多数希望用户可以尽早体验产品设计构想和价值主张的产品团队来说，这都是一个好消息。

云应用和其他产品的不同之处就在于，它需要考虑云平台下多个不同层次的资源需求和相应的快速优化。下面来逐个介绍，如图 1-11 所示。

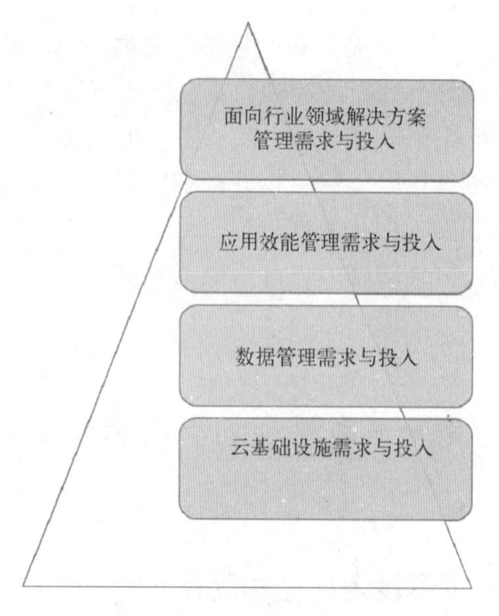

图 1-11　云平台多层次资源需求与投入结构

云基础设施投入对于评估云应用产品的整体功能效果和性能体现具有核心重要性。这包括了云应用从遗留系统迁移所带来的成本投入、云应用在不同地理位置可用性部署的成本投入、计算虚拟化环境构建和维护的成本投入以及根据企业和客户需求需要满足混合云环境的部署投入。

数据管理投入对于数据驱动型云应用产品的重要性不言而喻。具有竞争力的产品不仅仅需要带来不一样的客户可视化体验，还要带给客户可靠的数据管理能力。数据库管理投入在预算管理中的比重一直居高不下就是重要的体现，同时由于非结构化数据特别是社交数据和多媒体数据的快速增长，更加重了这方面的投入。数据结构的变化如图 1-12 所示。

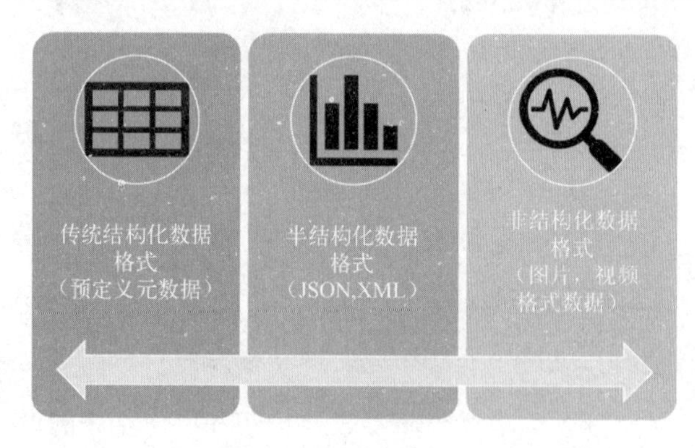

图 1-12　多种结构的数据结构图

另外，重量级产品在设计和构架之初就需要获得预算团队的明确确认和深刻理解，即数据管理在产品特性和构建投入过程中，需要占据很大的比例。由于数据管理对于企业来说意味着需要管理好多个数据源的数据，因此需要有一个全面的数据视图来做好数据管理工作，如图 1-13 所示。

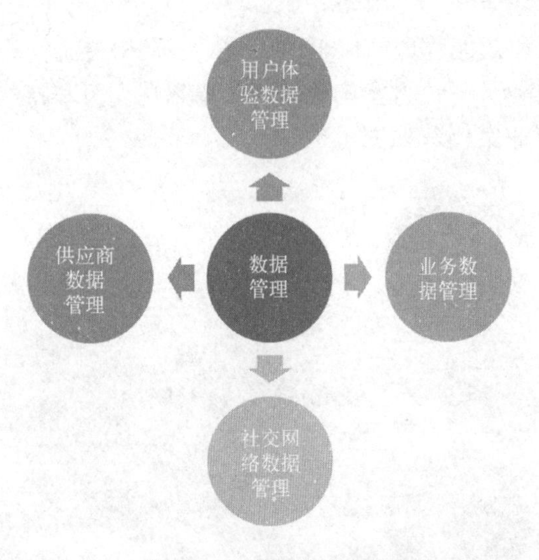

图 1-13　数据管理视图

应用效能管理投入对于任何投放到市场中的产品来说都是一笔负债，这样说的原因是有相当比例的团队把实现功能和抢占市场作为最为重要的目标，但是根据产品生命周期曲线，当产品还没有到达收益增长曲线的最高点时，由于产品应用和效能管理投入的不足，他们开始发现快速增长急剧放缓，预期并没有如想象般实现。这些现象的根本原因都是应用流程和效能管理投入在预算管理和整个实施过程中没有得到足够的重视，导致应用投放后漏洞频繁出现、售后技术培训不足使客户满意度下降、竞争对手快速的模仿和学习使用户分流等问题，如图 1-14 所示。因此，在预算规划和相应的精细化管理中，不论是否情愿，应用流程规范和效能标准管理的预算投入都是必须正视和真正努力的方向。

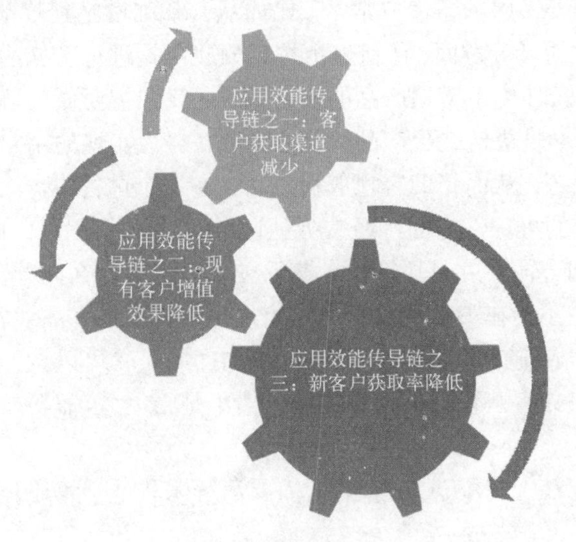

图 1-14　应用效能影响图

面向行业领域解决方案管理的投入是整个资源注入过程的最终落脚点，不论基础设施、数据管理或者应用和效能管理如何表现优秀，如果相关流程和资源配置的执行没有能够深入面向领域和针对业务解决方案实施，则从端到端交付和持续运营的角度来说，都不可以成为一个成功的商业案例，如图 1-15 所示。

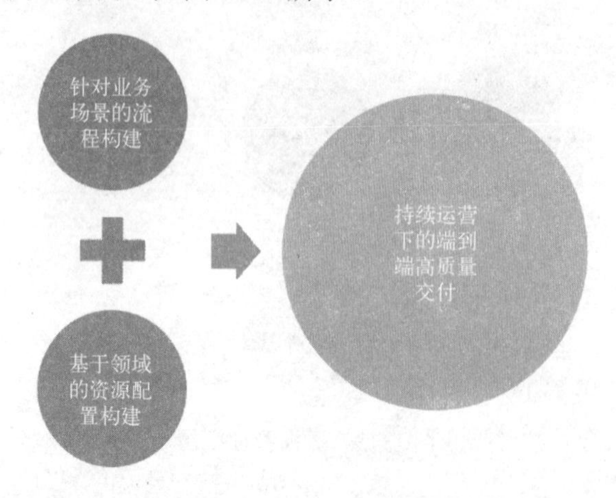

图 1-15　交付与运营对于商业案例成功的影响

面向行业领域的解决方案管理需要 IT 技术专家和行业领域专家以及相关决策人员一起努力来提升从技术投放到业务加速升级投递的最后一公里交付质量，使得客户在云应用迁移和云系统建设的投入产出效率上得到更大提升，并且为后续的持续投入增强信心。

1.2.2　快速迭代与优化客户反馈和市场反应

在预算规划下需要考虑的事情非常多，比如从云基础设施到数据管理，再到应用流程规范和效能标准管理的诸多方面，任何一个按照如此考量进行实施的产品团队都会感到压力异常，然而这就是云环境下应用产品的特有节奏，我们需要做的就是在多重考量和兼顾各个方面的前提下，尽量快速迭代产品孵化的过程，努力实现向用户承诺的产品功能和更加具有弹性的性能优势，从而帮助客户取得成功。在这个过程中，团队成员经常会有一些顾虑，特别是在执行的可行性方面，经常听到这样的问题（见图 1-16）：

- 考虑如此多的方面，并且还需要高速行驶，会出现什么问题吗？
- 我们的产品是不是在最后会由于严重超过预算而退出产品线？
- 从技术和客户目前的关切程度来看，我们的产品是否可以按预期的方式完成交付？
- 目前的产品设计有些任务的依赖关系仍然不是很清楚，需要按照既定的步骤继续还是停下来？
- 团队文档中存在一些不一致的地方，需要消解团队不一致还是保持组内最大程度的一致性？

我们相信，如果团队成员之间进行充分沟通和互相鼓励扶持，快速迭代并且充分考虑各个层面的要求是可以达到的。

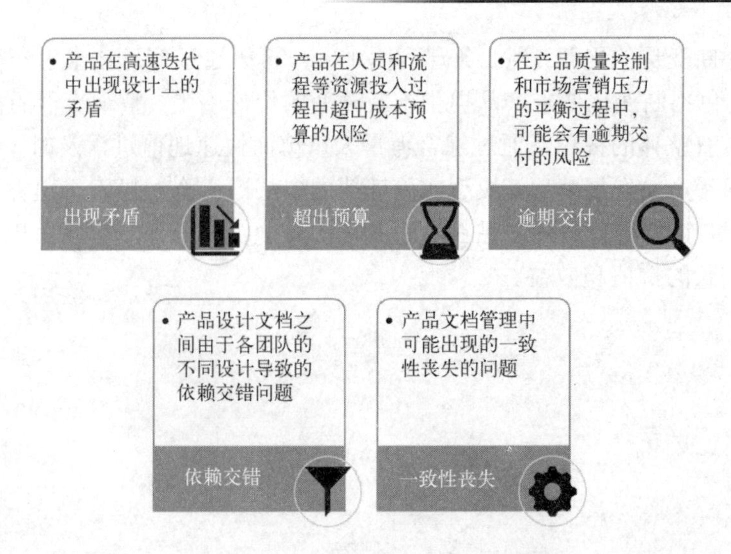

图 1-16　快速迭代中的问题

角色和责任常常被提起，但是在优化客户反馈方面它们往往是比较陌生的词语，原因在于产品团队需要的跨部门合作往往也会带来由于各尽其职、互不干涉所导致的信息传递断层的问题。作为体现产品价值的最重要的干系人，客户的反馈直接决定了产品在市场中还能走多远，产品在客户口碑的传递当中能在多大程度上延续其生命周期。每一个产品团队成员都应当成为客户反馈的积极响应者，还不能在一切培训和命令都到位之后才谈起，而应该是团队从构建之初就必须明确的信仰。

如果我们举出产品需求分析人员的例子，读者一定觉得客户反馈的及时响应是天经地义的事情，所以这里我们不想赘述。如果把视角切换到产品设计和实现人员上来看，就会很有意思。因为从岗位划分上来说，他们相对远离客户，所有的需求基本上是从产品需求分析人员或者产品经理那里获得的，他们有充足的理由仅仅处理好技术问题，解决好系统指标产出即可。假设他们具有客户业务思维并且一定程度上了解客户业务场景，那么他们就充当了客户反馈快速响应者的角色，任何一个产品特性的演变都可以看作一个客户需求的变化，那么就需要一次及时的修复或者及时的更新，在这个过程中，当所有的需求文档、设计图表等都到位的情况下，如果产品设计和实现人员的角色和相关责任并不到位，那么从直观的意义上说，客户的需求变更和反馈意见就并没有到位。从更广泛的角度来看，后续的整体交付和售后服务就举步维艰，客户就会渐渐失去耐心，产品的生命周期将有可能提前结束，最终产品也无法摆脱很快退出相关细分市场的命运。

1.3　小结

在云生态环境中生存的产品团队，需要面对市场和客户以及竞争对手的多重挑战，提供产品价值的同时，还需要反思提供产品价值的过程本身。从一系列市场预期观点、一揽子客户需求和不断变更的更新，到业务遇到困难客户希望通过信息技术生态得到解决的诉求，再到客户角色不断变化要求产品提供不断演变的价值主张，整个流程的再造和重构都需要产品团队具有整体的视角，通过综合考量来审慎而快速地前进，及时了解客户需求，准确观察竞争对手产品发展状况，快速实施敏捷的多层次云资源投入产出评估流程，从而适应市场的要求，让精心打造的产品在不断变化的环境中充分延展其生命周期，为团队和企业带来不断增长的价值和效益。

第 2 章　产品项目生命周期的开始——Redmine

2.1　从创建开始——Redmine 入门

Redmine 是一个基于 Web 的项目管理开源解决方案工具。它向用户提供基于项目活动和问题的完整生命周期跟踪和管理。不论用户是管理单个项目还是支持多个项目的进度把控，Redmine 都可以胜任其中的工作。Redmine 基于 Ruby on Rails 架构，易于功能扩展和插件开发，对于希望把控项目管理软件的功能定制、针对项目流程进行精细调节的团队来说十分合适。

2.1.1　首次体验 Redmine

Redmine 的安装过程在其官网上已经有详细的文档说明，在此不再赘述。

打开 Redmine 的 Web 管理主页，使用定义好的用户名和密码登录，本书中初始用户设置为 manager，如图 2-1 所示。

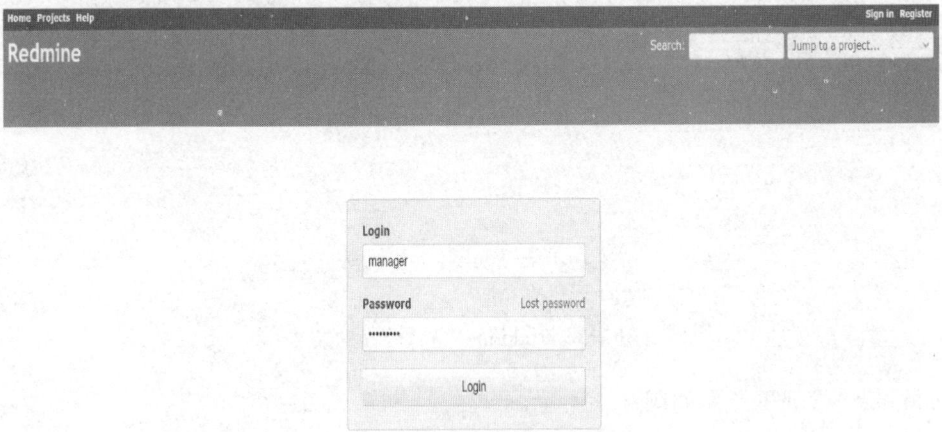

图 2-1　Redmine 用户登录界面

登录之后，在页面的左上方可以看到“主页”“我的工作台”“项目”“管理”“帮助”选项。其中“我的工作台”主要展示指派给当前用户的问题和已经报告的问题。在 Redmine 中问题代表了在产品生命周期中设定的各种待解决的事件，我们会在后面详细叙述。“项目”选项展示了当前项目所有涉及的工作方面，包括项目、活动、问题、耗时、甘特图、日历和新闻。“管理”选项主要展示项目和产品管理中的一系列元信息，包括项目定义、用户管理、组管理、角色和权限管理、跟踪标签、问题状态、工作流程、配置、插件等内容。值得一提的是，Redmine 的帮助系统内容丰富，相关资料详实，读者朋友们可以在深入使用 Redmine 的过程中查阅相关内容，十分方便。

登录后的 Redmine 主界面如图 2-2 所示。

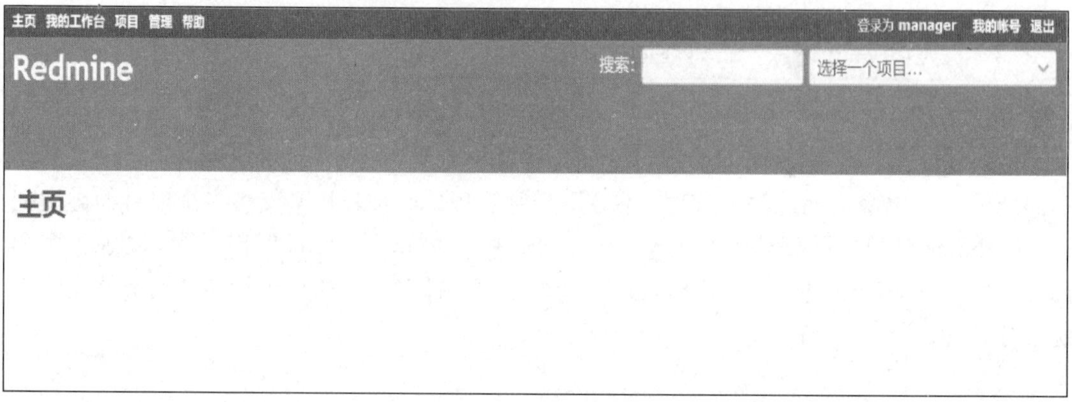

图 2-2　Redmine 主界面

Redmine“项目”界面如图 2-3 所示。我们会在后面创建项目之后再次使用到它。

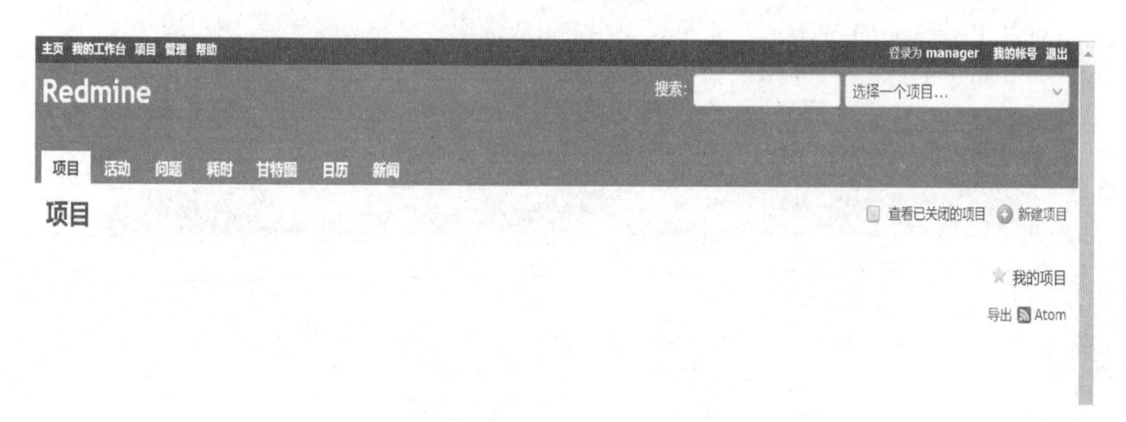

图 2-3　Redmine“项目”界面

Redmine“管理”界面如图 2-4 所示。

图 2-4 Redmine“管理”界面

2.1.2 使用 Redmine 定义产品项目

现在我们准备从定义一个产品及其关联的项目出发，开始真正使用 Redmine 进行团队合作。让我们以经典 Web 应用 TodoList 为例，设想团队准备进行 TodoList 应用的设计开发。大家决定使用 Redmine 作为产品项目管理工具，产品项目经理需要做很多初始化的工作。现在请读者朋友们进入产品项目经理的角色，开始这一旅程吧。

首先单击“项目”标签，再单击右边的“新建项目”按钮进行项目定义，如图 2-5 所示。

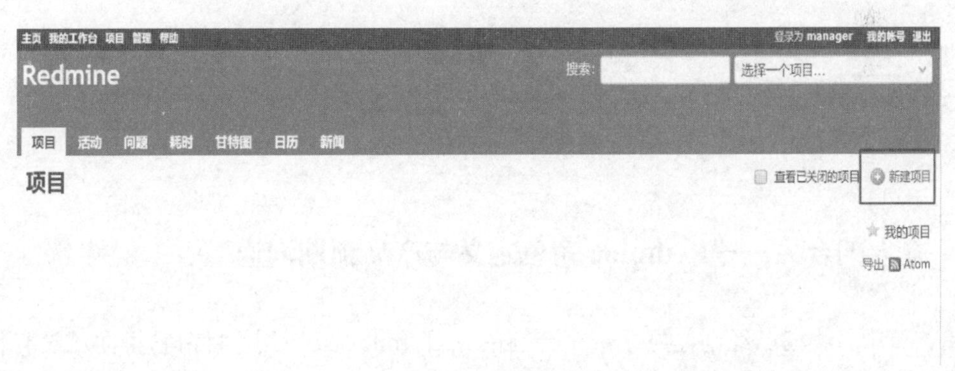

图 2-5 新建项目

在生成的“新建项目”定义页面中，对项目的相关信息进行设置，如图 2-6 所示。

在实际使用过程中，读者朋友可以按照自己的实际情况进行项目名称描述，在下边的模块选择中建议把所有模块都勾选上。然后单击“创建”按钮。这时在项目标签页中显示出第一个项目 TodoList 应用，如图 2-7 所示。

图 2-6　项目信息设置

图 2-7　项目应用创建

2.1.3　众人的合力——Redmine 角色定义与产品预期沟通

上一节中，我们已经创建好了一个全新的项目 TodoList 应用，目前它里面还没有什么具体的内容。我们先等一等，先来回顾一下整个产品项目。大家知道，一个项目需要多人合作完成，每个人在项目执行过程中都有各自的身份和角色，因此首先要定义产品项目中的各个角色身份，明确各人的职责和工作。这样做的好处是让团队中的各个成员在项目起始阶段就明确各自的分工和角色，方便后面的各项沟通和协作工作。

选择主页左上角的“管理”选项，在生成的页面中选择“用户”选项，然后单击右边的“新建用户”按钮，依次创建产品设计师（product_designer），产品研发师（product_ developer）和产品测试及交付师（product_delivery）三个用户角色。在这里要再次强调，在实际的项目用户定义过程中，各个角色的定义和划分是非常精细和考究的，相关的权限定义也需要根据业务进行合理规划。此处的例子是希望给大家一个基本的使用方法，方便后续加深理解和使用。用户创建如图 2-8 所示。

图 2-8　角色定义与用户创建

在用户创建好以后，需要把这些用户与前面定义好的项目 TodoList 应用进行关联，具体来说就是进入“用户”选项，选择左边的“项目”标签，单击“加入项目”按钮，进行 TodoList 应用和相关角色设定，如图 2-9 所示。

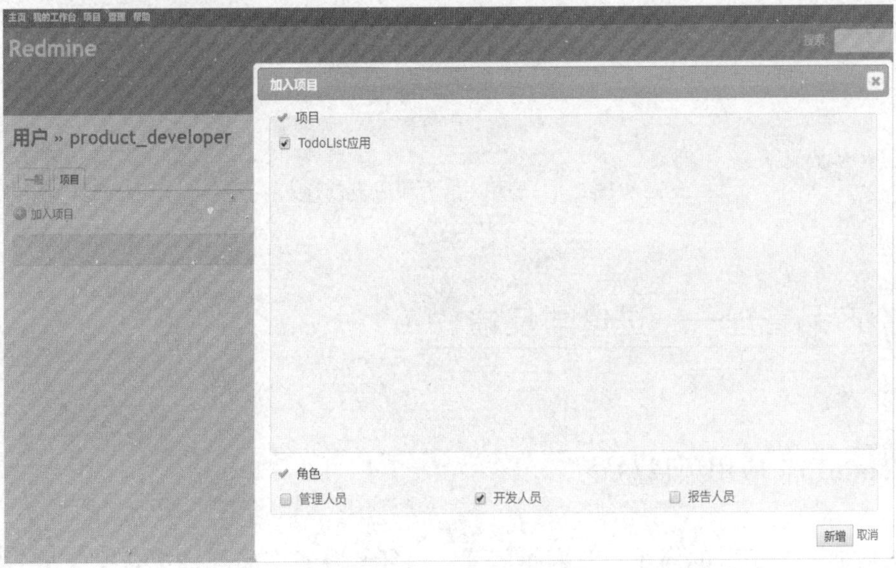

图 2-9　用户与项目关联

现在单击各个用户中的“项目”标签，就可以看到用户和项目以及对应的角色关联起来了，如图 2-10 所示。

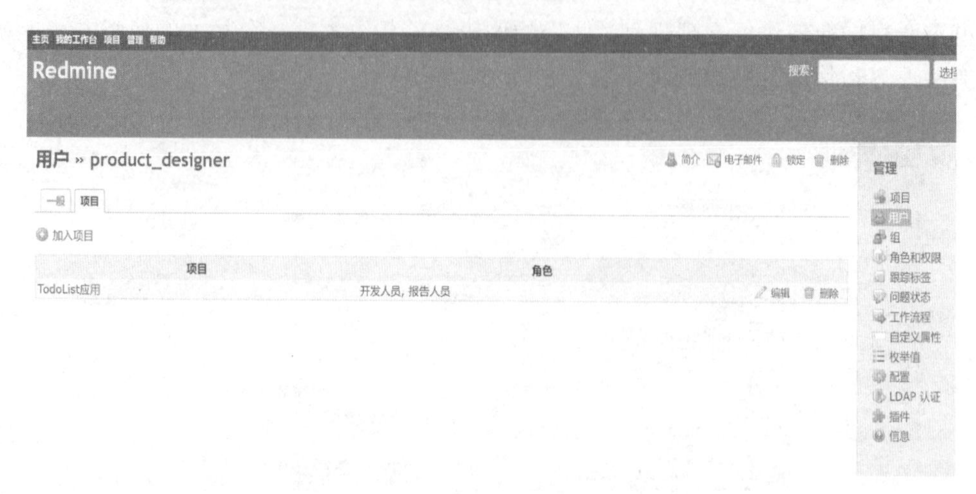

图 2-10　用户与项目以及角色关联

经过上述一系列的定义和创建，团队成员已经基本到位了，包括产品经理、产品设计师、产品研发师和产品测试交付师，如图 2-11 所示。

图 2-11　团队角色和成员创建

2.2　产品管理——进度与反馈

2.2.1　TodoList 应用项目总览

根据前面几个小节的描述，我们相信读者已经知晓了产品项目管理中的几个核心要素，分别是产品项目的目标定义、团队成员和相应角色设定，接下来让我们回顾一下项目的整体情况。再次重申，这样做的目的是让读者了解，产品项目把控的关键在于同时考虑多个方面的决定因素，包括产品本身、项目目标描述、团队相关人员的配备和角色设定，它们都将会在后面的产品项目推进过程中深刻地影响交付的质量和效率。

首先单击主页面左上角的“项目”按钮，可以在生成的页面中看到目前存在的项目，即 TodoList 应用和相关的项目概述，如图 2-12 所示。

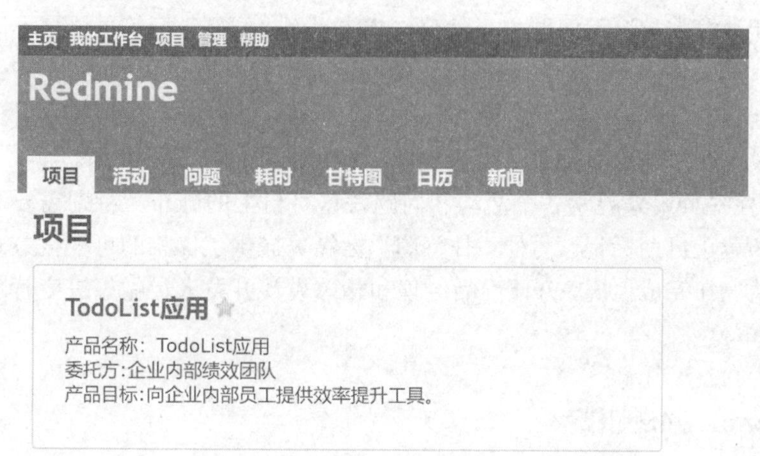

图 2-12　项目概览

单击 TodoList 应用链接，可以看到和这个项目的管理相关的各个重要选项卡。其中特别需要注意的是“概述”“活动”“问题”“耗时”“甘特图”等标签页，如图 2-13 所示。

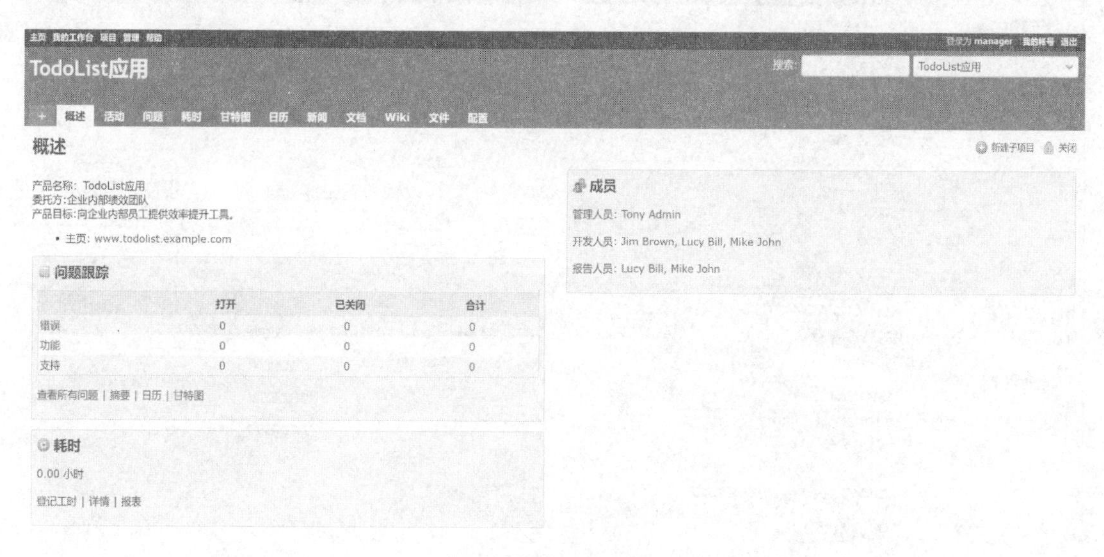

图 2-13　项目管理重要选项卡

这里重点介绍一下各个标签页内容在项目管理中的实际用途，方便大家后面深入了解和使用。“概述”标签页相当于项目整体情况的总控台，在这里可以看到所有重要的管理要素，包括问题跟踪、问题摘要、日历、甘特图、耗时情况和相关报表。另外，由于设计开发迭代周期的特点和向客户交付阶段性的要求，经常需要创建子项目来管理和追踪重要的产品特性开发进度，并保证及时交付。

“活动”标签页主要展示按照时间线划分的各个问题的设定及实施情况，方便产品经理和相关设计开发人员追踪问题和复盘交付成果，而“问题”标签页根据不同角色和团队成员的分工，用来设定不同层次和不同类型的产品项目问题，包括功能（Feature）、错误（Bug）和支持（Support）等类型，另外这些问题还可以被自定义为各种用户指定的问题类型，这些设定在“配置”标签页可以实现，在后面我们会加以介绍。

“日历”标签页用来展示各个活动和问题在年月日上的分布，特别需要关注的是其起始日期标记和截止日期标记。另外“甘特图”标签页提供了优雅的可视化方式来追踪各项任务的执行情况和完成情况，方便产品经理和相关设计开发人员做好进度管理和项目风险管理。

2.2.2 Redmine 问题跟踪

Redmine 问题分为 3 种基本类型，即功能（Feature）、错误（Bug）和支持（Support），在此基础上还可以在“配置”选项卡中设置自定义问题类别。首先单击“问题”标签，然后选择新建问题。在生成的页面中选择跟踪类型为“功能”，添加 TodoList 产品设计中预先定义好的几项核心功能，然后单击“创建”按钮，如图 2-14 所示。

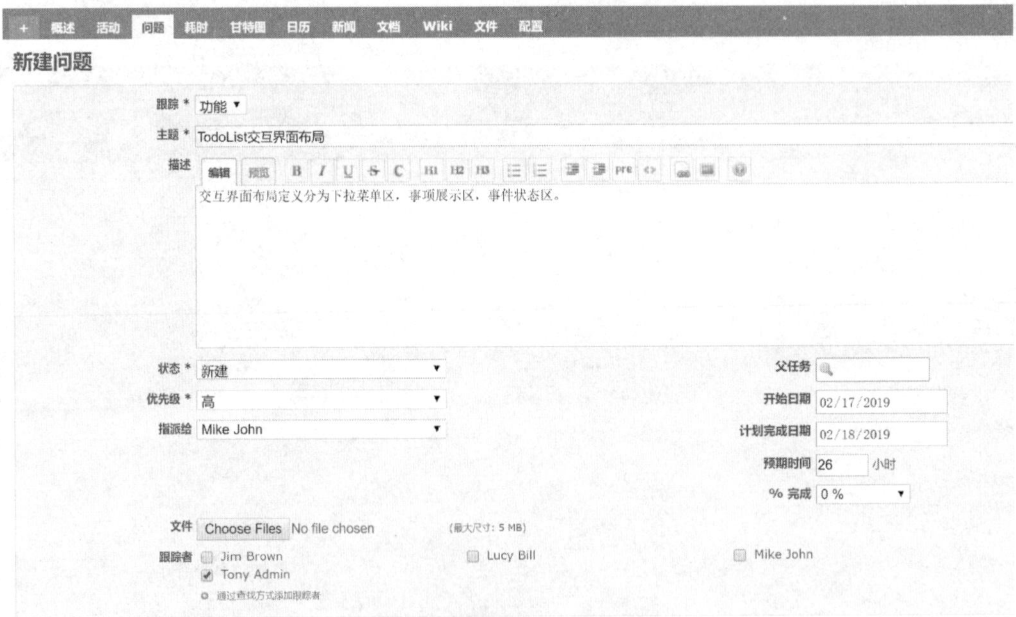

图 2-14 创建功能类型问题

从图 2-14 可以看到，这是一个功能点设计的问题，所以我们把它指派给了设计师 Mike，这个任务的进度跟进人是产品经理 Tony，所以需要在跟踪者中选择 Tony，这样 Redmine 会把相关的任务进度更新给 Tony。同时经过会议协商，确定了开始日期和计划完成日期。完成百分比这里先设置为 0%，后面实施过程中可以随时修改。

用同样的方法依次创建几个核心的功能类型问题、几个支持类型问题，由于目前产品还在项目过程的起步阶段，因此错误类型的问题暂时不创建，但是读者们一定要清楚，后面随着开发和运维过程的进行，是需要根据业务需求进行添加的。不过不用担心，有了对现有类型问题的了解，其他类型的问题设定并不难。按照上述方法创建的各种类型的待追踪问题如图 2-15 所示。

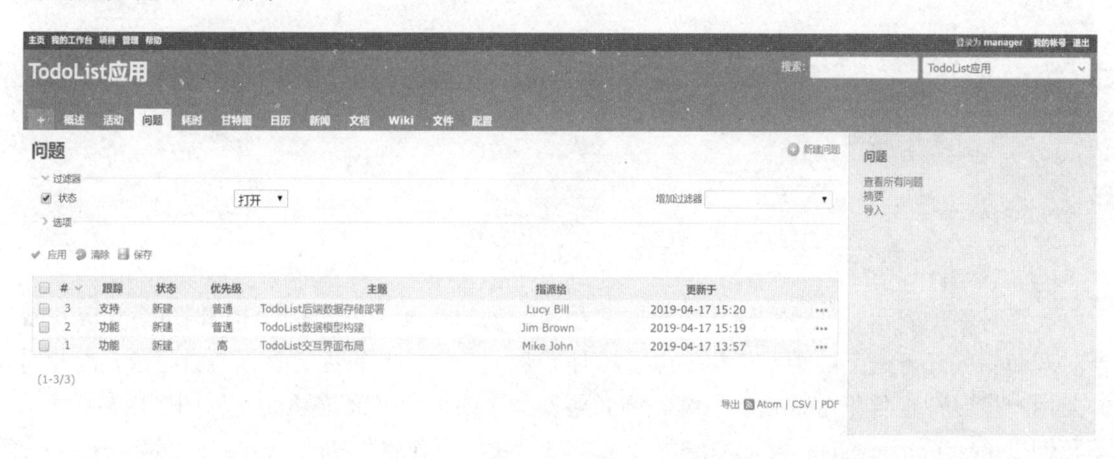

图 2-15　项目初期活动和相关问题创建

2.2.3 Redmine 活动管理

在创建上述问题的基础上，单击活动标签可以追溯到不同时间段的各个问题和状态。在实际项目管理中，不同类型的众多问题经常会让管理者迷失航向，面对来自不同组件、不同团队成员的不同问题，把问题按照时间线展开，结合后续高级特性插件的开发，完全可以实现不同类型问题的分别追踪，从而提升活动管理的效率。

在活动页面的右侧，读者朋友可以看到各种类型的活动，通过勾选操作可以选择性显示不同类型的活动，包括问题、变更、新闻、文档、文件、Wiki 编辑记录、帖子和耗时。上一小节已经介绍过了“问题”创建，下面以“文档”和“耗时”为例做进一步的介绍。

文档活动的跟踪展示了团队共享文件的管理，单击主界面“文档”标签页，选择“新建文档”选项，在生成的页面中填入相关信息并上传项目相关文件，如图 2-16 所示。

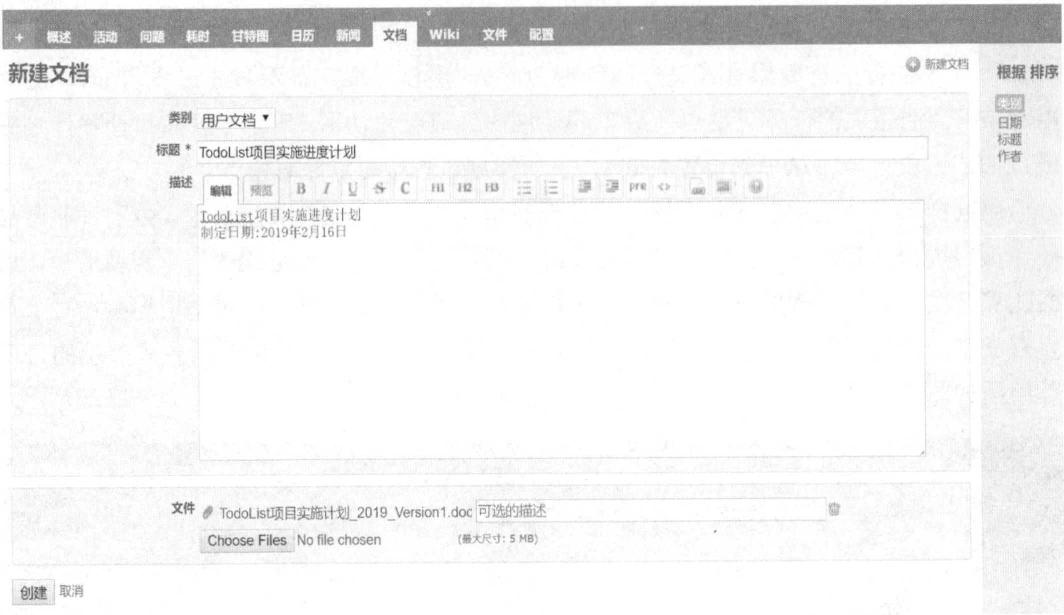

图 2-16　文件活动管理

耗时活动表示对任务实际花费时间和相关活动的记录，它是关联计划时间、实际花费时间和相关任务进度的重要指标。由于耗时需要由特定任务的特定执行人做记录，因此需要用户按照特定角色重新登录系统。读者朋友一定还记得前面描述的各种团队成员角色，我们以 product_designer 设计师成员登录，在“我的工作台”中可以看到目前存在的一个指派的问题，如图 2-17 所示。

图 2-17　设计师成员工作台展示

在“指派给我的问题”中，单击主题对应的链接，再单击登记工时链接，在生成的页面中查询相关的任务并做实际花费时间的记录，然后单击创建。更新信息如图 2-18 所示。

特定团队成员更新完耗时信息之后，使用 manager 用户再次登录系统，单击“活动”标签页，勾选相关的活动选项，页面会显示出所有相关的活动，包括了以 product_designer 用户更新的耗时信息，如图 2-19 所示。

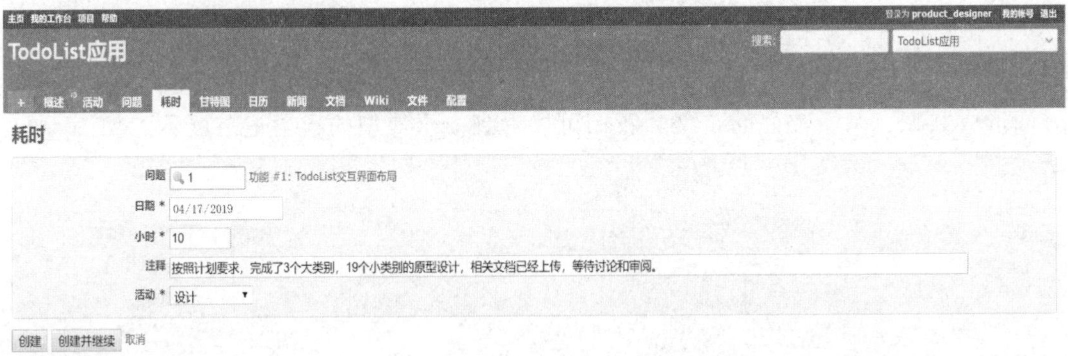

图 2-18 耗时管理信息记录

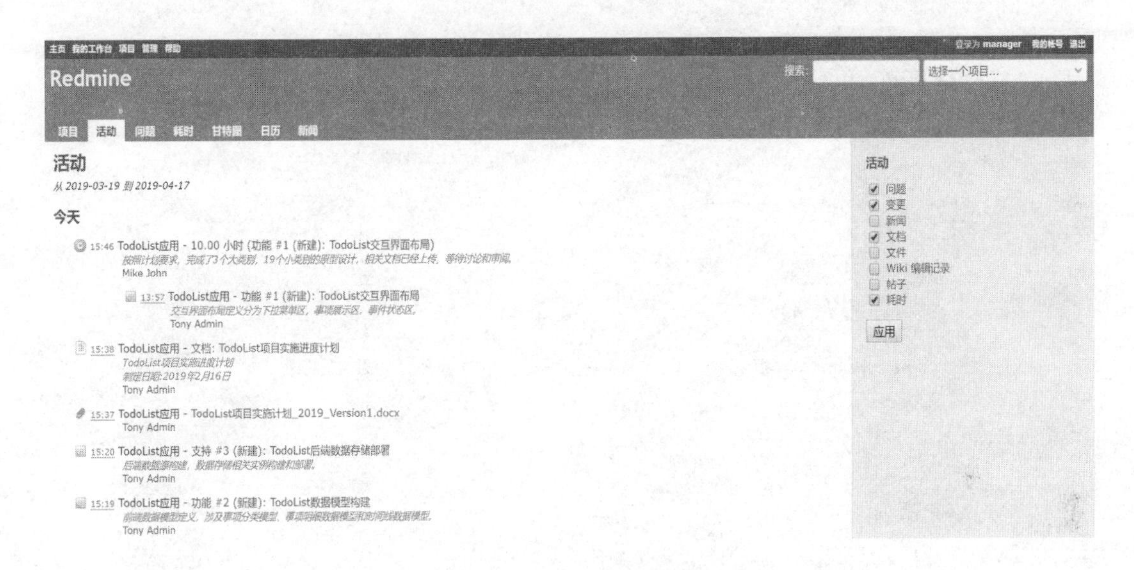

图 2-19 更新后的活动总览

通过以上的信息更新和管理操作，相信读者朋友应该可以按照类似的方法，根据产品项目的具体需求，对其他的活动类型进行更新和管理了。

2.3 深入阶段——Redmine 日历与进度表

2.3.1 Redmine 日历记录与管理

Redmine 日历管理主要用来以可视化的方式按照日期顺序展示相关活动的完成情

况，另外 Redmine 还提供了过滤器功能，可以以特定的方式查询特定的活动和相关团队人员。日历功能在 Redmine 的实际使用过程中很有用处，特别是在实施敏捷设计与开发的团队中，可以帮助团队成员在设计开发进度把控、实施风险评估和交付期限预测等方面形成共识。基于前面的定义，我们可以看到一个典型的日历记录展示，如图 2-20 所示。

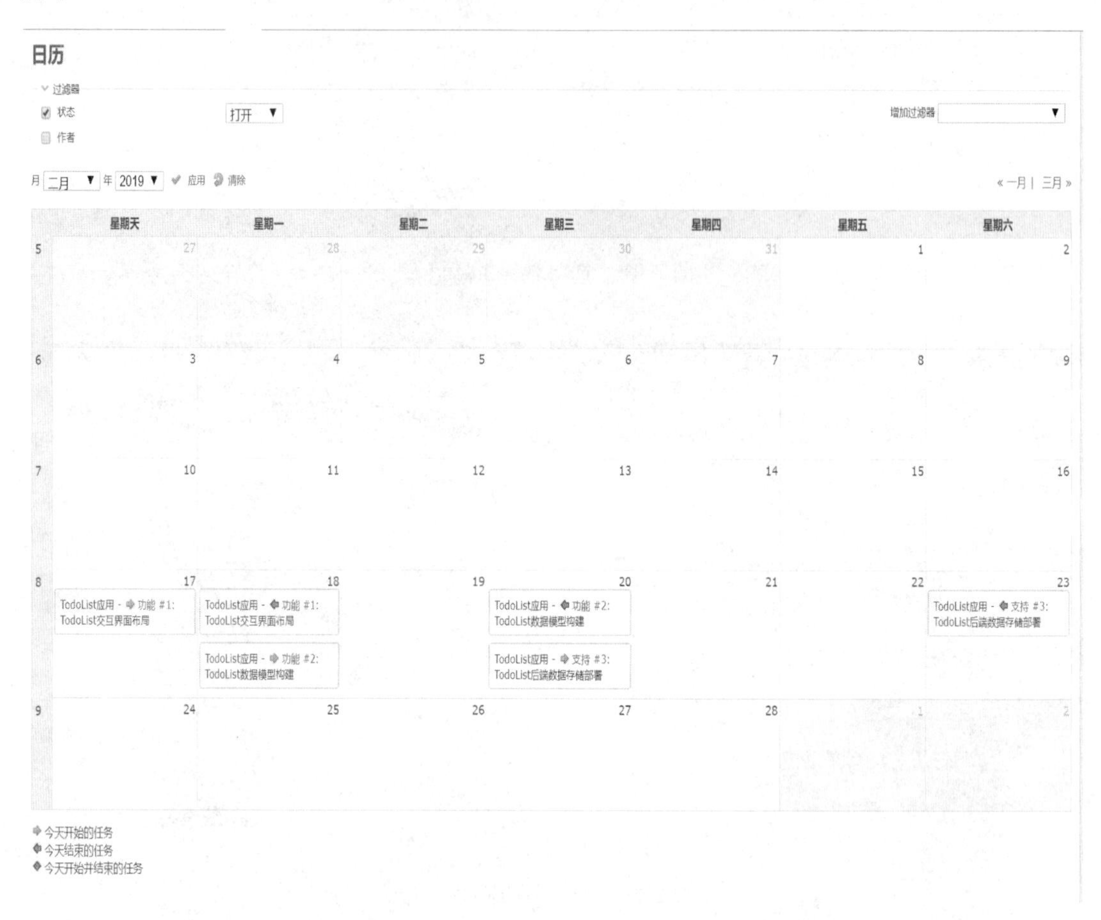

图 2-20　日历记录展示

在图 2-20 中，我们看到的向右的箭头表示了这个任务是从框图所在的日期开始计算时间的，向左的箭头表示任务预期在当天结束，而菱形则表示一个当天的任务，即当天开始当天结束。在实际管理定义经验中，这往往代表了一个亟待修复的错误，所以在问题优先级上往往设置为最高优先级。

在日历记录展示的基础上，如果希望查询某个人的特定问题的设定情况，则可以借助过滤器功能，即单击页面右上角的“增加过滤器”下拉列表，选择“指派给”选项，这里以指派给 Lucy 的问题为例，然后单击“应用”按钮，就可以看到相关查询的结果，如图 2-21 所示。

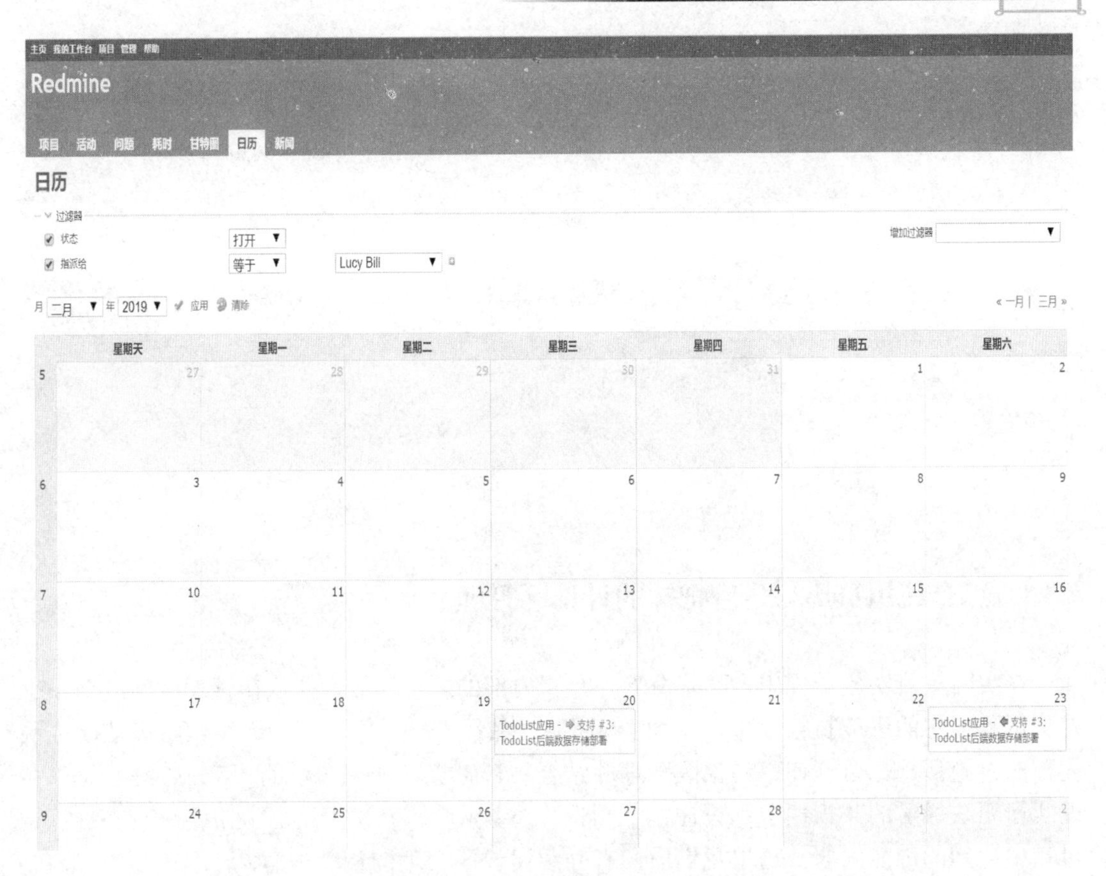

图 2-21 应用过滤器的特定查询

2.3.2 使用甘特图实施进度把控

甘特图是项目管理中进度把控的重要图表形式，使用甘特图来显示项目进度、时间消耗和完成百分比之间的关系，它的横轴表示时间，纵轴表示各个活动中的问题和任务，线条表示既定计划的起止日期和实际完成进度的情况。这样的表示方法方便对实际完成进度和预期计划进度进行直观比对，方便团队管理人员直观地了解项目各个任务的进展情况，评估项目风险程度和交付质量。读者朋友需要了解的是，在 Redmine 中甘特图是最终展示的图表，它由前述的项目定义、活动定义、问题定义、预期时间、耗时记录等信息综合构成。因此充分使用甘特图提供的信息进行项目进度管理和风险把控是十分必要的，甚至可以说，对项目甘特图的及时更新和充分把握，也就是对项目发展情况的充分把握。

单击 TodoList 应用主界面中的“甘特图”标签页，在生成的页面中选择特定的过滤器和横向展开的时间跨度设定，可以看到特定时间间隔中的项目进度和预期比对的信息，如图 2-22 所示。

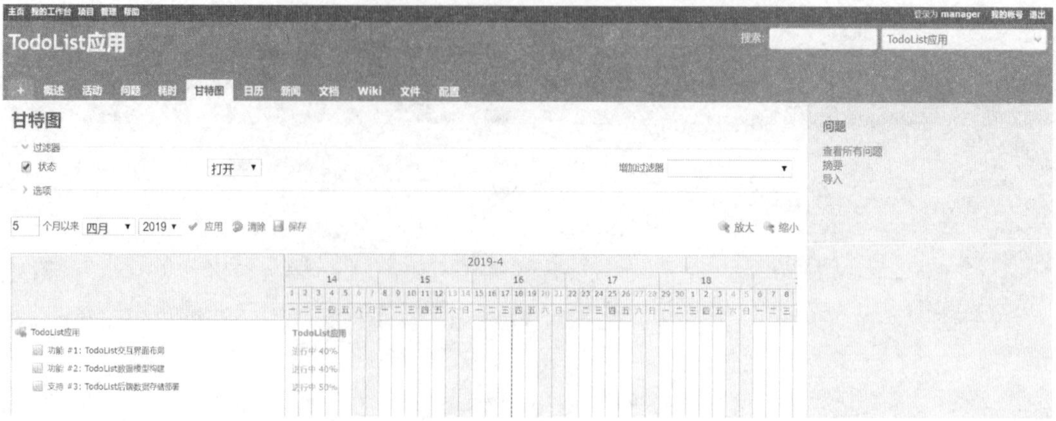

图 2-22　项目甘特图展示

2.3.3　综合使用日历与进度把控的讨论区管理

在实际项目实施过程中，产品由于外界和内部的各种原因，往往在预期时间之前不一定会达到理想的进度执行效果，这个时候团队产品经理往往需要组织跨部门或者团队成员内部的讨论活动，合理使用讨论区管理并结合文档管理和知识分享的 Wiki 管理，可以帮助实现团队成员的共识理解和设计技术知识分享，在设计和技术层面上帮助解决产品推进过程中遇到的可能问题。这里我们向读者介绍讨论区管理的相关内容。

在 TodoList 应用的主界面中单击“讨论区”标签页，新建讨论区，填写相关的信息，如图 2-23 所示。

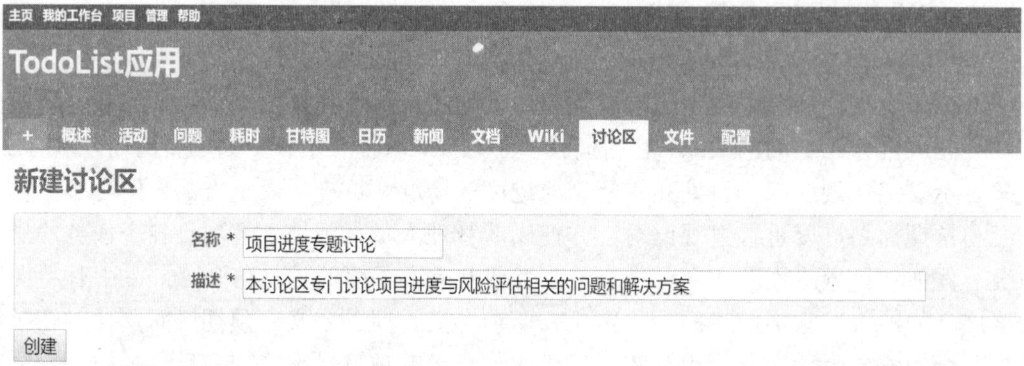

图 2-23　新建讨论区

以“项目进度专题讨论”讨论区为例，单击“新帖”按钮，同时单击“跟踪”按钮，在生成的页面中可以对团队关心的特定进度延迟问题进行专题讨论，团队成员可以跟踪该文档，并进行相关的评论，如图 2-24 所示。

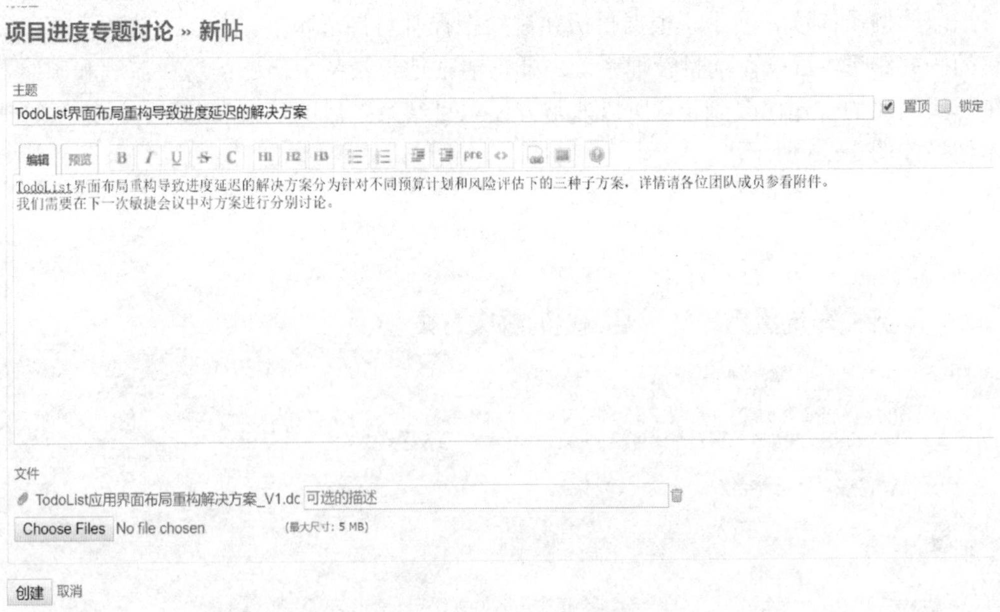

项目进度专题讨论 » 新帖

主题

TodoList界面布局重构导致进度延迟的解决方案

置顶 锁定

编辑 预览

TodoList界面布局重构导致进度延迟的解决方案分为针对不同预算计划和风险评估下的三种子方案，详情请各位团队成员参看附件。
我们需要在下一次敏捷会议中对方案进行分别讨论。

文件

TodoList应用界面布局重构解决方案_V1.dc 可选的描述

Choose Files No file chosen (最大尺寸：5 MB)

创建 取消

图 2-24 项目进度专题讨论

由于团队成员跟踪了这个讨论帖，所以在审阅了相关解决方案后，经过方案的快速原型测试，可以把相关的意见和测试数据放在回复中及时更新，加快了解决方案最后选型的进程，如图 2-25 所示。

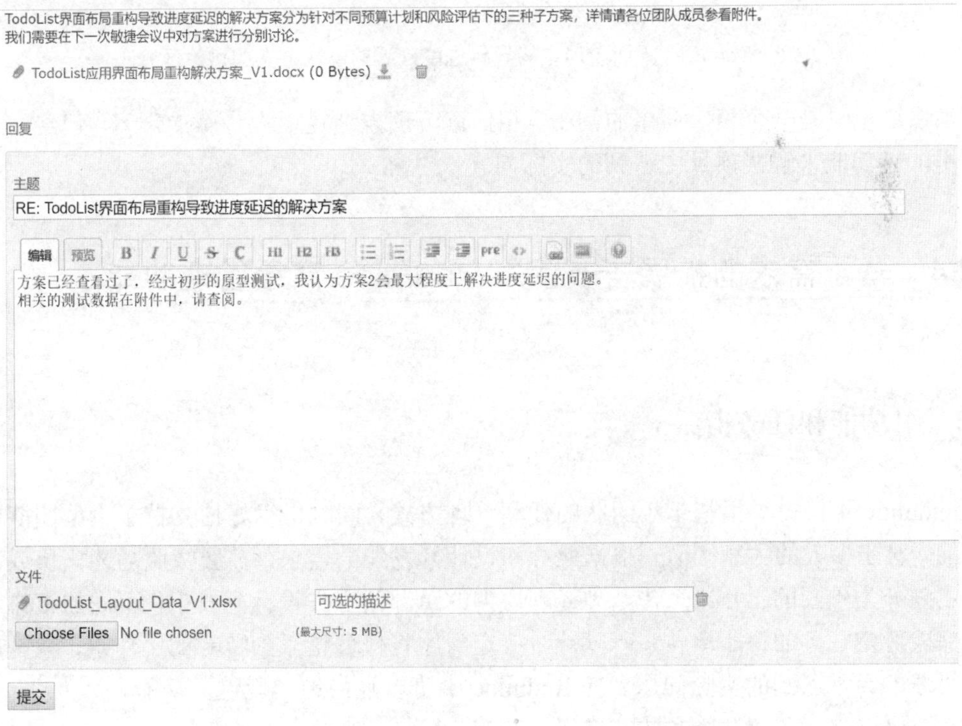

TodoList界面布局重构导致进度延迟的解决方案分为针对不同预算计划和风险评估下的三种子方案，详情请各位团队成员参看附件。
我们需要在下一次敏捷会议中对方案进行分别讨论。

TodoList应用界面布局重构解决方案_V1.docx (0 Bytes)

回复

主题

RE: TodoList界面布局重构导致进度延迟的解决方案

编辑 预览

方案已经查看过了，经过初步的原型测试，我认为方案2会最大程度上解决进度延迟的问题。
相关的测试数据在附件中，请查阅。

文件

TodoList_Layout_Data_V1.xlsx 可选的描述

Choose Files No file chosen (最大尺寸：5 MB)

提交

图 2-25 项目进度专题的特定解决方案测试结果回复

上面的例子向读者展示了根据日历和进度把控甘特图分析后，结合讨论区管理和敏捷会议的研究跟进，可以在项目管理系统中非常清晰地记录整个问题的解决流程和脉络，而且由于持久化的工作比较到位，所以非常方便项目结束之后的复盘和总结。讨论区管理的显示结果如图 2-26 所示。

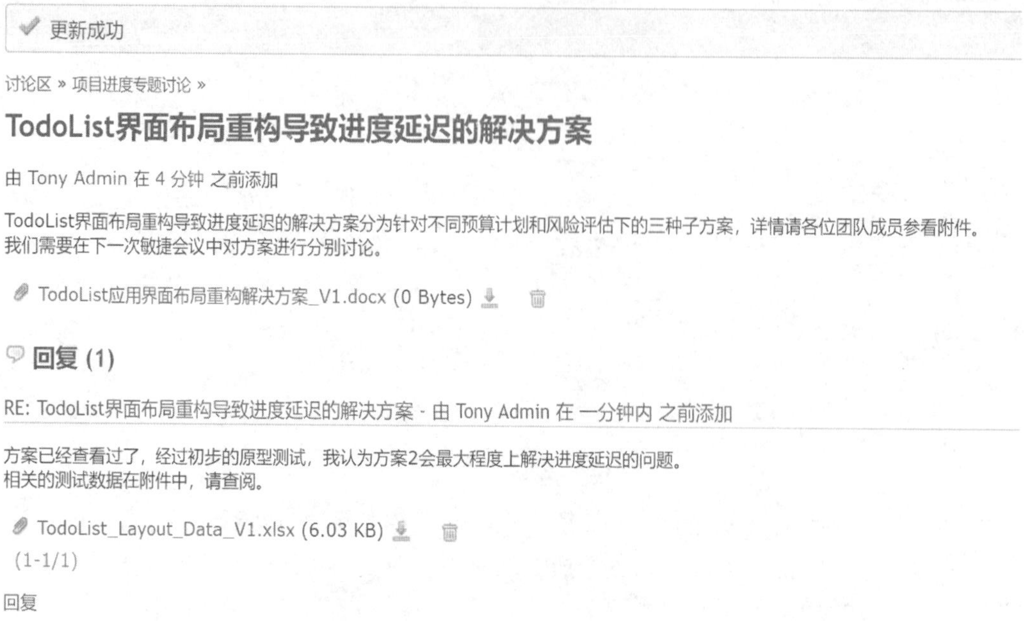

更新成功

讨论区 » 项目进度专题讨论 »

TodoList界面布局重构导致进度延迟的解决方案

由 Tony Admin 在 4 分钟 之前添加

TodoList界面布局重构导致进度延迟的解决方案分为针对不同预算计划和风险评估下的三种子方案，详情请各位团队成员参看附件。
我们需要在下一次敏捷会议中对方案进行分别讨论。

TodoList应用界面布局重构解决方案_V1.docx (0 Bytes)

回复 (1)

RE: TodoList界面布局重构导致进度延迟的解决方案 - 由 Tony Admin 在 一分钟内 之前添加

方案已经查看过了，经过初步的原型测试，我认为方案2会最大程度上解决进度延迟的问题。
相关的测试数据在附件中，请查阅。

TodoList_Layout_Data_V1.xlsx (6.03 KB)
(1-1/1)

回复

图 2-26 TodoList 界面布局重构导致进度延迟的解决方案的讨论区管理

当然这里只是一个相对简单的例子，相信读者朋友通过以上步骤的学习，已经可以综合使用上述功能来解决项目中遇到的实际问题。

2.4 基于需求的扩展——使用 Redmine 高级管理功能

2.4.1 组功能和任务指派

Redmine 不仅提供了基于小团队的便利管理方式，同时也很好地支持了大型团队的管理功能。对于多人的大型团队，根据业务和设计开发线的需求，需要按照功能模块或者职能分工划分为不同的工作组，在产品经理协调的跨部门合作设计开发中，不同的工作组往往是完成特定任务的最小单位。所以针对特定问题将任务指派到特定的工作组，就是产品项目管理中经常遇到的实际问题。在 Redmine 中可以轻松地实现这一功能。

在 Redmine 主界面中单击左上角的“管理”标签，然后单击“组”按钮，选择新建组，依次创建 3 个工作组，分别为前端浏览器组、数据建模组和后端数据支持组，如图 2-27 所示。

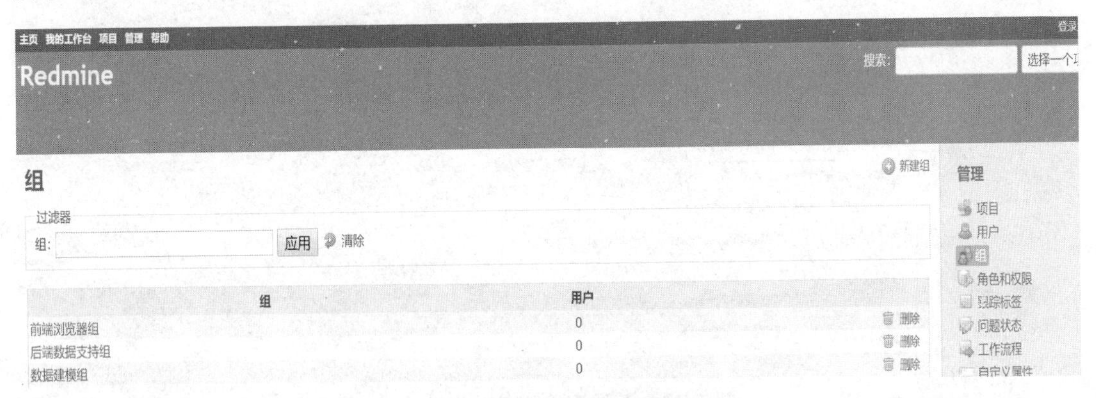

图 2-27　创建团队中的不同工作组

单击各个工作组，在“用户”标签页中添加相应的用户，这些用户就是根据产品经理和团队讨论之后确定的人员，在本书的例子当中，就是前面介绍过的产品设计师 Mike、产品开发师 Jim 和产品测试交付师 Lucy。之后在项目标签中添加已创建的项目 TodoList 应用。这样就把项目、团队成员和各自对应的工作组对应起来了。新建用户创建过程示例如图 2-28 所示。

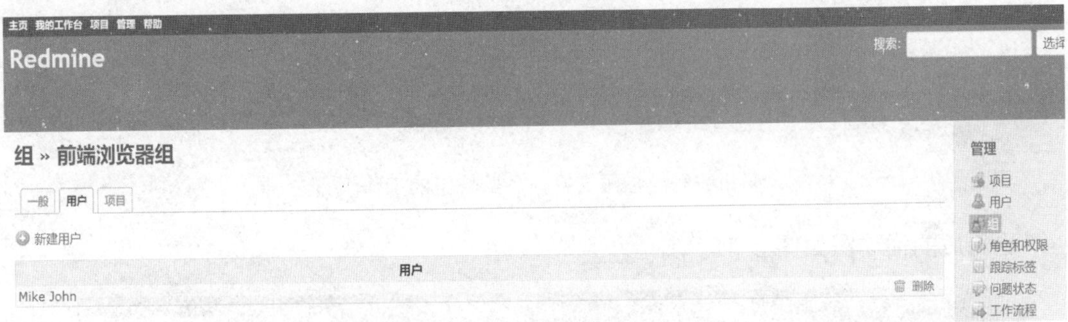

图 2-28　新建用户创建过程

在主界面的“管理”标签页中选择配置，之后选择“问题跟踪”子标签页，勾选“允许将问题指派给组”复选框，这样在后续的团队管理中，如果各个工作组增加新的成员，我们就可以不用把问题任务逐个分配给每个人，而是以工作组为单位进行整体指派了。这样非常有利于团队协作和结果交付责任的落实。相应配置如图 2-29 所示。

现在假设有了一个新的任务问题，它被设计为数据模型设计人员向后端数据工作组提供方案支持，我们就可以不再把这个任务指派给个人，而是指派给一个工作组。在实际的项目经验中，这将大大方便工作组负责任地在组内灵活指派组员提供相关支持，而交付结果由工作组负责人承担，对于提高交付质量和沟通效果很有益处，如图 2-30 所示。

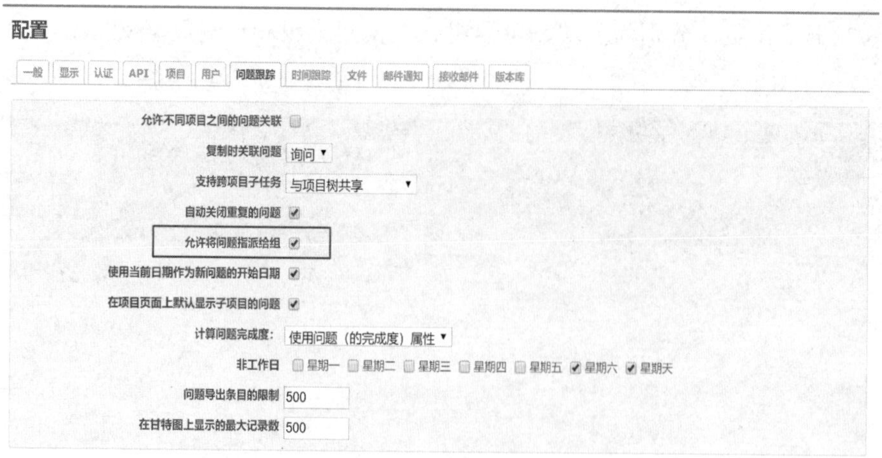

配置

一般 显示 认证 API 项目 用户 问题跟踪 时间跟踪 文件 邮件通知 接收邮件 版本库

允许不同项目之间的问题关联
复制时关联问题 询问
支持跨项目子任务 与项目树共享
自动关闭重复的问题
允许将问题指派给组
使用当前日期作为新问题的开始日期
在项目页面上默认显示子项目的问题
计算问题完成度: 使用问题（的完成度）属性
非工作日 星期一 星期二 星期三 星期四 星期五 星期六 星期天
问题导出条目的限制 500
在甘特图上显示的最大记录数 500

图 2-29　配置允许将问题指派给组

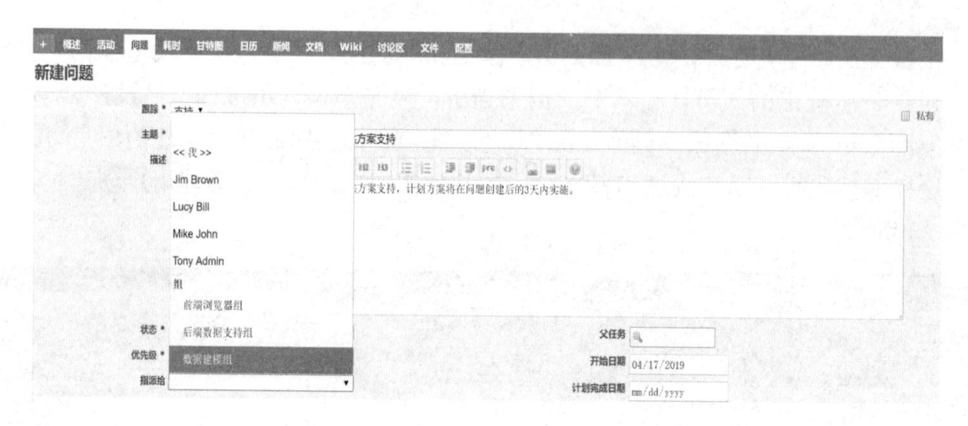

图 2-30　指派支持任务给特定的工作组

更新后的活动图如图 2-31 所示。

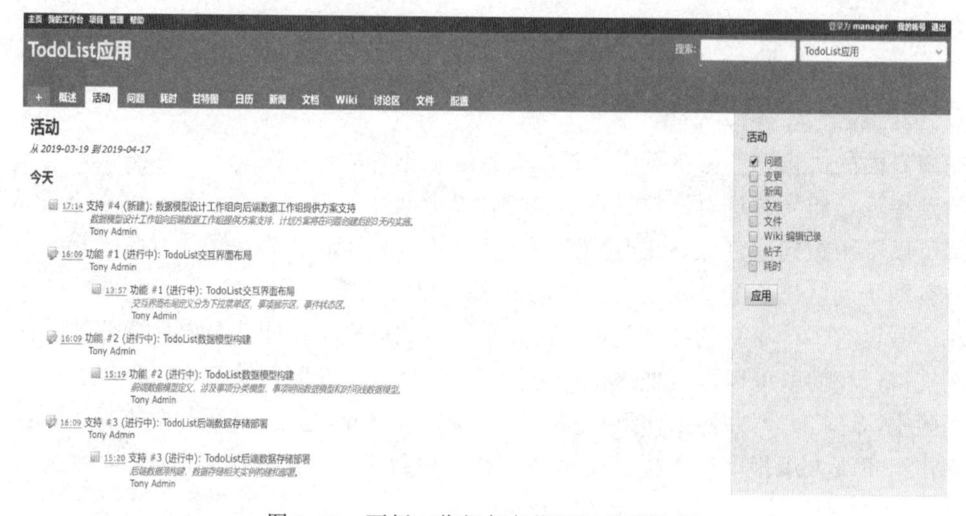

图 2-31　更新工作组任务指派后的活动图

2.4.2 项目权限和角色管理

随着项目进度的推荐和预算的持续投入，我们会慢慢发现，人员增加和工作组的划分会导致一种充满风险的情况出现，那就是在 TodoList 应用中刚开始由产品经理一人主导的创建和更新工作将会变得力不从心，因此控制权限和角色管理工作就变得日益重要。Redmine 的高级特性权限报表功能很好地解决了这个问题，并且它以一种全局列表的方式向产品项目管理者提供了统一的视角来规划设计和更新相关的权限角色管理工作。

在 Redmine 主界面中单击“管理”标签页，再单击“角色和权限”按钮，可以看到“新建角色”和“权限报表”按钮。这里需要向读者朋友说明一下，这两个按钮之间存在着紧密的关联关系。“新建角色”根据业务和管理需要为角色集提供必要的角色，而“权限报表”中的属性列一一对应了定义好的各个角色名称，简单来说就是，定义了多少角色，权限列表中就有多少个属性列提供权限控制选择。

这里我们单击“权限报表”按钮，如图 2-32 所示。

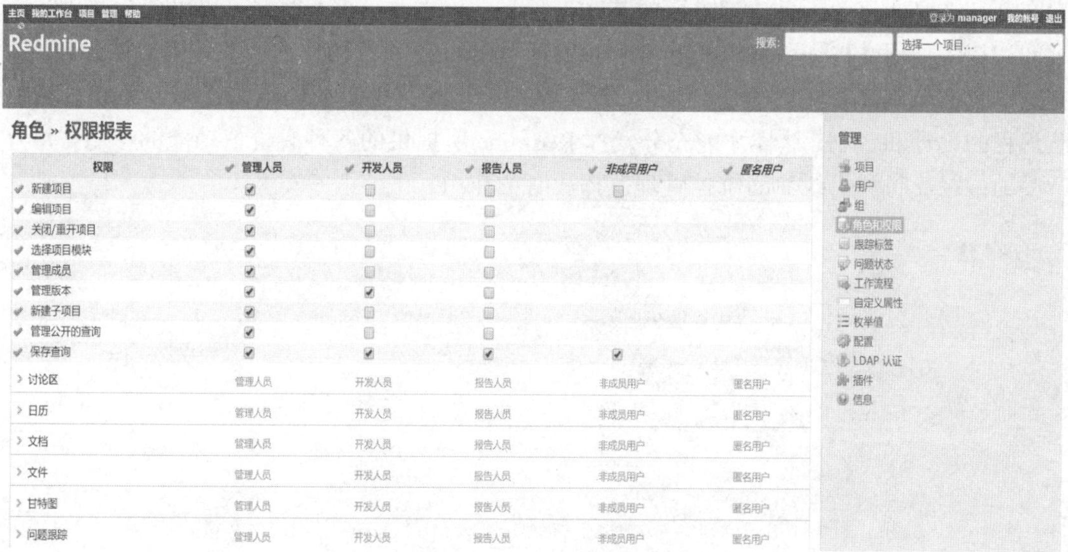

图 2-32 权限报表展示

由于目前项目中存在的角色包括了管理人员、开发人员、报告人员、非成员用户和匿名用户，所以在权限报表中就对应了各个角色属性列供选择。由于篇幅限制，我们仅就部分权限报表加以说明。

- 新建项目权限仅允许管理人员角色操作。
- 编辑项目权限仅允许管理人员角色操作。
- 新建子项目权限仅允许管理人员角色操作。
- 管理公开的查询允许管理人员和开发人员操作。

这里想向读者朋友们说明的是，在权限和角色管理中存在 3 个集合之间的关联关系，分别是各个操作的权限集合、角色定义集合和团队成员集合。在实际项目管理实践中，为了方便管理和避免权限管理混乱，往往优先固定操作和角色集合之间的对应关系，然后使用灵活分配的方式在角色定义集合和团队成员集合之间建立关联。比如，对于特定的团队成员 A，在父类项目中仅仅分配开发人员的角色，但是在子项目中，为了发挥成员的创新积极性和工作热情，需要赋予其子项目中的管理人员角色。这样一种动态赋权的解决方案可以很大程度上调动团队成员的工作积极性，对于团队管理和产品项目进度推进以及高质量交付都是很有益处的。

2.5 小结

本章主要介绍了项目管理工具Redmine的使用方法和高级特性，以TodoList应用为例，通过展示其从创建项目、定义问题和任务到维护团队成员和角色管理的相关工作，在时间管理、进度管理和沟通管理等多个维度上向读者朋友综合介绍了使用 Redmine 相关解决方案在产品定义和相关项目管理方面的基本流程和常用方法。读者朋友可以以此为基础，通过阅读相关使用文档，更加深入地了解和掌握 Redmine 项目管理的相关使用方法和技巧。在这里我们希望读者注意的是，项目管理工具的使用最终还是要归结为适合业务和自身团队流程的设计和定制，这样才能充分发挥 Redmine 所提供的各种有价值功能的作用，并为产品的最终交付和上线后的维护管理发挥应有的作用。

第 3 章　管理代码——从分布式版本控制系统 Git 出发

3.1　版本控制系统构建与管理——Git

代码是项目的核心资产，代码的管理是保证产品质量的重要因素之一。尤其在较大规模的 IT 公司，由于产品线众多、项目规模大、参与开发的人数多、产品迭代迅速，对各开发团队及工程师间的代码协作开发能力提出了更高的要求。代码版本控制系统（Version Control System）是软件开发项目中不可或缺的生产力工具，用于管理项目中的代码、记录更改历史、回溯原有版本，是敏捷式开发、持续集成等的基础。流行的分布式版本控制系统 Git 具有灵活快速、出色的代码合并及跟踪能力、适合多种开发模式等特点，已被越来越多的项目团队应用在各种规模的产品开发中。本节着力介绍 Git 的基本使用方法及对应的经典开发模式，然后大致介绍如何利用公共代码托管平台 GitHub 和自建代码库 GitLab 优化代码版本管理流程，并将以实例形式提供一系列代码维护和定制的经验和方法。

3.1.1　Git 如何工作

2005 年，Linus Torvalds 为了更高效地管理 Linux 内核开发工作，自己开发了一个开源版本控制工具。它与常用的版本控制工具 SVN、CVS 不同，采用了分布式版本控制理念，并且号称不需要服务器端软件支持，这就是 Git。Git 发展到现今，已经支持多操作系统平台和 IDE，被越来越多的商业软件提供商或者开源项目采用，已成为应用最为广泛的版本控制系统。

在进入正式介绍 Git 前，我们先简单解释几个后文中会反复提到的 Git 相关术语：

（1）仓库（Repository）

仓库是指某一时刻自己或他人的代码工作区（Working Tree）的状态，包含了可追溯的所有分支（Branch）和提交（Commit）信息，同时也包括了用于指定现有工作区所在的分支和提交状态的头（HEAD）信息，从 Git 仓库克隆出的每一个副本也是一个完整的仓库。仓库在本书中有时也会写为代码库、版本库等。

（2）工作区（Working Tree）

工作区是与仓库关联的文件系统，包括所有文件和子目录。

（3）暂存区（Staging Area）

在从工作区向仓库提交更改（git commit）前，这些更改会先保存（git add）在暂存区内。暂存区包含了工作区的一系列更改快照，这些快照可以用来创建新的提交。

（4）提交（Commit）

提交可以简单地理解为某一次的代码改动后当前工作区的快照。每个提交都会产生一个新版本的唯一标识，在以后任何时候都可以通过此标识快速回溯到此时刻的代码状态。所有提交也即构成了每个分支的追溯信息。

（5）分支（Branch）

每个提交都会到达一个指定分支，因此，分支可以理解为独立拥有自己提交集合的代码线。仓库可拥有一个或多个分支，分支之间开发相互独立。可通过 git merge 合并其他分支的代码。

（6）头（HEAD）

头可以理解为一个象征性的指针，指向当前选择的分支，由 commit 表示。

（7）标记（Tag）

标记是为了标识一个特殊时间点的分支版本状态。在发布某个版本重要开发节点时，会经常在主分支打上相应标记，以后可以方便地切回到标记的版本。

（8）主分支（Master）

Master 分支是建立仓库后产生的默认分支，通常其他分支的提交更改最终会并入主分支。

利用 Git 开发的最基本工作流是：开发者先建立本地仓库（通常是远程仓库的克隆），然后在工作区做开发工作，当某漏洞修正完成、某些接口开发完成或者一天开发工作结束时，开发者将这些代码通过 git add 保存到暂存区。当确认所有更改都已经保存在暂存区后，再将更改通过 git commit 提交到本地仓库。这个基本工作流可以由图 3-1 表示。

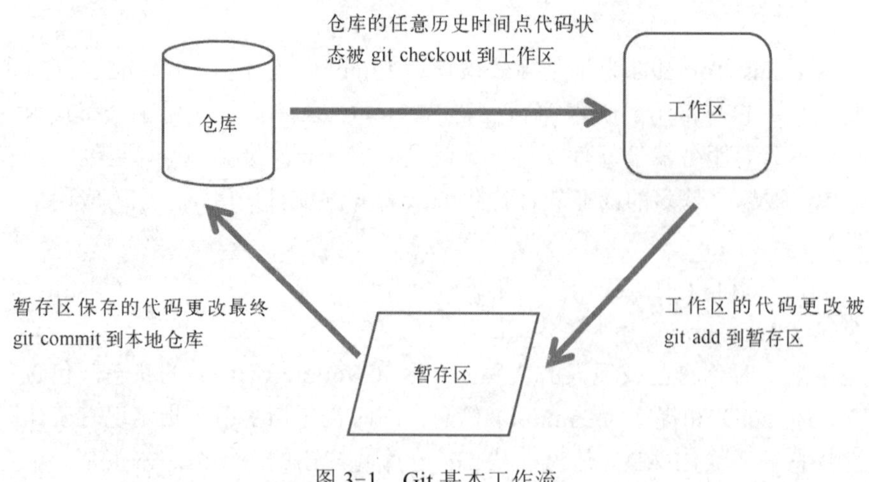

图 3-1　Git 基本工作流

Git 之所以能够完整克隆仓库并追溯历史内容，要归功于其内容寻址（Content-Addressable）文件系统。任何仓库内部的改动（包括新文件的保存或者文件更新），都会在 Git 文件系统中保存为一个副本。这个副本即当前文件的完整快照，是一个二进制对象，对象名是计算文件内容后生成的一个 SHA1 哈希值，计算文件内容而非文件名生成的 SHA1 哈希值保证了同文件的每个历史版本都能保存为单独的二进制对象。这样，Git 文件系统会保存每个文件的所有版本。每次改动时会在 Git 的暂存区内保存一条记录，这条记录是另一种 Git 对象——tree 对象，对象名也是经过计算得到的 SHA1 哈希值。tree 对象是用来组织二进制对象的数据类型，每个 tree 对象代表不同时间节点当前仓库内容的快照，它包含一个或多个二进制或子 tree 对象。git-add 所做的工作就是保存记录文件内容的二进制、更新索引并生成 tree 对象。而 git-commit 创建了另一种 Git 对象——包含当前时间点仓库快照的顶部 tree 对象、作者及提交者信息、时间戳和注释信息的 commit 对象。同样，commit 对象名也是一个唯一 SHA1 哈希值。由于每个 commit 对象都指向一个代表某历史状态的 tree 对象，因此，所有 commit 就构成了完整的仓库历史记录，再加上二进制、子 tree 对象指向文件内容的任意版本的完整快照，这样就保证了 Git 文件系统的完全可追溯性。

了解了二进制、tree 和 commit 对象之后，就比较容易理解 HEAD 和分支了：假设仓库现在只有默认的 master 分支，那么当前 HEAD 就是一个指向 master 分支的引用标识符，此标识与 master 分支的最新 commit 对象相关。当由 git-branch 创建新分支时，其实就是通过 HEAD 引用标识符将 master 分支的最后一次 commit 的哈希值添加到所创建新分支的引用，那么，新分支的初始状态就是默认分支的当前状态。当用 git-checkout 切换到新分支时，背后仅仅是将 HEAD 引用标识符切向到新分支的引用。所有这些对象、引用的交叉对应关系都保存在 Git 的内容寻址文件系统内，可供之后随时检索。这套系统确保了仓库历史版本的完全可追溯性和控制系统的本地化，为分布式的灵活开发模式奠定了基础。笔者在这里只是大致介绍 Git 内部原理，仅为抛砖引玉，读者可参考 Git 官方文档，进行更深入的了解。

如果你刚刚接触 Git，读到这里或许对 Git 工作方式仍然比较困惑，你可能想问：Git 到底跟以前常用的 SVN 有什么本质区别呢？下面举一个简单的例子。

如图 3-2 上图所示，当用 SVN 提交一个新的改动文件的版本 v4 时：

- 从远程 SVN 仓库先 checkout 出来当前时间点最新版本 v3。
- 本地修改为版本 v4。
- 将新版本 v4 上传到远程 SVN 仓库。

这是一种非常清晰的提交模式，所有提交历史都是线性的。版本数据库都在中央服务器，每个提交都需要基于远程仓库的最新提交。那么问题来了，如果你在提交 v4 时，已经有其他开发者更改了 v3 并提交了新的版本 v5（见图 3-2 下图），你的提交就会被阻止，因为 v4 基于的 v3 已不是远程仓库中该文件的最新版本了，SVN 会提示你提交前解决代码冲突。SVN 对版本库进行统一管理，只有中央服务器拥有完整的版本数据库，客户端仅仅下载远程仓库的工作备份，不包含版本数据库，因此也就不具有独立的版本控制功能。中央服务器一旦离线或宕机，SVN 的这种集中式的版本控制方式就不能工作了。此外，SVN

是一个增量式的版本控制，它仅记录版本之间的差异，而不是每个版本的完整快照。

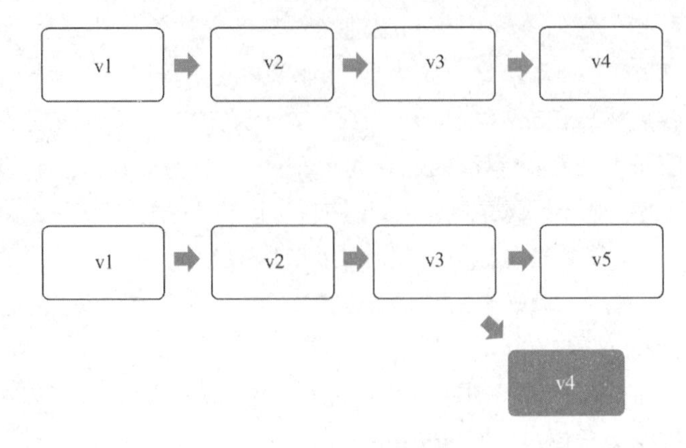

图 3-2　提交示意图

针对此例，我们看看使用 Git 时有什么不同，分两种情况讨论。

第一，如果还没有创建本地仓库，开发者的一般操作是：

- 先用 git clone 将远程仓库克隆到本地仓库。
- 在本地仓库中做开发工作，更改该文件现版本 v3 至版本 v4。
- 用 git add 将版本 v4 添加至暂存区。
- 用 git commit 提交新版本 v4 至本地仓库。

克隆远程仓库将得到一个完整镜像，包括前面提到的内容寻址文件系统，使得本地仓库具有 Git 完整的版本控制功能。如果此本地仓库独立承担软件生命周期管理，不再需要远程仓库的代码更新，开发者可以基于本地仓库延续代码开发、构建及测试等工作。如果远程仓库和本地仓库之间还会有代码交换，本地仓库可按需从远程仓库拉取远程代码或者向远程仓库推送本地代码更新。如果针对该文件，远程仓库已经合并了他人提交的最新版本 v5，你需要在推送或拉取代码时解决文件内容冲突。

第二，如果已经有本地仓库，项目有开发新功能或修正漏洞的需要，开发者的一般操作是：

- 由 git branch 创建新的分支，其初始状态是基于 v3 时间点当前分支的状态。
- 在新分支上开发新功能或修正漏洞的过程中，由于需要，该文件从 v3 版本更改至 v4 版本。
- 用 git add 将版本 v4 添加至暂存区。
- 用 git commit 提交新版本 v4 至新分支，之前的分支上该文件依然处于 v3 版本。

在新分支上工作的过程中，开发者可以随时切换至之前的分支继续主线开发工作。主线和新功能的开发发生在不同的分支上，它们之间相互隔离，成为完全独立的开发单元，开发者可以基于不同分支的代码状态分别做构建和测试工作。如果新功能开发完成，开发者可将代码更新一次性地合并入主线分支中，合并时需要解决不同分支上相同文件的内容冲突问题。假设在主线开发中，该文件由原来的 v3 已更新至 v5 版本，那么合并时就需要手动更改该文件，确保同时兼容 v4 和 v5 的代码更新。

注意，SVN 的集中式代码控制使所有提交必须通过网络到达远程中央服务器，与其中的当前最新代码做差异化验证；而 Git 由于仓库的版本控制完备性原因，即使本地与远程仓库或者不同分支之间有代码差异，提交阶段依然不受影响，只是在代码归并时需要解决冲突。可以想象，Git 这种灵活的提交方式和不同版本之间的代码交互机制会使其提交历史演化成图 3-3 所示的有向无环图。

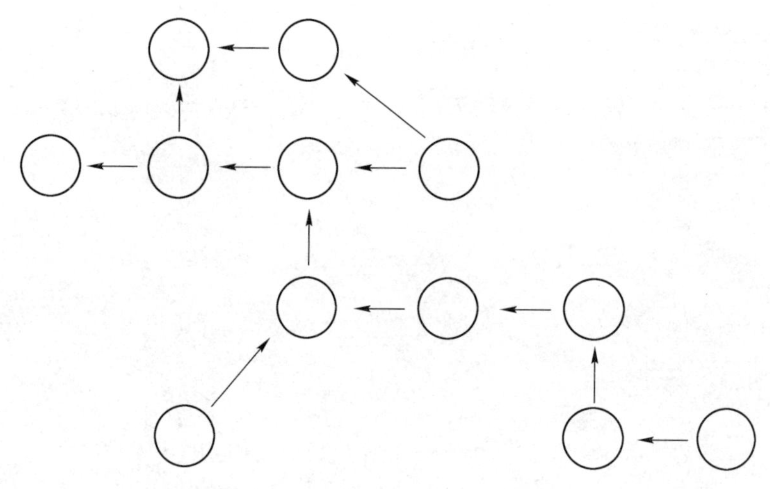

图 3-3　Git 提交历史有向无环图

3.1.2　Git 操作场景

相信读者已经对 Git 的原理和特性有了基本认识，本节将由浅入深地讲解 Git 实际的搭建和操作方法，主要涉及以下几点。

- 仓库的初始化。
- 文件新版本的提交。
- 远程协作。
- 常用版本控制命令。

请注意，本书中有关 Git 的实验都以 Linux 平台为例。

1. git init 初始化 Git 仓库

假设在本地 PC 上已经有项目代码，想基于现有项目创建一个 Git 仓库，供后续更好地进行版本管理。那么可以 cd 到项目的根目录，通过 git init 为已有项目初始化 Git 仓库，自此本地项目就可以记录版本了。git init 在整个项目生命周期内只需被执行一次：

```
$ cd /path/to/your/project/root/folder
$ git init
```

当然，也可以在指定空目录下用 git init 生成一个全新的仓库，用于新项目的开发：

```
$ git init <directory>
```

执行 git init 会生成一个.git 子目录，.git 是实现 Git 版本控制的核心目录，包含其独特的文件管理系统，即版本数据库。它的目录结构如下。

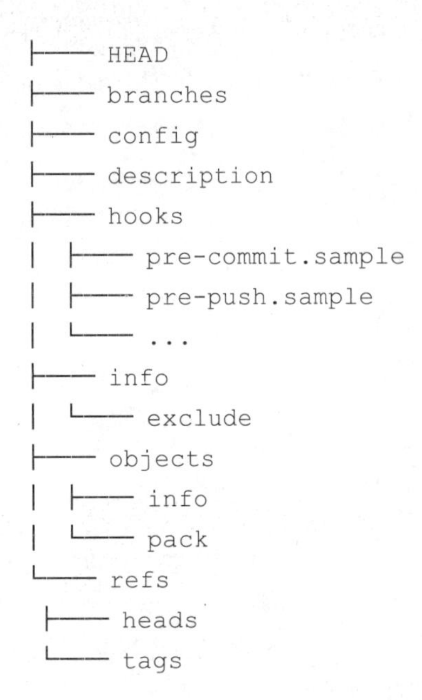

```
├── HEAD
├── branches
├── config
├── description
├── hooks
│  ├── pre-commit.sample
│  ├── pre-push.sample
│  └── ...
├── info
│  └── exclude
├── objects
│  ├── info
│  └── pack
└── refs
   ├── heads
   └── tags
```

可以结合 3.1.1 小节中所述 Git 工作原理来观察这个目录：config 目录包含仓库的配置信息，可由 git config 命令更改，我们会在下文详细介绍 Git 配置；objects 目录存放 Git 对象（blob，tree，commit），是版本数据库的中心；refs/heads 包含所有分支的引用，同样，refs/tags 包含创建的所有标签的引用；HEAD 文件记录当前分支的引用，初始化仓库时会默认创建一个 master 分支，可以看到 HEAD 文件的初始内容是：

```
$ cat .git/HEAD
ref: refs/heads/master
```

git init 创建本地仓库时，Git 仅仅作为版本记录供你的私人项目所用。如果项目需要多人共同协作，彼此间要求代码同步，这就需要建立一个远程中央版本库。其他人执行 git clone 即可初始化并下载整个版本库至本地，在开发过程中，git pull 和 git push 等命令能保证远程仓库和本地仓库之间的代码互通。我们会在后面详细讲到协作场景。

2. git add 和 git commit 保存代码更新

有了本地仓库，就可以放心地开始项目开发工作了。你能随时向 Git 提交代码更新、回溯代码历史、管理分支开发单元等。我们首先从保存代码更新说起：类比操作系统层面应用程序的保存，应用程序的保存（Save）实际上是指覆盖一个已有文档或者是创建写入一个新文档，版本控制系统中的保存是对一组文件或者目录改动的集合的归档。对不同的版本控制系统，如 Git 和 SVN，保存的含义也有些许区别。对 Git 来说，保存实际上就是指“提交”（Commit），只需在本地仓库提交更新，即将新的代码完整快照归档添加到本地版本数据库。SVN 的保存也即 svn commit，指的是通过网络将更新上传并入中央版本库，只有这样才能将新版本归档。这在 Git 中更类似于 git push，git push 是将本地仓库的更新并入远程仓库，以方面项目共同开发者获得你的最新代码。这种区别是由两种版本控制系统的基础架构所导致的，SVN 是单点中心管理，本地只是中央版本库的工作目录备份，没有版本控制功能；Git 是分布式管理，不依赖于远程中心节点。

开发者会结合使用 git add 和 git commit 做代码更新保存，无论你的项目采用哪种开发模式，这两个命令都需要每个 Git 使用者很好地掌握。

（1）git add

git add 将工作区中的更新添加到暂存区，它告诉 Git 下一次 git commit 将会包含哪些状态更新。注意，git add 阶段并没有实质性地影响 Git 版本库。

用 Git 版本控制来进行开发工作其实就是围绕编辑、暂存及提交这个核心工作单元展开的。首先，你需要根据开发需求打开源文件编辑代码。新更新或添加一段代码后，就可以用 git add 将当前代码状态保存到暂存区。在提交前，可以反复多次编辑代码、执行 git add，直到对暂存区中尚未提交的这些新代码满意后，再通过 git commit 将暂存区中的最新的完整快照提交到 Git 版本库。如果对暂存区或者提交的代码不满意，还可以通过 git reset 撤销本次提交或者抹除暂存区快照。

git add 的直接作用就是将工作区的代码更新推到 Git 版本控制系统中独有的暂存区，暂存区可以被想象成工作区和提交历史之间的缓存区域。缓存区到底赋予了 Git 什么优势呢？我们知道，使用任何版本控制系统的一个重要原则是尽量保证每次创建的提交都是原子性的，即单个提交仅相关某一项任务单元，不同提交间不要有任务的交叉。正是有了暂存区，才不需要一次性把上次提交之后的所有代码更新都在这次 commit 一起提交，而是可以在逻辑上将不同目的的代码分组提交。试想，在某一次漏洞修正的任务中，你顺手更改了与漏洞不相关的文件中的几个方法名，使它们看起来更合理。当你提交时，可以先将与漏洞修正相关的文件一起 git add 到暂存区，然后 git add 修改过方法名的其他文件，再另一次提交。

git add 有不同的选项，举几个例子：

```
$ git add <file(s)>
```

将〈file(s)〉指定的单个文件或多个文件的更新添加到暂存区。

```
$ git add <directory>
```

将〈directory〉指定的目录下的所有文件更新都添加到暂存区。

```
$ git add -p
```

以交互式方式逐个展示现有文件的更新（不包括新文件），并提供多种操作选项：可以确认添加、撤销添加、手动编辑更新内容等。

其他的选项和简单说明可以通过 git add-h 查看。

（2）git commit

当你读到这里时，想必已经对 git commit 有了大致的了解，笔者在这里单独将其提出做更详细的介绍。Git 的核心价值实际是做时间轴事件管理，每个提交所记录的不同时间点的快照是时间轴各节点上的事件单元，所有提交组成了此 Git 项目的版本历史时间轴。需要深刻认识、也是我们前文反复提到的一点是，Git 快照仅向本地仓库提交，而非如 SVN 那样向远程中央版本库提交，在项目需要并且开发者准备好之前，Git 不强制将本地更改同步到远程中央版本库。这使得应用 Git 展开的开发模式更为灵活，开发者可以在本地任意开发、提交代码。例如，将一个完整的功能开发任务再细分成多个开发小单元，每个开发小单元都作为单独的提交，最终，可以一次性将本地积累的多次提交推送到远端。为了使得远程中央代码库的版本历史更加清晰，开发者在推送前，还可以任意组合或整理本地提交。另一方面，这也使得开发者的开发环境阶段性完全隔离，你只需集中精力思考，以独立的逻辑完成编码工作，不需要考虑其他协作者的潜在相关改动，在方便时再去做与他人代码合并的工作。这样，从整个团队看，就避免了很频繁、很微小的代码改动的相互同步，提升了效率。正如暂存区是工作区和版本库之间的缓存那样，开发者的本地仓库同样可以理解为开发者的项目贡献和远程中央仓库之间的缓存。

此外，git commit 捕获的快照是工作区的完整代码状态，SVN 提交记录的仅是内容差异。如图 3-4 和图 3-5 所示，提交了一个新文件“haha.py”（版本 v1）而后连续两次对此文件修改并提交（vv2、v3），在 SVN 中，第一次提交保存了完整文件，第二次提交记录的是▲1=v2-v1，第三次提交记录的是▲2=v3-v2，而在 Git 中，每次提交保存的都是当前文件完整内容。这为 Git 的版本追踪提供了便利，Git 可以直接从版本数据库内检索调取完整历史快照，而不需要像 SVN 那样回溯所有关联的历史差异再逐级计算出所需的版本，这样 Git 的速度更快。这种快照机制会影响 Git 从代码分叉、合并到协作工作流程的各个方面。

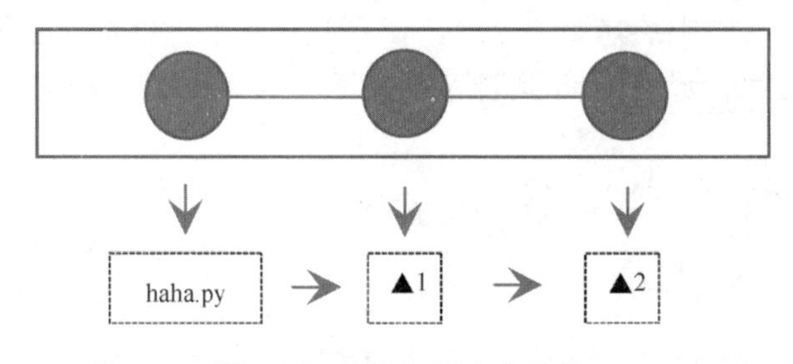

图 3-4　SVN 记录内容差异

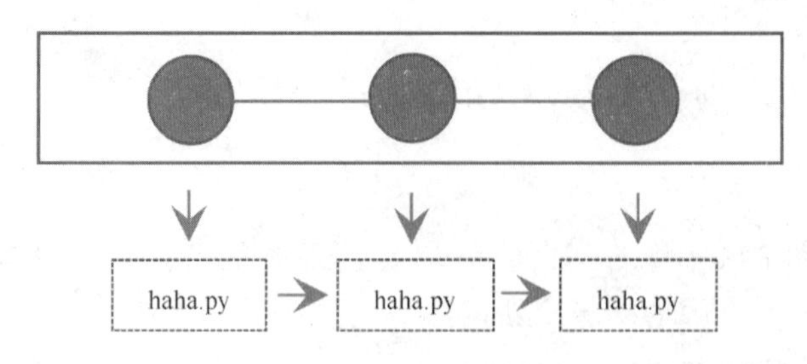

图 3-5　Git 记录完整内容

同样，git commit 也有不同的选项：

```
$ git commit
```

将当前暂存区的内容提交，命令执行后会开启一个编辑窗口，可以输入提交备注。

```
$ git commit -m 'commit message'
```

将暂存区内容提交时由参数-m 指定提交备注，不再开启编辑窗口要求输入备注。

```
$ git commit -e -m "commit message"
```

提交时由参数-m 指定备注的同时，开启编辑窗口，可以再次在窗口中编辑指定备注。

```
$ git commit --amend
```

amend 是一个很常用的 commit 选项，它会修改上一次的提交，而不会创建一个新的提交。它将现在暂存区的内容加到上一次提交中，同时会弹出编辑窗口，你可以修改编辑上次提交的备注信息。这在第一次提交出现问题而又不想破坏提交的原子性时很有帮助。

3. Git 远程协作场景

Git 不仅在个人本地项目的建设开发中具有性能佳、安全性好等优势，它还在多人共同协作的大中型项目中具有强大功能。Git 本地仓库的完整性使分布式开发成为现实，并且为协作中的多点同步问题提供了便利。既然讲到远程协作，那我们就从建立一个集中式仓库开始。

（1）git init --bare 创建远程仓库及相应配置

这里，我们既提到 Git 分布式开发，又说要建立集中式仓库，是不是很矛盾呢？从开发角度来看，Git 的协作工作模式确实是分布式的，每个开发者本地均有远程仓库的完整备份，开发时只需要集中自己的任务单元，代码的编辑提交都分布在各个开发者的本地服务器；但在商业软件的发布管理中，需要一个仓库集合所有开发者的代码以使它包含所有开发功能，用以构建、测试产品，继而发布给客户。这样来看，这个远程仓库又是集中式的，后文中有时也称为中央仓库。

带有 bare 选项的 git init 就会初始化这样的集中式仓库。当创建 bare 仓库后，可以看到当前目录下没有.git 子目录，仅包含.git 目录下的所有文件，这说明仓库没有工作区，你不能直接向其提交代码。实际上中央仓库仅用于共享代码——其他关联仓库通过网络向它推送代码或从它那里下载代码。bare 仓库集中式地存储所有开发者的代码贡献，而真正的开发工作都发生在开发者的本地仓库中。

首先，登录用来集中管理代码的远程服务器；然后创建仓库的根目录，按惯例，bare 仓库的根目录一般以.git 为扩展名；最后在刚刚创建的根目录下执行 git init--bare。在创建仓库前最好新添加一个名为 git 的独立用户，当其他开发人员克隆中央仓库时也会用该用户 ssh 连接远程服务器，并继承其对中央仓库的文件系统的读写权限，注意，出于安全考虑，需要设置 git 用户禁用 shell 登录。命令如下。

```
$ ssh <user>@<server-host>
$ sudo adduser git
$ sudo vi /etc/passwd
# Change the line
# git:x:1001:1001:,,,:/home/git:/bin/bash
#   to
# git:x:1001:1001:,,,:/home/git:/usr/bin/git-shell
#
$ su git
$ mkdir /path/to/repo/myproject.git
$ cd /path/to/repo/myproject.git
$ git init --bare
```

（2）git clone 克隆远程仓库

git clone 用来克隆远程仓库至本地，本地仓库是远程仓库的完整备份。由 git clone 创建的本地仓库不仅包含最新的代码状态，还拥有同远程仓库完全一致的历史版本数据库和独立的版本控制功能。git clone 和 git init 一样，在本地只需被执行一次，执行后会产生包含 git 核心文件系统的.git 子目录和包含当前 HEAD 指向分支的最新代码的工作目录。

和 SVN 从中央仓库 checkout 代码一样，git 从远程仓库克隆是为项目做贡献的第一步，但 SVN checkout 的是中央仓库的工作备份，而 Git 克隆产生的是具有完整版本控制功能的 Git 仓库。因此，SVN 协作模式基于本地工作备份和远程仓库的互动——本地备份向远程仓库提交代码；Git 协作模式基于仓库和仓库之间的互动——推送和拉取远程仓库的代码提交。

Git 克隆时会在本地仓库创建一个名为“origin”的引用指向被克隆的远程仓库，这样你的本地克隆就默认建立了与原仓库的联系，未来向远程仓库推送或拉取代码实际就是通过“origin”完成的。

要克隆刚才在远程服务器上创建的 myproject.git 仓库，只需在本机上直接执行：

```
$ git clone ssh://git@<server-host>/path/to/repo/myproject.git
$ cd myproject
```

第一条命令会提示你输入 Git 用户密码，你也可以通过公钥导入授权文件的方式配置客户端的 ssh 无密码连接，克隆执行后，当前目录会产生一个子目录 myproject，在该子目录内本地镜像仓库被初始化。接下来就可以切换到子目录，开始编辑更新文件、提交新快照及与远程仓库代码同步等开发工作。

git clone 命令提供多种选项，常用的例如：

```
$ git clone <repo_url> <directory>
```

远程仓库默认会被克隆到与 url 指定的项目名同名的目录。例如，git clone ssh://git@

<server-host>:/path/to/repo/myproject.git，将先在当前路径下创建目录 myproject，然后克隆远程仓库到 myproject 内。目录名也可以由 git clone 的 directory 参数自定义，如果 directory 目录不存在，将会被新建。

```
$ git clone --branch <branch_name> <repo_url>
```

--branch 选项指定要克隆的分支，如果不指定，克隆分支是远程仓库 HEAD 所引用的分支，默认为 master 分支。注意，指定克隆分支只是使初始工作区状态为指定分支，其他分支的引用（refs/heads）依然会被克隆至本地。

```
$ git clone --bare <repo_url>
```

--bare 选项会使克隆仅包含远程仓库的版本数据库，而忽略工作目录。也就是说，本地仓库只作为共享仓库供其他仓库拉取或者推送代码，而不能被直接提交修改。

```
$ git clone --mirror <repo_url>
```

--mirror 选项除了使本地克隆仓库成为仅供共享的 bare 仓库外，还会克隆所有的引用（refs/heads、refs/tags、refs/notes 等）以及跟踪远程仓库的分支。当在本地仓库上删除了某分支后再执行 git remote 时，远程分支的该分支也会被删除。远程仓库和本地仓库是完全对等的镜像。

（3）仓库间的内容同步——git-remote/git-fetch/git-pull/git-push

Git 协同工作的核心是中央仓库和本地仓库或者不同开发者的仓库之间的内容同步。SVN 通过一个个 changeset 向中央仓库提交自己的代码更新，而 Git 按需向中央仓库上传共享一系列自己的本地提交，除此之外，Git 还允许分享自己的全新分支。

同步仓库工作的首要操作是建立不同仓库之间的联系，git remote 就是查看、创建、删除这种追踪关系的命令。注意，git remote 创建的关联更类似一个标签，你可以用一个特殊名标记这个关联，之后代码同步时可以直接引用这个标签，而非必须引用完整的远程仓库 url。执行 git remote 可以查看关联标签列表：

```
$ git remote
origin
```

加上-v 选项会同时显示标签和关联的远程仓库 url：

```
$ git remote -v
origin  git@<server-host>:/path/to/repo/myproject.git (fetch)
origin  git@<server-host>:/path/to/repo/myproject.git (push)
```

由远程仓库克隆的本地仓库会默认建立一个 origin 标签关联远程仓库，因此，你在克隆后执行 git remote 能看到类似以上的结果。

除了默认的 origin 关联，你还可以用 git remote add 命令添加其他的 bare 仓库：

```
$ git remote add <name> <repo_url>
```

url 就是要关联的远程仓库资源，name 即是此关联的标签名。

删除关联和重命名关联的命令分别是：

```
$ git remote rm <name>
$ git remote rename <old_name> <new_name>
```

Git 支持多种传输协议关联远程仓库，最常用的是 http 和 ssh 协议。http 协议允许匿名用户拉取代码，但是不允许向远程仓库推送代码；ssh 协议支持对远程仓库的读写权限，即可以拉取或推动代码，但 ssh 必须实名验证。

```
$ git remote add mike ssh://<server-host>/path/to/mike.git
```

以上命令将合作者 mike 的仓库添加到你的本地关联。这种关联极大地方便了你和其他同事交换代码，你们可通过关联直接获取对方的代码更新，而不需通过中央仓库。

添加关联后，你还可以查看关联仓库的详细信息，包括它的所有分支配置和 fetch 及 push 的 url：

```
$ git remote show mike
* remote origin
  Fetch URL: ssh://<user>@<server-host>/path/to/mike.git
  Push  URL: ssh://<user>@<server-host>/path/to/mike.git
  HEAD branch: master
  Remote branch:
    master tracked
  Local branch configured for 'git pull':
    master merges with remote master
  Local ref configured for 'git push':
    master pushes to master (up to date)
```

当建立了与远程仓库的关联后，你就可以与远程仓库进行通信了。git fetch 就是通过关联从远程仓库拉取新的提交、引用及其他文档。需要注意的是，它不会将远程仓库的代码真实合并到你的本地代码目录，因而不会对你的本地开发有任何影响。git fetch 后，你可以通过 git log 查看历史日志了解远程仓库的进展。基本的 git fetch 命令如下。

```
$ git fetch <remote>
```

git fetch 默认会将远程仓库的所有分支的提交更新都下载到本地，你也可以通过 branch 参数指定需要 fetch 的分支：

```
$ git fetch <remote> <branch>
```

--all 选项可以一次性 fetch 关联的所有远程仓库，这等同于你对每一个远程关联都执行一遍 git fetch <remote>：

```
$ git fetch --all
```

将远程版本库状态拉取到本地后，你就可以随时与本地代码进行合并了。一般而言，合并发生在分支层面，所以合并前你需要先将被更新的本地分支 checkout，然后选择希望同步的远程分支：

```
$ git checkout master
$ git merge <remote>/master
```

git pull 实际是 git fetch 和 git merge 的快捷命令，它会先下载远程仓库的更新到本地版本库，然后将当前分支在远程仓库的更新合并到本地仓库：

```
$ git pull <remote>
```

上面的命令实际上与连续执行下面两条命令效果一样：

```
$ git fetch <remote>
$ git merge <remote>/<current-branch>
```

如图 3-6 所示，A 为本地和远程 master 分支代码分叉的时间点，之后本地分支有了 B、C 提交，而远程分支有了不同的 D、E、F 提交。本地执行 git pull 会先从远程仓库的 master 分支下载快照 D、E、F，再在本地自动执行一个合并提交，此提交 G 包含远程 D、E、F 提交的内容。

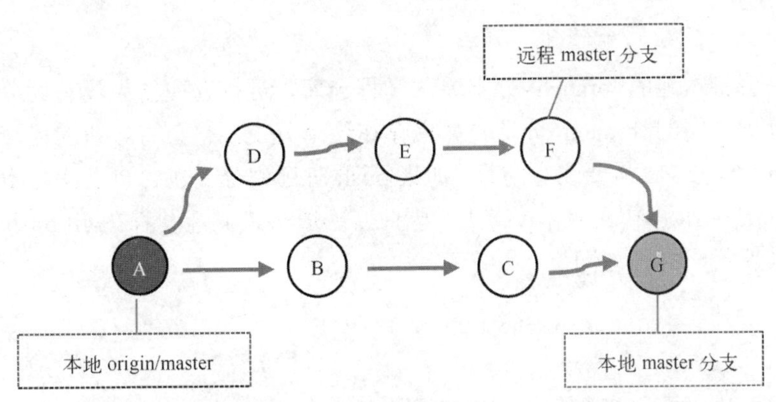

图 3-6　git pull 流程示意

git pull 所执行的合并提交是一种特殊的提交，它的默认备注是类似“Merge branch 'master' of <server-host>:/path/to/repo”的字符串。--rebase 选项提供了另外一种合并策略，它不会将 D、E、F 合并为一个新的提交，而是将 D、E、F 逐一提交到本地，这个过程可以由图 3-7 表示，可以看到最终合并时并没有产生一个新的提交 G。

git pull rebase 有一个直接的好处是，当你用 git log 查看合并后的提交日志时，可以看到和远程仓库中一样的 D、E、F 提交信息，完整的工作记录就被保存了下来， 如果你希望看到线性的提交历史，而不是在提交日志中出现一些有点碍眼的“merging”提交，git pull rebase 是正确的选择。但是任何事情都有两面性，git pull rebase 重写了提交历史，使得你无法从日志中直观发现远程仓库什么时候被拉取合并过。

git pull rebase 实际与连续执行以下两条命令的效果一样：

```
$ git fetch <remote>
$ git rebase <remote>/<current-branch>
```

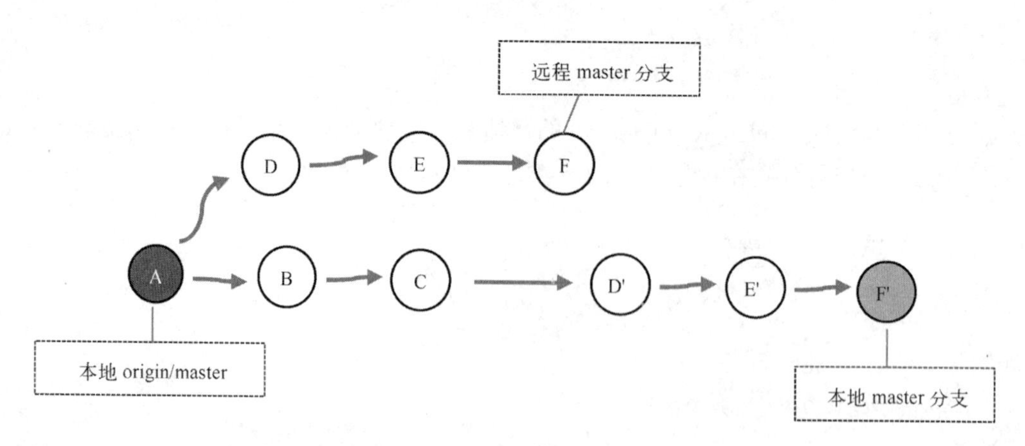

图 3-7　git pull rebase 流程示意

git pull 是将远程仓库的更新同步到你的本地仓库，如果希望将本地更新同步到远程仓库呢？很容易猜到，就是 git push 操作。git push 的基本命令是：

```
$ git push <remote> <branch>
```

以上命令会将本地的<branch>分支并入远程仓库，远程仓库如果没有此分支，将新建立一个和原分支相同的<branch>分支。如果存在这个分支，它会将最新的提交和其他对象并入远程<branch>分支。需要注意的是，如果 push 时远程分支包含自上次与本地同步后的更新提交，本次 push 操作会被 Git 终止。因此，一般来说，开发者在 git push 前会先获取远程仓库的最新代码并与之同步：

```
$ git checkout <branch>
$ git fetch <remote> <branch>
$ git rebase <remote>/<branch>
$ git push <remote> <branch>
```

你也可以用--force 选项强制上传你的代码，即使远程代码已包含新的提交：

```
$ git push <remote> --force
```

git push 命令默认仅会将当前分支上传并与远程仓库的相同分支合并，--all 选项可以一次性上传合并你本地的所有分支：

```
$ git push <remote> --all
```

上面所列的 git push 命令不会上传 tags 标签，添加--tags 选项能帮你单独上传 tags 标签：

```
$ git push <remote> --tags
```

git push 的--delete 选项用来删除远程分支：

```
$ git push --delete <remote> <branch>
```

至此，相信你已经对利用 Git 协作开发的基本操作有了一定了解，下一节会讲解 git branch 等其他 Git 概念和操作。

4．Git 其他常用操作

前文涉及一些有关分支、查看提交日志、系统配置等的操作，但都是在讲解其他操作时一带而过，本节将对 Git 的一些常用操作做独立介绍。

（1）Git 分支操作

分支是如今版本控制系统中的一个常见概念，分支操作在其他版本控制系统中一般比较耗费资源。而 Git 分支相关操作的效率较高，这要归功于 Git 的精妙设计：在 Git 中，分支实际仅代表一系列的提交按时序排列的关系，换句话说，一系列相关提交的历史组成了分支，分支本身并不装载任何提交，分支的呈现形式是指向其中最新提交快照的指针。

当你有漏洞修正或者新功能开发的任务时，可以在本地临时新建一个分支进行完全独立的开发，而不需担心代码改动会影响其他同事或者主线的开发工作，在任务完成后，你还可以在独立分支上实施充分测试，再选择适当时机与主线分支合并，最后可按需销毁此分支。图 3-8 表示从仓库主线分叉出来的两个独立分支，一个用于小功能的开发，另一个用于较大功能的开发，存活时间较长。由于开发任务分布在两个完全独立的不同分支，你可以放心地进行并行开发，更重要的是，它们都不会污染主线。

Git 分支操作包括创建、销毁、查看、重命名分支等，在不同分支开发时还需要经常用到 git checkout 和 git merge 以切换和合并分支。

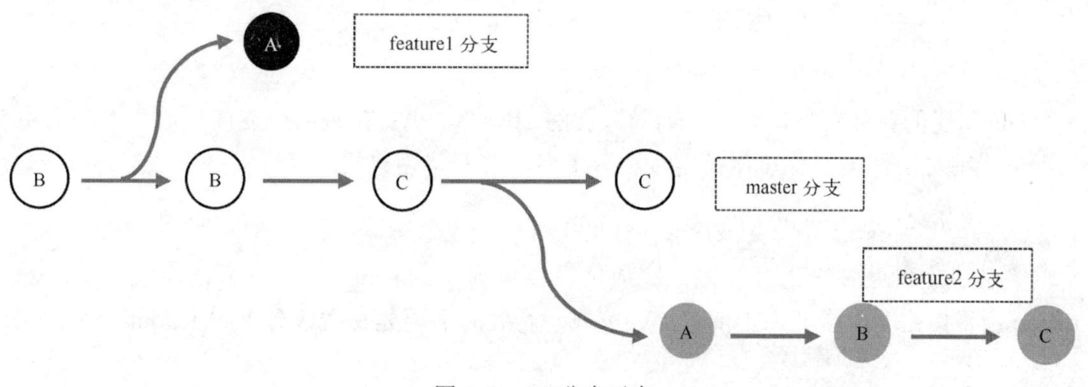

图 3-8 Git 分支示意

以下命令会创建一个本地新分支，分支名为<branch>：

```
$ git branch <branch>
```

删除本地分支的命令为：

```
$ git branch -d <branch>
```

这是一种较为安全的删除方式，如果当前分支有尚未被合并的新改动，删除操作会被Git阻止，如果想强制删除，可以用-D选项：

```
$ git branch -D <branch>
```

--list选项可用于查看本地仓库的所有分支列表：

```
$ git branch --list
```

-m选项用于重命名分支，以下命令将当前分支重命名为branch_changed：

```
$ git branch -m <branch_changed>
```

以上讲述的均是本地分支的操作，同样也可以查看、创建、删除远程分支：

```
#查看远程分支
$ git branch -a
#添加本地新创建分支到远程仓库
$ git push <remote> <branch>
#删除远程分支
$ git push --delete <remote> <branch>
```

当创建了一个新分支后，可以切换到新分支上开始新任务的开发工作，而完全不用担心影响当前分支的状态：

```
$ git branch <new-branch>
$ git checkout <new-branch>
```

上面两条命令实际可以仅用一条命令完成，-b选项会先创建一个新分支，再切换到新分支上：

```
$ git checkout -b <new-branch>
```

Git创建的新分支默认会继承当前分支的HEAD，也就是说新分支的代码状态和历史快照同当前分支相同。你可以指定远程分支名，使即将创建的本地分支基于该远程分支。

```
$ git checkout <remote-branch>
```

新分支上的某项功能开发测试完成后，会用到git merge将其合并入主线分支，git merge会将指定分支合并入当前分支，因此，合并时需要先将主线分支checkout出来：

```
$ git checkout master
$ git merge <new-branch>
```

如果此分支只是为了小功能开发而设的临时分支，在分支任务完成且并入主线后，此分支即可被销毁，删除本地分支的命令为：

```
$ git branch -d <branch>
```

在合并时，如果相同文件的相同代码在两个分支中有所不同，那么本次合并会被终止，Git 会提示在合并前解决冲突，提示内容非常友好，标签“<<<<<<<”和“========”之间的内容是冲突部分的合并接收分支的内容；标签“========”和“>>>>>>>”之间的内容是合并分支的内容。当编辑代码解决分支问题后，可以用常规的 git add/git commit 重新提交有冲突的文件，之后再次合并。

（2）Git 检查日志

任何版本控制系统的本质都是记录文件内容的变化并归档管理，这就使你能够在此后的开发过程中随时回顾内容历史，查看每个开发者的贡献、查找是从哪里被引入的或者恢复某个历史状态。Git 完善的版本控制功能就包括详尽的历史追踪和日志查询功能。伴随着本地代码提交、代码分叉、分支之间或版本库之间的内容流动，均会产生版本库的变化，Git 也都提供了可靠的日志追溯信息可供日后查询。最基本的 Git 提交日志查询命令是 git log：

```
$ git log
```

命令执行后，会弹出界面显示历史提交，包括提交 ID、作者、时间及备注信息。你可用键盘上的〈↑〉和〈↓〉键浏览更多历史。Git 提供了更多丰富选项来格式化输出日志，例如，--oneline 会显示精简的日志信息，将提交信息压缩到一行显示，仅包括提交 ID 和提交备注：

```
$ git log --oneline
8ee9303 Merge branch 'master' of localhost:/home/git/gitrepo/test
4d98121 delete unwanted files and add a gitignore file (#3)
02c8a30 Add the example application ToDoList and edit the README (#2)
07fe876 test (#1)
```

--decorate 选项除了显示基本 log，还会显示与此次提交相关联的分支或者 tag 标签等的引用，如以下日志首行的合并提交列出了分支信息，就可以得知此次合并了远程和本地 master 分支：

```
$ git log --decorate --oneline
8ee9303 (HEAD->master,origin/master,origin/HEAD) Merge branch 'master'
of localhost:/home/git/gitrepo/test
4d98121 delete unwanted files and add a gitignore file (#3)
02c8a30 Add the example application ToDoList and edit the README (#2)
07fe876 test (#1)
```

--stat 选项会列出提交的文件名，以及每个文件的改动行数：

```
$ git log --stat
commit dfe91e40b5b54db5bc7ef847a792ca528fg4df8
Author: Li <test@test.com>
Date:   Fri Mar 1 17:26:21 2019 +0800

    update pyunit test related files
```

```
test/test_startServerlistinParrallel.py | 1 +
Gui/test_HighAvailability.py        | 1 +
Gui/testGUI.py                       | 7 ++++---
lib/libGUI.py                        | 4 ++--
4 files changed, 8 insertions(+), 5 deletions(-)
```

-p 选项不仅会列出每个文件的改动统计行数，还会列出详细的更改内容：

```
$ git log -p
commit 7bec0188bb800dc80afbde9a79dabb98aa34542
Author: Li <test@test.com>
Date:   Fri Jul 27 19:07:10 2018 +0800

    Update README.md

diff --git a/README.md b/README.md
index 5a7156e7..6cdaf2a0 100755
--- a/README.md
+++ b/README.md
@@ -1,6 +1,6 @@
 <p align="center">
    <a href="https://www.iviewui.com">
-       <img width="200" src="https://file.ui.com/logo.svg">
+       <img width="200" src="https://file.ui.com/logo-new.svg">
    </a>
 </p>
```

git shortlog 可以按照作者分组显示日志信息，仅显示作者名、作者的提交数以及每个提交备注的首行：

```
$ git shortlog <new-branch>
Li (4):
      Initial commit
      Update README.md
      Update README.md
      Update README.md

Huang (2):
      refactor(router.index): use next options instead of router
      Update index.config
```

除了这些快捷选项，Git 也可以由--pretty=format:"<string>"自定义格式输出，如以下命令中的格式化占位符%cn、%h 和 %cd 分别被提交作者、提交 ID 和时间代替：

```
$ git log --pretty=format:"%cn committed %h on %cd"
Li committed 2b292896 on Fri Jan 12 10:33:56 2018 +0800
Li committed 3f07b89c on Wed Jan 10 19:39:02 2018 +0800
Huang committed 46c17a26 on Wed Jan 10 19:20:40 2018 +0800
Xavier committed f1b43fe1 on Wed Jan 10 19:11:03 2018 +0800
```

其他的占位符含义可参考附录。

```
$ git checkout <remote-branch>
```

git log 还提供了过滤选项，可以按需要输出过滤后的指定日志，如-<n>选项指定输出的提交日志数目，以下命令只会输出最近的三条提交信息：

```
$ git log -3
```

--after 和--before 选项可以分别按晚于和先于指定时间过滤显示日志，以下命令显示的是 2017 年 12 月 1 日和 12 月 4 日之间的提交历史：

```
$ git log --after="2017-12-1" --before="2017-12-4"
```

git log 还能方便查看两个分支提交历史的不同，只需在 git log 后面加上<branch1>..<branch2>选项，就会列出所有存在于 branch2 但是没有存在于 branch1 的提交历史：

```
$ git log <branch1>..<branch2>
```

相反，<branch2>..<branch1>会显示存在于 branch1 但 branch2 没有的提交。假设 branch1 和 branch2 分别是 feature 和 master 分支，当你想了解与 master 分支分叉后，feature 分支内演化的情况时，就可以用命令：

```
$ git log master..feature
```

这个过程可以清晰地表示为图 3-9 所示。

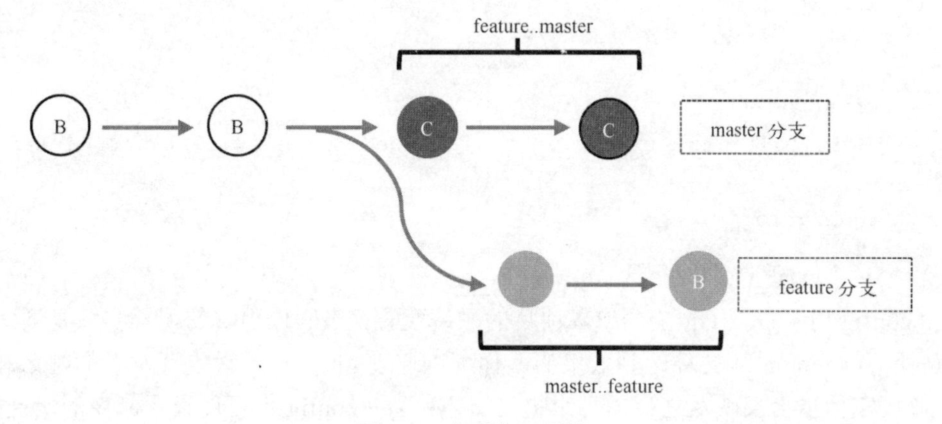

图 3-9　查看分叉历史

git status 用于查询工作目录和暂存区状态，也即尚未被提交到版本库的信息。准确来说，git status 输出内容有 4 种：第一，新加的文件，从来没有被 git add 添加到暂存区，它会被标记为“Untracked files”；第二，工作区修改更新的文件，但尚未被添加到暂存区，它会被标记为“Changes not staged for commit”；第三，已添加到暂存区但尚未被提交的文件，它会被标记为“Changes to be committed”；第四，当用 git merge 合并入其他分支时，发生合并冲突的文件，它会被标记为“Unmerged paths”，例如：

```
$ git status
On branch dev
Your branch is up to date with 'origin/dev'.

You have unmerged paths.
  (fix conflicts and run "git commit")
  (use "git merge --abort" to abort the merge)

Changes to be committed:

    new file:   .eslintrc.js
    new file:   config/env.js

Unmerged paths:
  (use "git add <file>..." to mark resolution)

    both added:     .babelrc
    both added:     .editorconfig

Changes not staged for commit:
  (use "git add <file>..." to update what will be committed)
  (use "git checkout -- <file>..." to discard changes in working directory)

    modified:   config/env.js

Untracked files:
  (use "git add <file>..." to include in what will be committed)

    log.log
```

（3）Git 系统配置

git config 用于设置 Git 全局或本项目的系统配置，不同作用域的配置实际是通过修改不同路径下的.gitconfig 文件达到效果的。你可以通过 git config 设定开发者的姓名和邮箱地址，该设定信息会反映在之后的每个提交日志中。git config 也可以设置命令的快捷方式，将一些常用的 Git 命令用更短的字符表示。git config 能有效地帮你定制一个更高效的 Git 工作流。

git log 的常用用法模式是 git log --[level] [section.key] [value]，level 是指不同层级的作用域，section.key 和 value 是指不同的配置选项和对应的配置设定值。

local 是默认作用域，可显示由--local 指定为本地作用域。本地作用域即说明仅影响当前 git config 所执行的 Git 仓库。本地配置实际根据你的选项 section.key 和设定值 value 修改本版本库下的配置文件.git/config 中的相应内容。

--global 限定全局作用域，指当前系统用户层面的 Git 配置，也就是说当前用户的所有 Git 项目都会遵循此配置。实际是根据设定值修改用户家目录下的配置文件（~ /.gitconfig）实现的。

--system 限定系统作用域，设定机器上所有 Git 项目都会遵循的配置。实际是通过修改系统级的配置文件实现的，一般该文件是/etc/gitconfig。

配置的优先级是本地作用域优先于全局作用域，而全局作用域优先于系统作用域。例如，当在不同层级的作用域中为同一项配置设定不同值时，本地作用域的设定值将会产生作用。

一般在创建完 Git 项目后，会使用 git config 配置你的用户名和邮箱地址。以下命令设置了全局的用户名和邮箱地址，每次提交都会使用该设定名和邮箱：

```
$ git config --global user.name “zhang san”
$ git config --global user.email “zhangsan@xxx.com”
```

Git 配置 alias 为 Git 命令创建快捷方式。例如，下面这条命令即在本地作用域中将 ci 设置为 commit 的别名，这使你在本项目的版本库执行 git ci 和 git commit 是等价的：

```
$ git config alias.ci commit
```

设置别名时还可以引用已设置的别名组合成其他快捷方式，下面这条命令使 git amend 同 git commit--amend 等价。

```
$ git config alias.amend ci --amend
```

git config 还可以配置你的默认文本编辑器，Git 在 git 提交等需要输入一些消息的操作时唤醒该文本编辑器。Git 默认使用系统的默认编辑器，一般是 vi 或者 vim。如果你想使用一个不同的文本编辑器，例如 Emacs，可以做如下操作。

```
$ git config --global core.editor emacs
```

Git 还有许多其他的配置选项，这里不再一一介绍，读者可以查阅官方文档获得完整的配置选项。

3.1.3　Git 协作开发的经典模式

Git 的使用流程与所选择的协作方式密切相关，Git 工作流是为了满足开发的稳定性和高效性，根据 Git 的设计初衷以及项目的特定需求而设定的模式。单个开发者利用 Git 管理版本的方式非常灵活，并没有一个标准的工作流程。而一个项目组的所有开发成员在使用 Git 进行协作开发时，一定会对如何顺畅运维代码变化预先达成共识。人们根据 Git 工作实践的经验，总结出以下几种公认的 Git 协作工作流模式。

- 集中式工作流。
- 功能分支工作流。
- Git 流工作流。
- 叉状工作流。

需要注意的是，Git 工作流模式并没有一个固定的规则，本节所述的仅是几种经过大众验证的较为可靠的模式。你可以根据实际项目需要，选择一种或择多种模式混合使用。如何衡量你所使用的工作流是否合适呢？一般需要考虑以下几点。

- 工作流是否与你的项目组规模（即合作人数）匹配。
- 工作流是否方便撤销有问题的提交而恢复至正常状态。
- 开发成员使用这个工作流时会不会超出他们对于开发流程的固有认知范围。

1．集中式工作流

如果你的项目组是从 SVN 迁移到 Git 的，那么集中式工作流会是一个很好的模式，它提供了跟 SVN 相似的协作模式。集中式工作流有一个中心仓库，它包括开发者对于此项目的所有更新，中心仓库的默认分支 master 将作为唯一分支供开发者提交本地更新。集中模式不再需要其他分支。

使用 SVN 的开发者很容易熟悉 Git 的集中工作流模式，但是开发者依然能享受到分布式版本控制系统带来的好处：第一，本地仓库的完整性保证了独立的本地开发环境，开发者编写代码时只需要考虑自己的任务集，本地提交代码时完全可以忘掉其他开发者或者中心仓库的更改对自己的影响，当时机合适（这个时机完全由自己掌握）时，再去与中心仓库合并，那个时候才考虑代码的相互影响；第二，Git 健全的分支和合并机制确保你在和中心仓库交互时丝毫不用担心操作失误或代码错误，你可以先按开发需求建立多个本地分支，在不同分支开发不同的功能，继而在本地做分支合并，将需要的代码整理筛选后再推动到中心仓库。虽然 Git 集中式工作流也是基于中央代码库而进行的代码多端共享同步过程，但 Git 使得其更为安全可靠并对开发者更为友好。

采用集中式工作流模式，所有开发者需要首先从中央仓库克隆版本库到本地工作站，然后在本地完成开发工作，即编辑、提交代码更新。注意，和 SVN 不同的是，此时提交仅发生在本地版本库，尚未和中央仓库关联。在合适时，你再将自上次与中央仓库同步后的所有本地更新推送到远端，自此，你的代码更新被公开——其他开发者可以将其拉取到他们的本地仓库。什么时机将本地更新推送到远端，完全结合自己的开发情况和项目需求决定。

我们以集中式工作流中的一个典型场景为例说明整个协作流程：假设项目开发人员为老张和小李，他们各自开发应用的不同功能。当两人开始参与项目时，首先会将中央仓库克隆至各自的本地服务器，有了本地版本库，老张开始基于现有代码进行他的功能开发工作。本地的开发流程大同小异，老张编辑代码、更新代码，然后由 git add 将一批代码添加到暂存区，继而由 git commit 提交到本地仓库。由于开发工作都发生在本地，老张可以周而复始地重复这个流程，而不必担心影响中央仓库的状态。同时，小李也正在执行他的新功能开发任务，他同样在进行本地编辑、提交新代码。几天后，老张完成了他的功能开发工作，准备将新的代码推送到中央仓库让其他项目成员看到。老张简单执行 git push origin master，将本地 master 分支的代码推到远端中央仓库的 master 分支，使中央仓库的 master 分支和老张的本地 master 分支保持一致，这里的 origin 是在克隆时默认创建的与中央仓库的远程连接。由于中央仓库在老张克隆后尚未有其他项目人员向其中添加新代码，老张能很顺利 git push 成功。当小李完成他的功能开发后，也执行了同样的命令，希望将本地代码推送到中央仓库，但是，由于小李本地仓库状态已经与中央仓库的最新状态偏离，Git 将会阻止此次推送，并且抛出 non-fast-forward 的错误提示信息：

```
$ git push
To [HOST]:/home/git/gitrepo/myproject.git
 ! [rejected]        master -> master (non-fast-forward)
error: failed to push some refs to 'git@[HOST]:/home/git/gitrepo/
myproject.git'
hint: Updates were rejected because the tip of your current branch is behind
hint: its remote counterpart. Integrate the remote changes (e.g.
hint: 'git pull ...') before pushing again.
hint: See the 'Note about fast-forwards' in 'git push --help' for details.
```

这时，小李需要先和中央仓库同步，可以用 git pull 将中央仓库的最新代码拉取到本地与本地代码合并，如果小李和老张开发的是完全不相干的功能，那么他俩大概率不会改动同一处代码，也就不会产生合并时的冲突，但如果他们开发的功能有相关性，那么就有可能因为对同一处代码进行了改动而产生合并冲突，这样小李就必须先解决冲突，然后再由 git push 推送本地代码到中央仓库。

由此可以看出，利用 Git 的部分命令可以很轻松地复制 SVN 的典型工作流，这对于从 SVN 转换到 Git 的团队非常友好，但是在集中式工作流模式下，Git 强大的分布式版本控制功能并没能发挥出来。集中式工作流模式协作简单、流程清晰，比较适合较小的项目团队，但随着团队人员的增加，以上讲到的本地与远端冲突的场景可能就会成为瓶颈。这个时候，如果你还想继续享受集中式带来的便利而又不想使问题代码同步变得过于复杂，可以考虑功能分支工作流。

2．功能分支工作流

功能分支工作流作为集中式工作流的扩展，主张各功能开发在各独立分支进行，而非将所有代码都仅揉入 master 分支。众人合作开发的单独功能发生在独立分支，这样做的一个直接好处是尚未完成的半成品代码不会被包含到 master 分支，这对于持续集成环境非常友好。

反过来，功能分支工作流使一个开发小组能集中精力合作开发某项功能，而不需要受主分支中时刻会并入进来的其他功能代码的干扰。开发人员可以随时推送自己本地代码到功能分支，触发代码审核请求，让与此功能相关的开发者共同讨论检查代码的合理性或向代码贡献者提供下一步的建议。

功能分支工作流依然依赖于中央仓库，但中央仓库中的 master 分支将仅容纳官方代码用于产品分布，一般开发者不会直接向 master 分支推送代码。开发者在本地建立相应的功能分支后可以将其推向远端，在中央仓库建立相应的功能分支，中央仓库的功能分支将用于开发者本地分支的备份或者与此功能的其他开发者共享代码，其他开发者也可以向这个功能分支提交相关代码改动。中央仓库的功能分支和 master 分支同时存在，它们各司其职，互不影响。

举一个此种工作流的典型场景例子加以说明。假设老张和小李正准备共同开发产品的一项新功能 A，首先由老张基于最新的中央仓库的 master 分支代码在本地创建了功能 A 的 feature-A 分支：

```
$ git checkout master
$ git fetch origin
$ git rebase origin master
$ git checkout -b feature-A master
```

老张可以照常在新分支内编辑、提交代码。小李也有了他的思路，想为新功能添砖加瓦，他要求老张赶紧推送初始代码到这个新分支。老张将最新本地代码提交到 feature-A 分支后，第一次把新分支推向中央仓库，这样中央仓库中会自动建立新分支 feature-A：

```
$ git push origin feature-A
```

紧接着，小李可以同步一次中央仓库，然后基于中央仓库的新分支 feature-A 创建本地分支：

```
$ git checkout -b feature-A origin/feature-A
```

自此，小李就将来自老张的初始代码下载到本地分支 feature-A，小李在本地编码提交了他的代码贡献。几个功能完成后，小李希望将本地代码推送到中央仓库，一是为了对本地工作备份，更重要的是希望老李能够帮他把把关、审核一下新代码。无论是采用第三方代码托管服务（如 GitHub 等），或自己搭建 Gerrit 代码审核工具，都能在向中央仓库主动推送或是请求拉取本地代码时引发一个代码审核任务，你可以指定其他开发人员与你一起讨论本次改动，待大家都一致认为代码没问题后，代码才会合并入中央仓库。回到本例，老张收到审核代码的请求之后，界面上会清晰地显示小李的代码改动，并可方便地按行添加反馈，小李和老张可以就此展开讨论修改代码，直到最后都对代码满意合并入中央仓库。

老张和小李按这个流程开发完新功能后，需要在某个合适的时间节点正式交付——将新功能 A 的代码并入 master 分支，作为产品新功能上市。按项目需要或组织架构规定，并入 master 分支的工作可以由老张或小李完成，也可以由其他项目技术管理人员完成：

```
$ git checkout master
$ git pull
$ git pull origin feature-A
$ git push
```

以上操作先将本地 master 分支与远程中央仓库同步，下载最新代码；接着拉取中央仓库（origin 作为关联标记）的 feature-A 分支与本地 master 分支合并，本地将产生一个日志为“Merge branch 'feature-A' …”的额外合并提交；最后由 git push 推送到远端 master 分支，完成 feature-A 的代码交付。相比于产生一个独立的合并提交，有些工程师更倾向于完全线性的提交历史，也就是基于 master 分支逐个添加属于 feature-A 分支的所有提交，这样能在未来方便地对作用于 master 分支的所有提交清晰还原，只需将第三步改成 git pull --rebase origin feature-A 就能实现线性的提交历史。

在老张和小李开发新功能的同时，老刘和小青正用同样的流程开发另一个功能 feature-B，在 feature-B 开发完毕前，老刘和小青的新代码一般不会进入 master 分支，而仅在 feature-B 分支。老刘和小青的开发发生在自己的 feature-B 功能分支，而不会受到老张和小李的 feature-A 分支改动的影响。

功能分支工作流使不同功能的开发被完全隔离，互不影响，相比于集中式工作流，中央仓库的 master 分支不会再频繁地被开发者的推送请求干扰，增强了 master 分支代码的稳定性。功能分支工作流聚焦于分支，下面要讲到的 Git 流工作流和叉状工作流更多地聚焦于整个仓库，但在 Git 流工作流和叉状工作流中又可以利用分支导向的功能分支工作流。

3．Git 流工作流

在开展任何软件项目之前，商定一个大家都会遵守的工作流程非常重要，可以根据项目组需求结合 Git 特点制定协作工作流模式，也可以采用 Git 提供的一种规范工作流，即 Git 流（Gitflow）工作流。Git 提供了一个标准工具 git flow 去定义 Git 流工作流，git flow 是 Git 的扩展，它实际上将 Git 的一些基本命令用脚本组合了起来。

git flow 工具并不包含在标准的 Git 环境中，简单执行以下命令便可以安装 git flow：

```
$ brew install git-flow
```

如果尚未安装包管理工具 brew，可参考其官方网站先安装 brew。安装完 git flow，就可以利用 git flow init 初始化项目目录了：

```
$ git flow init
No branches exist yet. Base branches must be created now.
Branch name for production releases: [master]
Branch name for "next release" development: [develop]

How to name your supporting branch prefixes?
```

```
Feature branches? [feature/] feature-A
Release branches? [release/]
Hotfix branches? [hotfix/]
Support branches? [support/]
Version tag prefix? []
```

git flow init 实际上只是基于 git init 的扩展命令，它仅会以交互方式引导使用者预定义几个分支，对版本库功能不会有实质影响。当然也可以不使用 git flow 而仅依赖基本的 Git 命令去创建这些分支，git flow 的价值核心是提供了一种工作流指导思想。创建分支时你可以用 git flow 的默认命名，也可以自定义命名。方便起见，以下都按照默认命名进行讲解。git flow 会预设两个贯穿整个软件生命周期的主分支：

- **master 分支**存放产品代码，用于产品发布。开发者一般不会直接在 master 分支工作或者随意向 master 分支推送代码，由于 master 分支直接与产品的每个发布版本有关，哪些功能、哪些修正在哪个时间点能被并入 master 分支都需要根据产品规划，经过项目开发人员、管理人员、产品经理的共同研讨决定。
- **develop 分支**一般用于所有已完成或者正在进行的功能代码的汇总，同时也是新功能开发的基础分支。下一次的产品发布，通常会根据预先制定好的发布计划先从 develop 分支选取相应的代码改动并入 master 分支，再从 master 分支构建发布产品。

一旦有新功能需求，开发者便可以在默认已创建的 feature 分支上进行开发工作，当多个功能并行开发时，项目会建立多个不同的功能分支。功能开发完成后，分支代码会被合并入 develop 分支，此后该分支便可以被销毁。在大型的较为规范的商业软件项目中，即使功能开发完毕，功能分支通常也会被保留下来以组成项目的全历史追溯系统。

图 3-10 为 master 分支、develop 分支和功能分支的代码流动示意图，可以看到功能分支 feature-A 和 feature-B 都是基于最新的 develop 分支状态建立的。此外在 Git 流工作流模式中，功能分支的代码不会直接进入 master 分支，都是先并入 develop 分支，继而进入 master 分支用于产品发布的。产品 v1.0、v1.1、v1.2 版本相继由 master 分支交付，而 feature-A 和 feature-B 在 v1.2 中被发布。

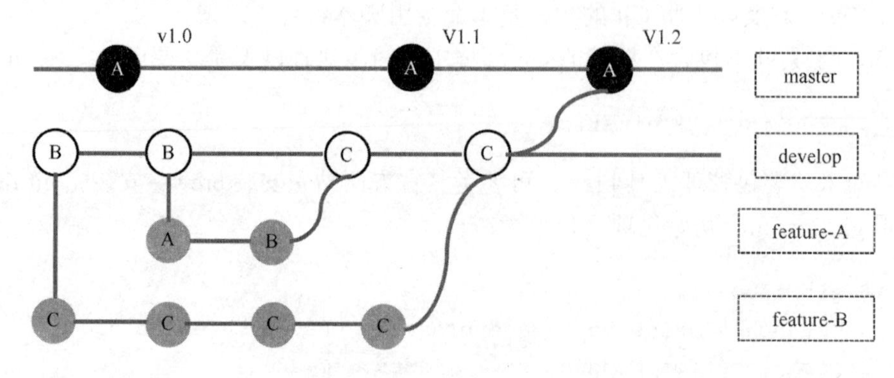

图 3-10　Git 流分支代码流动

没有 git-flow 的情况下创建功能分支：

```
$ git checkout develop
$ git checkout -b feature-A
```

由于 git flow 默认所有功能分支都基于 develop 分支，因此在 git flow 帮助下创建功能分支就会简洁一些：

```
$ git flow feature start feature-A
```

功能开发完成后，代码会被并入 develop 分支，用基本 Git 命令合并：

```
$ git checkout develop
$ git merge feature-A
```

用 git flow 命令：

```
$ git flow feature finish feature-A
```

也许已经发现，在 Git 流工作流模式中，develop 分支和各功能分支的交互几乎与功能分支工作流无异，确实如此，Git 流包含了功能分支工作流模式，而其本身又远不止于此。

在大型商业软件项目中，所有计划的新功能可能在产品发布前半年已开发完成，甚至产品 v2.0 的功能有时在产品 v1.92 未发布前就已经完成。为了优化产品发布管理，这时会从 develop 分支分叉出一个 release 分支，用于装载所有下一个产品发布所需的新功能。从待发布的功能并入完毕至下一个产品版本发布前的周期内，不会再有功能分支向 release 分支并入新代码，仅会有与漏洞修正、文档编辑等与发布相关的新提交被并入 release 分支。在产品发布时，再由 release 分支向 master 分支合并。用一个单独的 release 分支专为下一个产品发布进行代码管理，保证了其他功能的开发依然能按序进行，因此 develop 分支还会持续有新代码进入，在 release 分支并入 master 分支后，也会将 develop 分支与 release 分支的更新同步。release 分支就像 develop 分支和 master 分支之间的桥梁，既进一步隔离了产品发布和开发两个阶段，又使得产品的开发到发布能够有序、高效地执行。

release 分支的命名一般会加上产品发布版本号，由 git flow 创建一个用于产品 v2.0 的 release 分支非常简单：

```
$ git flow release start 1.0
Switched to a new branch 'release/2.0'

Summary of actions:
- A new branch 'release/2.0' was created, based on 'develop'
- You are now on branch 'release/2.0'
```

一旦产品 v2.0 即将发布，需要将 release/2.0 的分支和 master 分支及 develop 分支合并，最好再与 master 分支合并时打上即将发布的版本号的标签，自此，release/2.0 分支使命已经完成，可以被销毁。单条 git flow 的 release finish 命令可以完成以上所有事项：

```
$ git flow release finish 2.0
```

```
Switched to branch 'master'
Deleted branch release/2.0 (was 0e9b3e9).

Summary of actions:
- Latest objects have been fetched from 'origin'
- Release branch has been merged into 'master'
- The release was tagged 'v2.0'
- Release branch has been back-merged into 'develop'
- Release branch 'release/2.0' has been deleted
```

软件产品发布后，客户抱怨流程错误或使用不便问题是时常发生的事，这时，项目组可能需要快速响应，马上按照客户要求修复这个问题。Git 流工作流模式就提供了专门的 hotfix 流程去修复线上的紧急问题，这个流程依靠的是一个特殊的 hotfix 分支。hotfix 分支和 release 及 feature 分支在代码流向上非常相似，不同的是 release 和 feature 分支基于 develop 分支，而 hotfix 直接基于 master 分支。hotfix 分支是 Git 流工作流模式中仅有的从 master 分支直接分叉而来的，相应的工程师在 hotfix 分支上修正问题后，hotfix 分支会被立即同步到 master 分支和 develop 分支（或者当前的 release 分支），并且 master 分支上会打上新的版本标签，例如 v2.0_hotfix1。

由 git flow 创建 hotfix 分支的命令：

```
$ git flow hotfix start bug-hotfix
Switched to a new branch 'hotfix/bug-hotfix'

Summary of actions:
- A new branch 'hotfix/bug-hotfix' was created, based on 'master'
- You are now on branch 'hotfix/bug-hotfix'
```

同样地，hotfix 工作完成后，可由 git flow 的 hotfix finish 命令将 hotfix 分支更新同步到 develop 和 master 分支，并在弹出的窗口中编辑指定 master 分支的并入 tag（此处为 v2.0-hotfix1），最后删除该 hotfix 分支：

```
$ git flow hotfix finish 'bug-hotfix'
Deleted branch hotfix/bug-hotfix (was 0e9b3e9).

Summary of actions:
- Latest objects have been fetched from 'origin'
- Hotfix branch has been merged into 'master'
- The hotfix was tagged 'v2.0-hotfix1'
- Hotfix branch has been back-merged into 'develop'
- Hotfix branch 'hotfix/bug-hotfix' has been deleted
```

图 3-11 是包括 release 和 hotfix 分支在内的完整 Git 流工作流的代码流动示意图。

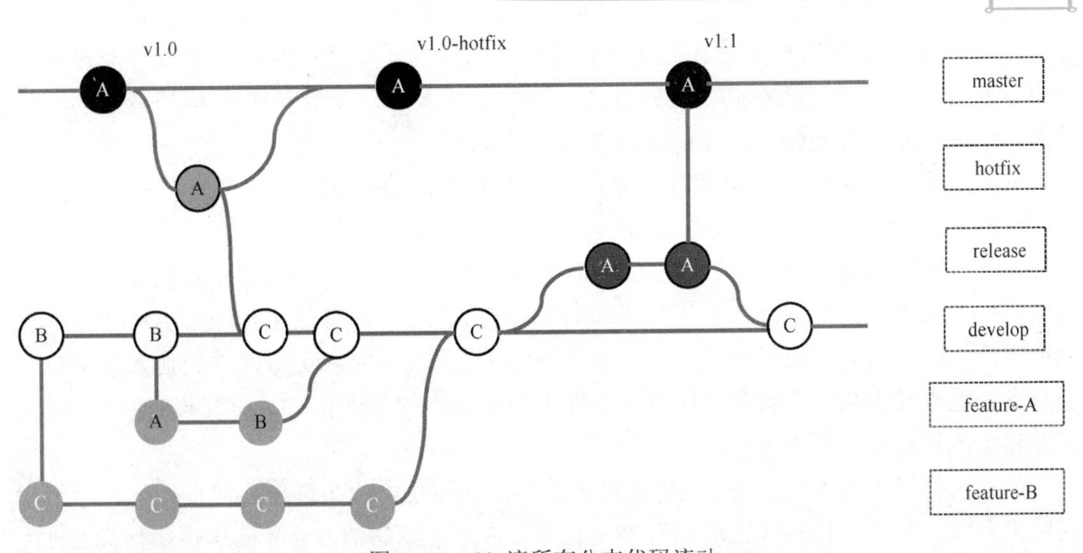

图 3-11 Git 流所有分支代码流动

Git 流工作流模式对于需要发布管理的商业软件生产流程非常适用，各分支分工明确，代码流合理又清晰，方便不同规模的项目团队开发管理。

4. 叉状工作流

前面讲到的功能分支工作流和 Git 流工作流虽然不像集中式工作流那样，所有本地开发都严重依赖中央仓库的 master 分支，但它们确实都围绕位于远程服务器的“中心”仓库进行本地工作的备份、分享或者软件发布的管理。叉状（forking）工作流同它们的模式有着本质区别，项目除了有一个远程公开的中心仓库，每个开发者还拥有一个独立的位于远程服务器的私有仓库，在后文中我们将它称为分叉仓库（forked repository）。

叉状工作流的一大优势就是所有人都可以以向自己独有的分叉仓库推送的方式来为项目贡献代码，而不需要向中央仓库推送。中央仓库会由项目管理者或维护者按需挑取开发者的代码并入，因此中央仓库时常不会对每个开发者开放写权限。叉状工作流的代码流动实质上类似 Git 流工作流，也拥有独立开发的功能分支，且这些功能分支的目的是最终汇入中央仓库。叉状工作流更加灵活，适合庞大、“野蛮生长”（可能包含未知的第三方）的项目团队安全地协作，因此，它更多应用于开源项目。

同上述其他的工作流模式一样，叉状工作流也起始于一个共同可读的远端中央仓库，当一个新的开发者进入项目组时，他不会直接将远程仓库克隆到本地，取而代之的是从中央仓库分叉出一个同样存在中央服务器的远端仓库，这个仓库有两个特点：第一，为此开发者独有，其他开发人员不能向其推送代码；第二，代码库公开，即其他开发人员可以从中拉取代码到自己的本地或分叉出自己的远端仓库。这是叉状工作流的关键所在。接着这个开发者会将独有远端仓库克隆到本地，和其他工作流模式一样，在本地仓库开始开发工作。

当开发者完成了某些重要功能的开发，想要将本地提交推送到项目主代码库时，他需要先将本地代码推送到自己的独有远端仓库，然后向中央仓库开起一个拉取请求（pull request），该拉取请求会通知项目管理者/维护者，有一个推送已准备好汇入中央仓库，管理者/维护者会在方便时检阅该代码更新，并给予有关代码修改的反馈，开发者经过反复讨论、修改、论证，已经对此次代码推送一致同意并入时，项目管理者/维护者才会将其并入代码主仓库，否则此次拉取请求将被拒绝并关闭。

读到这里，你可能会对到底什么是“分叉仓库”比较疑惑。分叉并不是什么特殊的Git操作，它实质上是在远程服务器端用git clone将中央仓库克隆，分叉仓库对于中央仓库依然是克隆的完整复制，对于开发者是服务器端的仓库。通常分叉仓库被托管在第三方的代码托管服务商。与功能分支工作流和Git流工作流一样，分叉工作流中也将各项单独功能隔离到独立的分支进行开发，但利用分叉仓库，开发者可以更方便地向他人分享自己的分支，他人只需从开发者自己的分叉仓库中拉取关心的分支代码，而在其他工作流中，需要将本地代码推送到中央仓库。

叉状工作流的另外一个特点是，开发者的本地仓库包含两个远程连接标识——一个指向中央仓库，另一个指向自己的私有分叉仓库。通常，默认的origin标识指向分叉仓库，需要你新建一个upstream标识指向中央仓库：

```
$ git remote add upstream ssh://<server-host>/path/to/officialrepo.git
```

通过upstream连接，用git pull能使你的本地仓库可以时刻与官方的中央仓库保持同步：

```
$ git pull upstream master
```

一旦功能开发完毕，需要做两件事将新功能分享给其他人：

第一，推送新代码到你的分叉仓库。

```
$ git push origin feature-branch
```

第二，告知项目管理或维护人员将新功能代码拉取到中央仓库。在第三方代码管理平台（如GitHub）的开源项目中，只需要单击界面上的“拉取请求”按钮、填写完相应表单就能通知项目管理人员审核代码。

叉状工作流不需要项目管理人员为每个项目成员都配置详细的权限管理清单，它会对所有项目人员都开放版本仓库级别的复制权限，而项目管理者只需要用拉取指令挑选需要的代码更新进入官方版本仓库。叉状工作流被广泛地应用在开源项目中，第三方代码托管服务商提供了非常友好的web界面帮助项目各角色完成流程管理工作。在下一节中，我们将针对典型的基于Git的第三方代码托管商GitHub进行详细介绍。

3.2 管理分享代码宝库——GitHub

一些自由开发者、中小规模的IT企业或者希望开展内部数字化运营业务的传统行业的企业，不想投入过多的人力、资金自建安全可靠的数据中心存放项目代码，这样就催生了第三方代码托管服务的商业模式。随着代码版本管理系统 Git 的流行，一些基于 Git 的第三方代码托管平台的生意也火爆起来，如国外的 GitHub、BitBucket，国内的 Gitee、Gitcafe 等，而其中的标杆必然是所有 IT 从业者都知晓的 GitHub。本节将介绍 GitHub 的基本功能，并阐述如何利用它快速搜索所需的开源软件，最后会举例说明其大体使用步骤。

3.2.1 GitHub 基本简介

GitHub 平台由 GitHub 公司（曾称 Logical Awesome）的开发者 Chris Wanstrath、P.J.Hyett 和 Tom Preston-Werner 使用 Ruby on Rails 编写而成，于 2008 年 4 月正式上线。GitHub 既是开源社交平台，也是企业项目管理平台，它除了基本的 Git 仓库托管及相应的 web 管理界面以外，还提供了订阅、讨论组、文本渲染、在线文件编辑器、报表、代码片段分享（Gist）等功能。维基百科上对 GitHub 的功能列表描述为：

- 文档：包括自动生成的、采用类 Markdown 语言的 Readme 文件。
- 问题追踪系统（同时可用于功能需求）。
- Wiki。
- GitHub Pages 支持用户通过软件仓库建立静态网站或静态博客（通过一个名为 Jekyll 的软件实现）。
- 任务列表。
- 甘特图。
- 可视化的地理位置分析。
- 预览 3D 渲染文件。预览功能通过 WebGL 和 Three.js 实现。
- 预览 Adobe Photoshop 的 PSD 文件，甚至可以比较同一文件的不同版本。

现如今由 GitHub 托管的项目仓库已达到 1 亿个，其中包括一些耳熟能详的重量级开源项目，如 Linux、Python、JQuery、OpenStack、Docker 等。

GitHub 的主页是 https://github.com/，界面如图 3-12 所示。使用 GitHub 之前，你需要先注册 GitHub 账号，注册流程非常简单，按照 https://github.com/join 网页界面提示一步步填好表单即可。需要注意的是，注册的第二步会让你选择账户类型，GitHub 提供了不同的产品供选择，如图 3-13 所示。

- 个人免费用户，拥有创建无限公有仓库、漏洞跟踪系统、项目管理的功能，特别需要注意的是，2019 年 1 月起，GitHub 的免费用户也可以创建无限个私有仓库了，但每个免费私有仓库最多只能有三个合作者。
- 个人付费用户，价格为每月 7 美元，除拥有个人免费用户的功能外，它对私有仓库的合作人数没有限制，另外还可享受 GitHub 的高级工具和管理服务，如 GitHub Pages、Wikis、受保护的分支、代码管理员细分配置、仓库洞悉报表和草稿拉取请求等。
- 小组免费用户，能创建无限数量的公有仓库，并能自由设定组内成员合作者，同时也包括其他完整的 GitHub 功能。

图 3-12　GitHub 主页界面

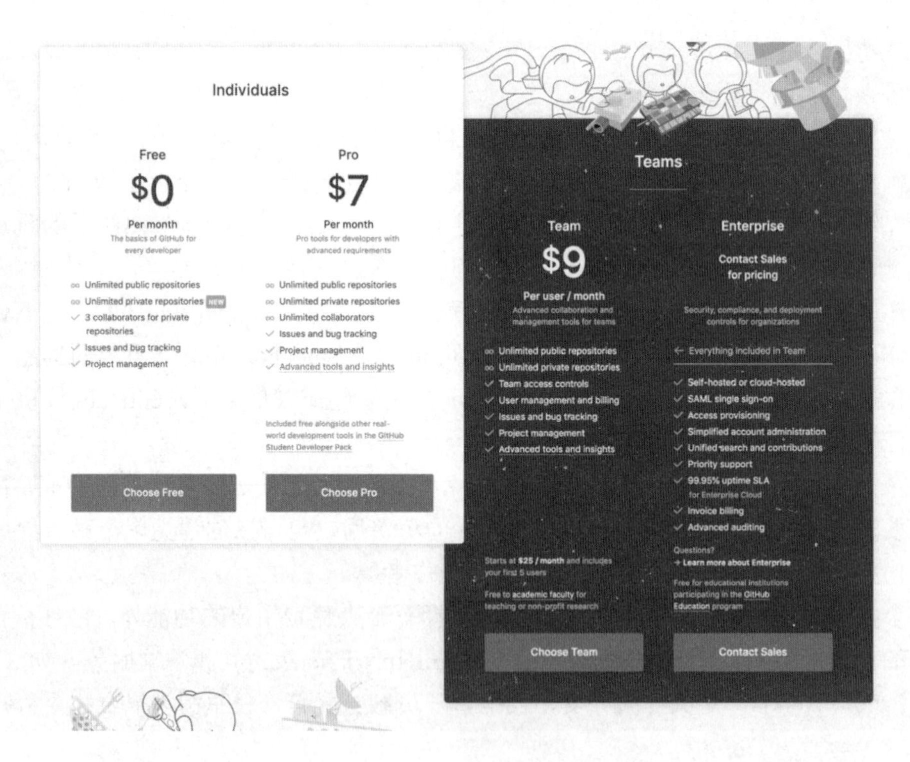

图 3-13　GitHub 产品和计价

- 小组付费成员，价格为每人每月 9 美元，可以创建数量无限制的公有私有仓库，不限制合作者数量，除此之外，还有更安全的两步登录验证、更详尽的小组成员权限控制以及其他高级工具和管理服务。

- 企业用户，有两种服务选项——托管在企业云平台上或者自建服务器运行。托管企业云平台的价格为每人每月 21 美元，它具有所有 GitHub 功能，还提供更高级别的安全机制、审计功能、快速响应服务和可靠性保证。

创建好 GitHub 账号之后，就可以用此账号创建托管在 GitHub 的仓库了。单击导航栏右端的“+”，在下拉列表中选择 New Repository 即可进入创建仓库引导界面，如图 3-14 所示。表单中要求填入仓库名称、项目的简单描述；选择仓库是公有还是私有——公有仓库会对所有人可读，仓库拥有者可配置合作者赋予其写权限，私有仓库仅对合作者可见可编辑；选择是否初始化仓库——勾选此选项，创建的仓库可以被直接克隆到本地，否则将需要额外在本地 git init 初始化该仓库再导入已有代码；此外还可以添加.gitignore 文件，配置不希望被上传到版本库的本地文件，以及添加许可证。创建好的仓库实际上不止用于代码文件的版本管理，它可以装入文件夹及音频、视频、图像、电子表格等不同类型的文件。因此，可以利用 GitHub 仓库记录任何新创意、既有资源或者想与他人分享或讨论的事件。

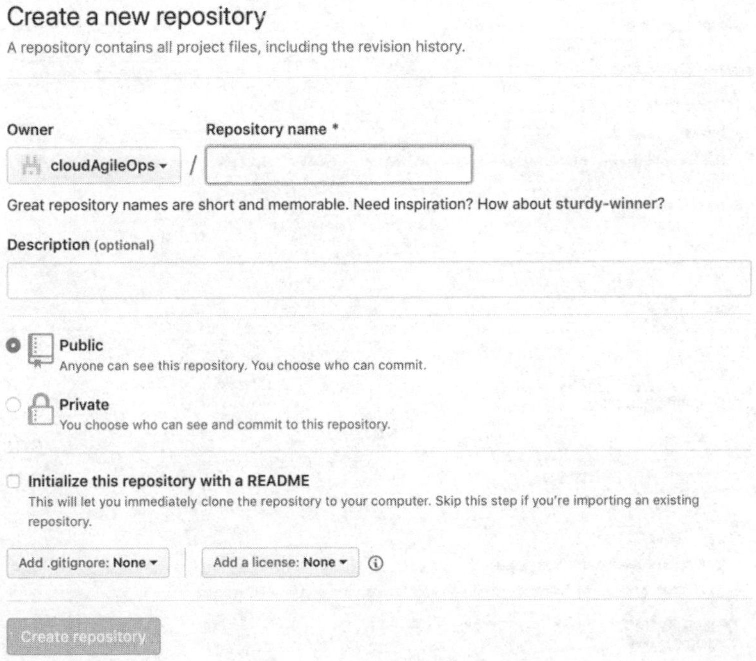

图 3-14　GitHub 创建仓库引导界面

从 GitHub 首页进入创建好的仓库，单击“Branch:master”下拉列表（见图 3-15 左图），在文本框中输入想要创建的新的分支名，例如 test，之后会显示“Create branch: test from ‘master’”字样的交互框（见图 3-15 右图），单击它后即为现有仓库创建了新分支 test。自此，该仓库就有了 master 和 test 两个分支。

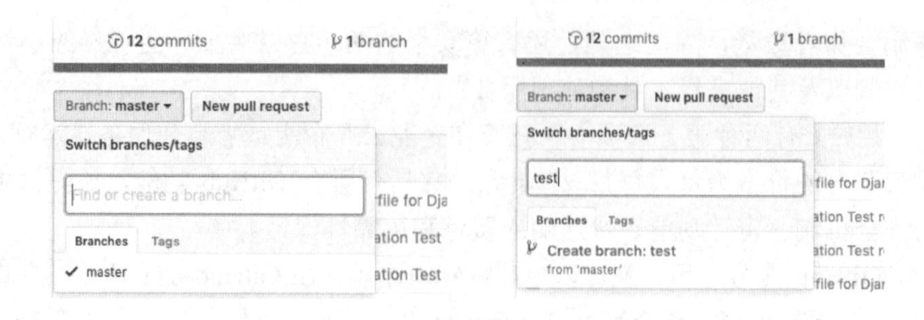

图 3-15　GitHub 创建分支引导界面

接下来我们看如何在界面中修改提交新创建的 test 分支内的文件。你可以单击右侧的 Create new file 按钮创建新文件或者直接单击现有文件名修改它。这里我们尝试修改在初始化仓库时创建的 README.md 文件，直接单击文件名后进入文件编辑，如图 3-16 所示，可以直接在 GitHub 界面上修改文件名、编辑文件内容，并预览修改后的文件内容。注意，GitHub 支持 Markdown 语言，可极大地方便用户编辑样式丰富的项目说明（README）内容。提交修改时，需要在下方对话框内填上本次提交的描述信息。

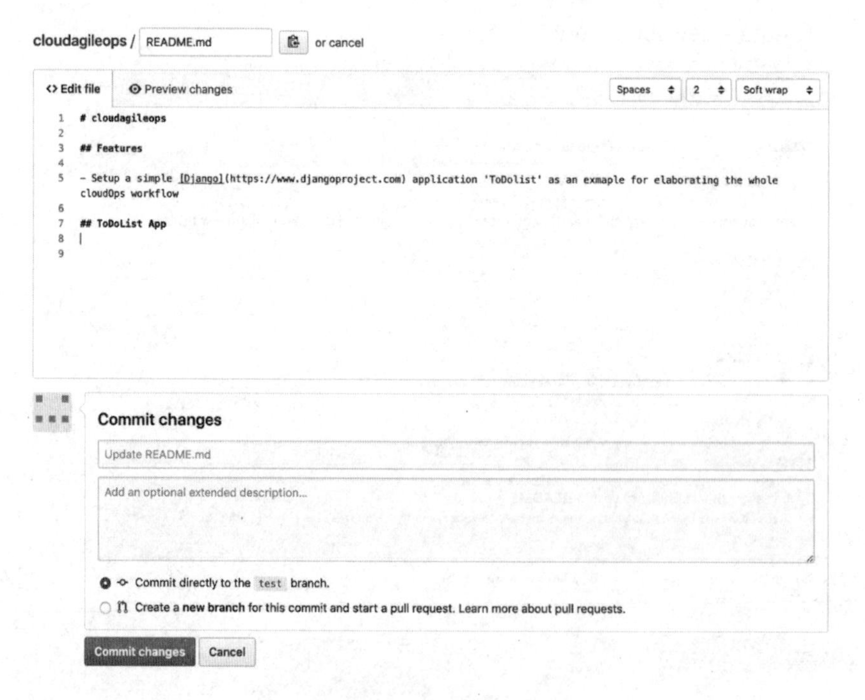

图 3-16　GitHub 提交界面

提交后，可以请求一个 pull request（拉取请求），将此更新并入 master 分支。拉取请求是 GitHub 上协作的核心。发起拉取请求即是主张自己的代码更新被关注且要求他人审阅并合并自己的代码贡献。一旦你的仓库有新的更新，仓库主页上会提示你是否要创建拉取请求，如图 3-17 上图所示，直接单击 Compare & pull request 按钮跳转到创建拉取请求的详细界面，此界面上包含填充拉取请求的表单及两个分支上针对更新文件的内容比较列表（见图 3-17 中图），填完此次拉取请求的相关信息后单击 Create pull request 按钮确认，此拉取请求即被提交。

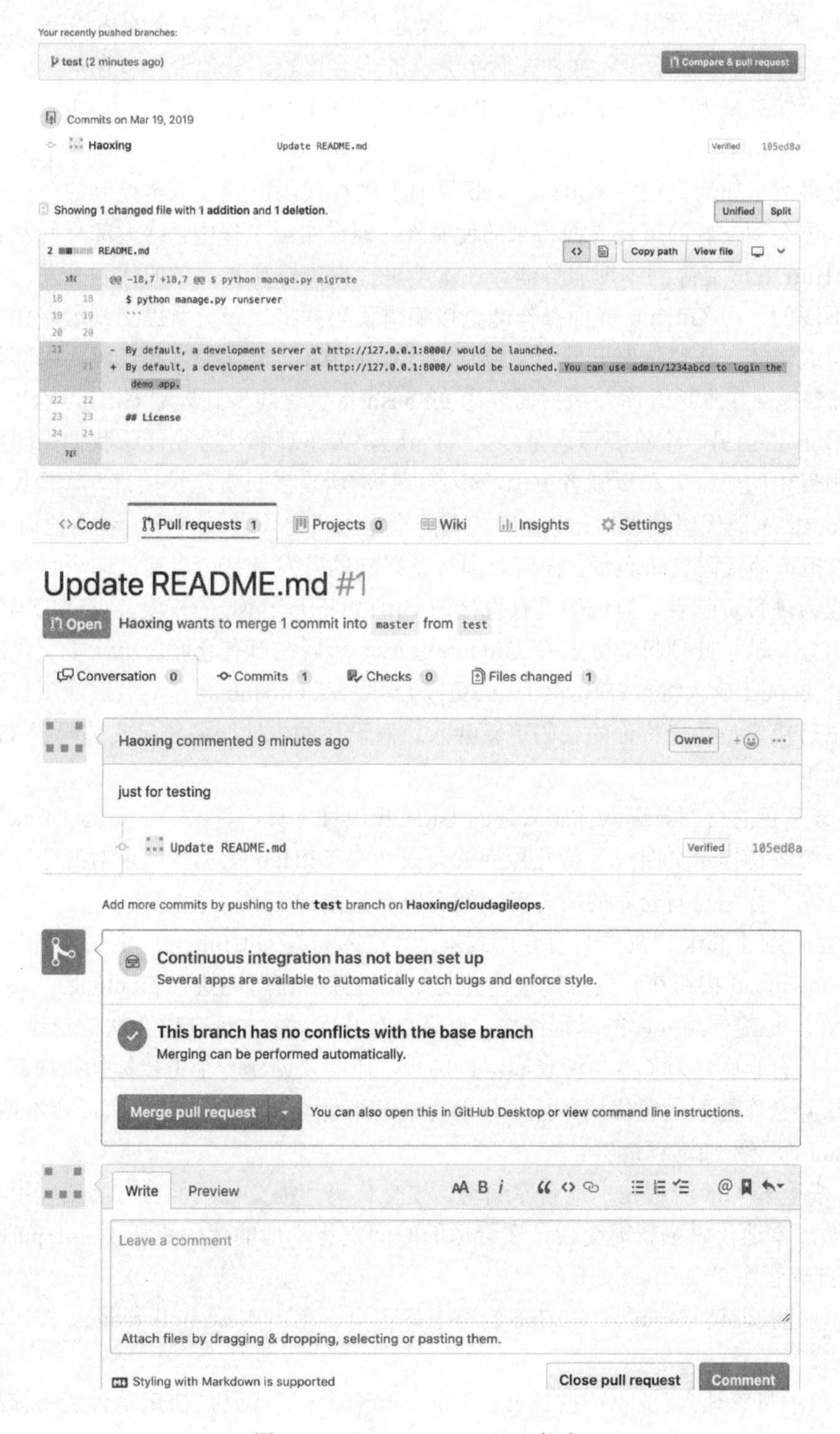

图 3-17 GitHub pull request 提交

假设是多人共同合作的项目，当一个新的拉取请求被发出后，其他项目合作者在仓库主页上点选 Pull request 后即可看到新的拉取请求列表。选取某个拉取请求进入其详情页，如图 3-17 下图所示，详情页上包括请求人发起人的信息、拉取请求的描述等，点选 Files changed 表单会详细显示更新文件在两个分支的内容比较。其他合作者在审阅更新内容后可以填写反馈意见，或者单击 Merge pull request 按钮并入更新，或者单击 Close pull request 按钮直接关闭请求。

以上讲述了如何直接在 GitHub web 界面上进行代码编辑及版本控制的操作流程，使用者可以体会到友好的可视界面带来的便利性。但在实际工作中，绝大部分开发者还是喜欢将 GitHub 仓库克隆到本地服务器，在本地进行更为快速和高效的代码开发。流程大体类似，不同的是用 GitHub 界面操作能直接编辑代码并将代码更新提交到远端仓库；而本地的代码编辑等工作可依照开发者意愿选取不同的 IDE，分支变化和代码入库都是利用基本 Git 命令提交在本地仓库，最后需要用 git push 将代码同步到远端 GitHub 仓库。

GitHub 上的另一个重要概念是分叉（Fork），为了理解这个功能，我们先简单介绍一下开源项目中的所有者和贡献者角色。开源项目的所有者负责运维项目、管理代码，他们能直接 push 本地代码到 GitHub 仓库，还能指定项目协作者或者维护者令他们也有 push 权限、承担审核代码更新职责。任何对项目感兴趣的开发者都可以通过向项目源仓库贡献代码而成为项目贡献者，但他们没有直接向 GitHub 仓库 push 的权限，贡献代码的方式就是先利用分叉基于此项目建立自有 GitHub 仓库，然后在自有仓库内更新提交代码，通过开启 pull request 请求将自有仓库的代码更新合并入源 GitHub 仓库，最后经项目维护人员审阅代码后决定是否能将你的代码更新并入。假设你的本地服务器已安装配置 Git，具体的操作如下。

1）分叉目的仓库。进入你感兴趣的 GitHub 项目主页，单击右上角的“fork”按钮，跳转到一个等待提示页面，等待几秒后就会成功在 GitHub 上创建一个对源仓库完整备份的自有仓库，你是自有仓库的所有者，拥有所有权限。

2）克隆刚才 fork 得到的自有仓库到本地。进入自有 GitHub 仓库主页，单击右方绿色 clone or download 按钮获取资源链接，并复制此链接，在本地执行 git clone。

3）在本地建立源仓库的远程链接。克隆自有仓库后，本地仓库会默认创建一个 origin 链接指向自有仓库，为了能与源仓库保持同步，还需要创建一个链接标识指向源仓库，以备后续从源仓库拉取最新代码。按同样的方式获取源仓库的资源链接后，在本地执行 git remote add 命令添加远程链接。

4）按基本 Git 流程在本地仓库编辑、提交代码。提交代码前有时需要先用从源仓库同步状态，本地代码更新提交后，在合适的时间点将本地的代码更新由 git push 推送到 GitHub 自有仓库。

5）创建拉取请求。进入 GitHub 自有仓库主页，单击 New pull request 按钮即可创建拉取请求。

6）源项目管理人员注意到拉取请求后，会审阅你的代码，决定是否能将你的改动并入，你们会在拉取请求中来回讨论代码问题。如果最终管理人员同意合并，你的代码就会进入项目源仓库，你也就成为了项目贡献者。

可以想象，这种贡献者和项目管理人员之间的Git协作模式即是上节讲到的叉状工作流。

GitHub的主要操作流程大致就是这样。当然，GitHub作为最大的第三方托管商业平台，其功能远不止于此，它还有详细的权限控制、issue跟踪、简单社交等其他功能，所有这些的合力将最大程度地优化你的项目管理运营。在下节中，我们会对GitHub的其他重要概念予以介绍。

3.2.2 GitHub其他功能

GitHub个人贡献者一般按照fork仓库、本地开发、请求拉取三步操作让自己编写的代码最终到达源项目。任何项目的创建者都需要为项目参与人员分配角色，和项目管理者一起确保项目流程的安全性、开发的连续性和产品的框架质量。GitHub提供了完善的权限管理功能，使软件项目中各开发人员各司其职，因此即使项目完全公开，也不会出现混乱无序的开发状态。GitHub还集成了问题跟踪系统和简单的社交功能。本节将简单介绍一些GitHub的其他重要功能和概念。

1. 组织、小组及仓库的权限管理

通过邀请合作者（collaborators）为个人GitHub项目快速开启多人协作模式，接受邀请的人员将正式成为该项目的合作者，合作者拥有项目的push也就是写权限。如图3-18所示，单击项目主页的Setting→Collaborators进入合作者邀请界面，在合作者尚未接受邀请前你还能取消邀请。

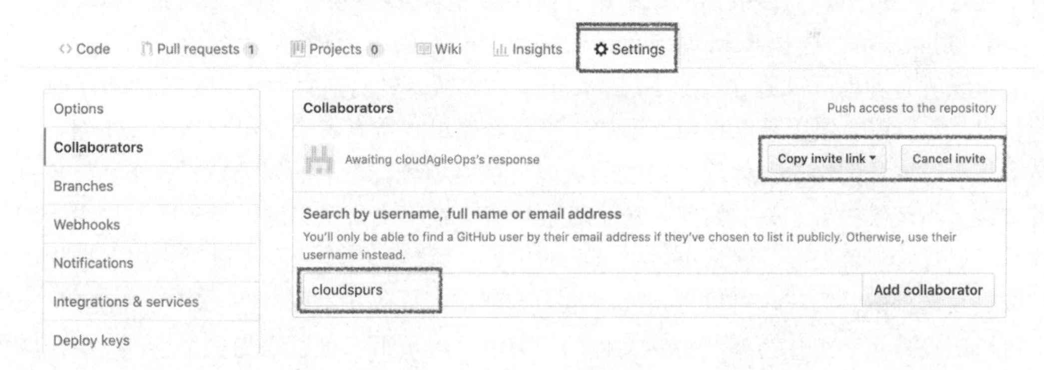

图3-18 GitHub邀请合作者

还可以通过创建组织（organization）建立属于组织的GitHub仓库。创建组织时可选择不同的产品计划，有免费小组、付费小组和企业用户三种计划，关于每种计划的功能简介参见3.2.1小节，然后邀请其他GitHub用户成为组织成员，被邀请者会收到电子邮件以确认或者拒绝加入组织。组织所有者可以为组织成员针对每个仓库配置更细粒度的权限管理。这里一共有四种权限类型：

- 读权限——fork、pull、创建新的组织内仓库等。
- 写权限——读权限、push、审查 pull request 等。
- 管理者权限——读、写权限，删除、编辑仓库，合并受保护分支的 pull request，添加组织成员等。
- 所有者权限——最高级别的权限，可以进行所有操作。

所有者可以预定义一个针对所有组织成员的基准权限，默认仅为读权限，即组织成员对所有组织内的仓库拥有基本的读权限。而后可以改变单个成员的权限，如图 3-19 所示，有以下几种角色/权限供更改。

图 3-19　组织成员管理界面

1）管理者。选择 Manage 选项，可以针对组织内已有仓库，添加该成员的管理者权限。

2）所有者。选择 Change Role 选项进入选择页面，改变后会从普通成员变为所有者，具备所有者权限。

3）外部合作者。选择 Convert to outside collaborator 选项，改变为外部合作者后，你将不再是组织成员，但你或你所在小组以前参与过的组织项目内的权限将被保留。

4）删除成员。选择 Remove from organization 选项后，你将从组织内被删除。

组织所有者也可以通过添加小组（team）的方式，针对具体组织内仓库为小组赋予其他权限，此权限会覆盖基准权限。添加小组前需要组织所有者先在组织内创建小组，小组是多个组织成员的结合，体现了组织层级或者项目划分。小组的用处包括：第一，项目所有者或者小组维护者（关于如何创建小组维护者会在下文讲到）可以为仓库添加组级别的读、写或者管理者权限，这是小组最重要的用处；第二，组织成员可以用小组名向该组所有成员发送提醒；第三，可以预定义小组去专门审阅代码；第四，在 CODEOWNER 文件中可以配置特定小组作为某些特定文件的所有者。一个组织可以添加多个小组，组织成员也可存在于多个小组。

进入组织主页，你可以清晰地看到组织内的仓库、组织成员、小组、项目数量及详细表单，如图 3-20 所示。在仓库表单下，单击右侧 New 按钮，即可创建新的组织内仓库。组织内仓库创建完之后会陈列在仓库表单内，单击仓库名进入仓库详情页，其权限控制在 Setting 选项下选择，如图 3-21 所示，你可以为组织仓库添加预定义的小组和合作者，再对它们各自配置针对该仓库的权限（读、写或管理者权限）。可以对比图 3-18，个人仓库的权限选择只有添加合作者的选项，而没有对组级别的权限控制。

Repositories 1 People 2 Teams 1 Projects 1 Settings

Find a repository... Type: All Customize pins New

orgnization_devops

Updated 18 hours ago

People 2 >

cloudAgileOps

Haoxing

Invite someone

图 3-20　组织的主页界面

Code Issues 0 Pull requests 0 Projects 0 Wiki Insights Settings

Options

Collaborators & teams

Branches

Webhooks

Notifications

Integrations & services

Deploy keys

Alerts

Moderation

Interaction limits

Default repository permission

The clouddevopsbook organization has their default repository permission set to read. This means that every member of this organization has read access to this repository, regardless of the team and collaborator access specified below.

You can change or remove the default repository permission setting on this organization's member privileges page.

Teams + Create new team

team_book

the team for clouddevops

2 members

Read ×

Add a team

Collaborators

cloudAgileOps Write ×

Search by username, full name or email address

You'll only be able to find a GitHub user by their email address if they've chosen to list it publicly. Otherwise, use their username instead.

Add collaborator

图 3-21　组织仓库权限设置

2. Gist 服务

Gist 是 GitHub 的一个子服务，方便分享和管理任何人的代码片段。不同于大型项目使用 GitHub 仓库进行管理，Gist 通常只用于小型脚本的分享。即使你没有 GitHub 账号也可以使用 Gist 服务，且是免费使用。可以直接打开 https://gist.github.com/或者登录 GitHub，通过单击右上角的“+”进入 Gist 服务。Gist 服务的主页面如图 3-22 所示。

图 3-22　Gist 表单

Gist 表单包括对此次分享的描述、带有扩展名的文件名和代码内容，还可以通过 Add 添加多个文档，这意味着一个 Gist 可以包含多个文件。此外，Gist 的类型可设置为公有或私有，私有类型只能分享给他人而不会被搜索引擎搜到。Gist 创建成功后就能取得用于分享的形式，还可以再编辑、留言，其页面如图 3-23 所示。页面上主要显示了要分享的文件名和文件内容，你可以删除 Gist 或者编辑再更改。该 Gist 留言分享出去后被分享者也可以留言，功能类似讨论区，虽然不登录账号也可以使用 Gist，但在没有登录的情况下是不能留言的。Gist 提供了多种分享形式，这里着重进行说明。

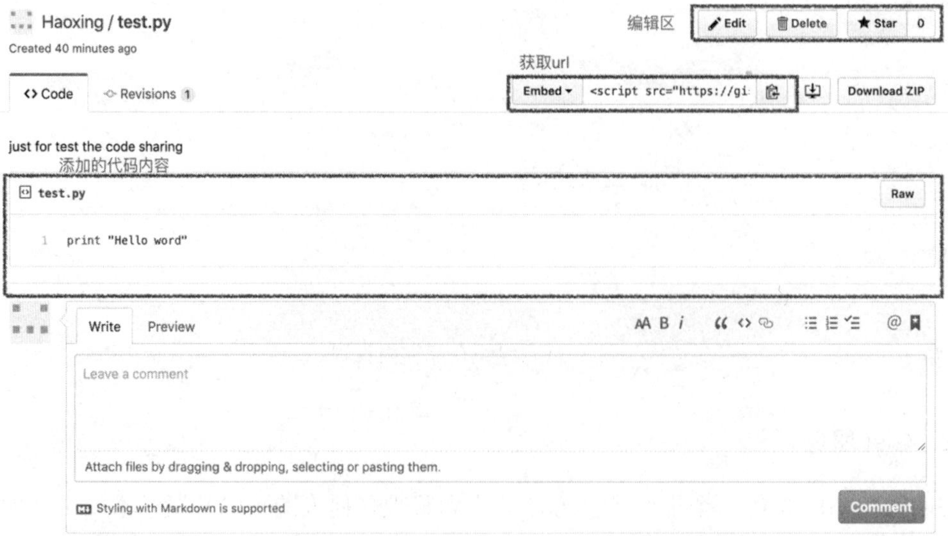

图 3-23　Gist 创建成功的界面

（1）Embed

Embed 提供了能直接内嵌到 web 界面的分享形式，当将其写入支持自定义 js 的博客中时，此 Gist 代码内容将被高亮显示。

其内容类似：

```
<script src="https://gist.github.com/Haoxing/f307489eeefaecbd8c8b28c645dd3b47.
js"></script>
```

（2）Share

Share 提供了纯 https 链接。可将其复制后通过社交软件、电子邮件等形式分享给其他人，其他人点开后就能看到你的 Gist 代码。如果对方拥有 GitHub 账户，他登录后可以 fork 你的代码，也可以添加留言加入讨论。

（3）Clone via HTTPS

Clone via HTTPS 也可以通过发送该链接的方式分享给他人，他人在浏览器打开连接后和 Share 显示内容一样。当然其主要分享形式是通过 git clone 在本地克隆此分享文件：

```
$ git clone https://gist.github.com/f307489eeefaecbd8c8 b28c645dd3
b47.git
Cloning into 'f307489eeefaecbd8c8b28c645dd3b47'...
remote: Enumerating objects: 3, done.
remote: Counting objects: 100% (3/3), done.
remote: Total 3 (delta 0), reused 0 (delta 0), pack-reused 0
Unpacking objects: 100% (3/3), done.
```

克隆后相当于在本地建立了一个 Git 仓库，而仓库初始内容即是该 Gist 分享的所有文件。如果你感兴趣，可以基于这些文件开展其他开发工作。

（4）Clone via SSH

Clone via SSH 同 Clone via HTTPS 一样，既可直接发送该链接让他人在浏览器直接打开，也能通过 git clone 在本地克隆此分享文件，只不过它用的是 SSH 协议。

3. 社交功能

GitHub 有 3000 多万使用者和超过 1 亿个托管仓库，并且 GitHub 用户属性较为特定，大多为软件从业人员，同时有一定的使用粘性，这就使得 GitHub 平台蕴藏着较大的社交潜能。

如此众多的用户和软件仓库，想一一跟进是不现实的。GitHub 可以让你轻松地通过一些步骤来跟进你感兴趣的用户或项目。

（1）关注（Follow）用户

GitHub 的很多页面都有和人相关的元素，如仓库主页的 contributors 列表、组织的 members 列表、仓库提交日志中的作者信息等，无论是其可爱的头像、幽默的自我介绍还是飘逸的代码风格中哪一点吸引了你，你都可以单击他的头像或姓名进入个人主页，个人主页上会展示此人的基本信息、参与的仓库、有关代码贡献量的图表以及最近动态，你可以单击左侧的“Follow”按钮关注此用户。关注后，他的动态将会呈现在你个人主页的“All Activity”下。

（2）观察（Watch）仓库

进入任何一个 GitHub 仓库主页，在项目名右侧有一个 Watch 按钮，单击后会观察该项目。项目被观察后 GitHub 会向你实时推送该项目的更新，典型的情况是开启 pull request 或发现汇报一个漏洞，或者仓库中任何地方添加注释的时候通知你。可以通过 Notification 设置电子邮件或者 Web 形式的通知方式。

（3）点赞（Starring）仓库

通过为项目点赞也能跟踪状态。单击 Watch 按钮旁边的五角星就点赞了此项目。进入 star page（https://github.com/stars）后，可以看到所有曾经被你点赞的仓库，此外，在 star page 可以轻松跳转到你关注的用户的 star page 查看他们的点赞项目。GitHub 还会根据你或所关注者的点赞历史帮你推荐相关项目，这些项目也极有可能是你所感兴趣的。当然，点赞的本质是向项目的发起人和贡献者表示感谢，项目被点赞数目越多说明项目越受欢迎。被点赞数对项目的排名和搜索排序影响很大，另外，GitHub Explore 陈列的热门项目也是基于被点赞数目的。

GitHub 还有一些其他社交功能，例如，GitHub 用户可以对发现的 Gist 添加评论，实现共同讨论；小组成员可以在小组主页内发言讨论问题等。

4．导入已有仓库

GitHub 为用户免费提供了一个非常好的导入功能（GitHub Importer），它能轻松将你的已有项目导入 GitHub，即便你的项目源代码来自其他版本控制系统，如 SVN、Mercurial、Team Foundation Server 或者其他的 Git 仓库。在 GitHub 的任何页面单击右上角的“+”，选择下拉菜单的 Import Repository 选项，即可开始配置导入，导入时需要提供源仓库资源 url、GitHub 上新仓库的名称、仓库类型（公有或私有）等信息。导入成功后，所有文件内容、版本历史、日志信息都将被转移到新仓库。

此外，导入时可以将源仓库中的作者信息映射为 GitHub 用户名或者电子邮箱，这样，历史提交的作者也是 GitHub 内的有效信息了。

5．问题（Issues）追踪

GitHub 提供了 Issues 功能，用于跟踪项目的任务进度、功能改进和代码漏洞情况。很多软件项目都有类似的漏洞追踪系统，GitHub 的漏洞追踪系统就叫做 Issues。每个 GitHub 源仓库都有自己的 Issues，需要注意的是分叉仓库没有 Issues，仓库主页中可以切换到 Issues 表单，图 3-24 所示是开源项目 Issues 列表截图，可以按照 Issue 作者、Project 名称、issue 标签、受托人等过滤表单。

GitHub 的 Issues 跟踪系统比较特殊，它更能满足 GitHub 项目多人协作的需要，在显示交叉引用和支持富文本格式方面更为突出。每个 Issue 包含的信息如下。

- **标题和描述**用以阐述问题大致内容。
- **标签**用于对问题进行分类。项目预定义哪些标签是根据项目需求，由项目管理者共同商议决定的，可以是问题发现者的角色或者发现时产品阶段（如 release_customer、internal_request 等），也可以是出现问题的代码语言类型（如 Python、C++），还可以是问题的类型（如 Regression、performance 等）。开发者看到标签时，就大概知道当前问题的所属范畴。在 Issues 列表中可以按照标签过滤 issue。
- **里程碑**表示与该问题相关的功能或者产品发布的版本，如 executionEngine、v2.0 或者 weekstone45。
- **受托人**是指谁对该问题负责，一般就是指谁去修正问题。
- 任何可见该仓库的人都可以针对该问题写下**评论**，可以对该问题的严重性进行评价、催促受托人修复问题，也可以就代码的修正给予建议。

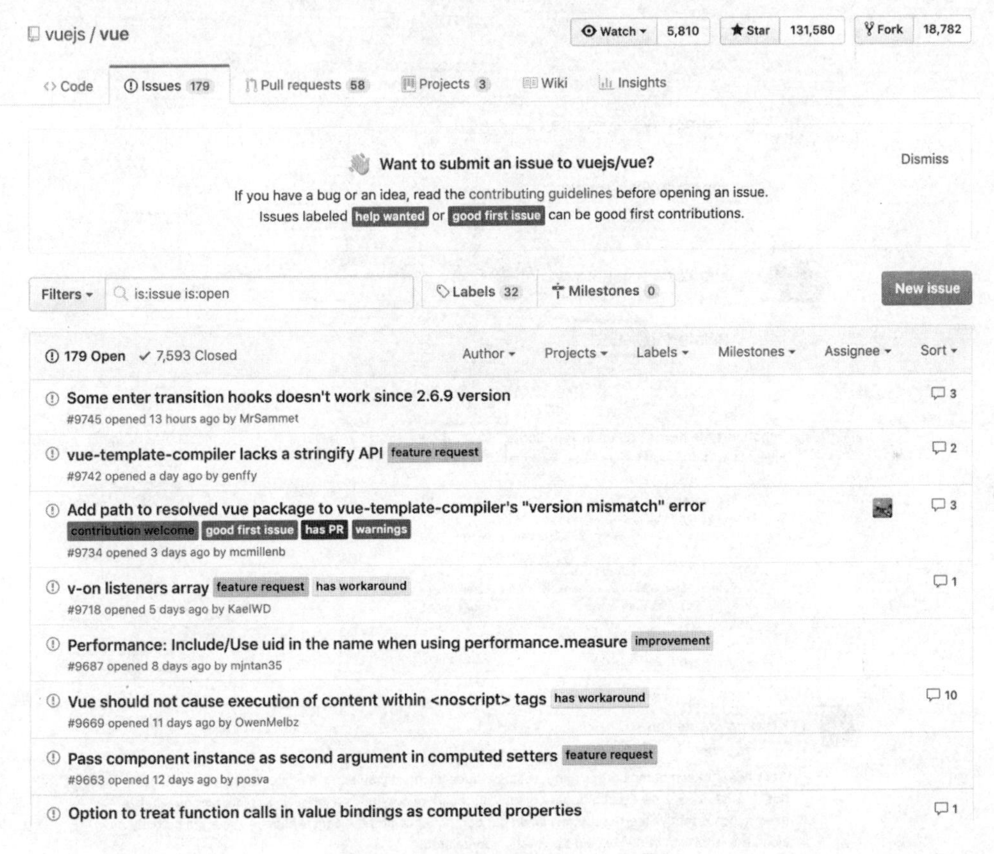

图 3-24 GitHub 项目 Issues 表单

在 Issues 的描述或评论内容中可以直接@其他 GitHub 用户，被@用户会收到通知，然后查看你的 Issue 及相关评论，你可以用@机制快速联系相关人员，征求他们的意见或命令他们完成相应的工作。当项目由很多小组共同参与，且在你不知道该联系的另外一个小组的具体成员名字时，甚至可以@小组，此小组的所有成员都将收到通知。

软件开发中经常会遇到的情况是，一个问题可能是由其他问题引发的，这时可能需要关联（Reference）这两个问题，在 GitHub 中，仅需在一个问题的评论中添加“#”加另一个问题的编号就能关联两个问题。如图 3-25 上图所示，当问题 9372 的评论关联另一个问题 9357 后，在 9357 的评论区会自动提到 9372，如图 3-25 下图所示。

图 3-25　Issue 中的关联

更有趣的关联用法是在提交中关联相关问题，例如某个提交是为了修复问题23，那么提交备注可以写成“Fixed #23 - adapt the user interface…”，当此提交并入到master分支时，问题23就会被自动关闭。你完成的开发工作和正在跟踪的相关问题通过关联绑定在一起，增强了项目历史的清晰度。

除了本节介绍的几个功能外，GitHub还有其他一些能提高开发效率的工具，例如，项目看板能定义符合开发需求的工作流，用以管理功能开发计划、完整的开发路线图或者发布清单；GitHub付费用户具有额外的高级功能，如受保护分支、项目Wikis、CODEOWNER、分析图表等更精细化的管理运维项目；Markdown语法的支持丰富了GitHub上的文本样式，使评论、Readme文件、代码等的文字显示更加清晰，便于阅读；GitHub API极大地满足了自动化和一些数据分析的需求。由于篇幅限制，这里不再对它们一一讲解，请参阅GitHub官方文档进行了解。

3.2.3 快速找到你感兴趣的项目

在软件项目开发中，很多软件开发人员都会习惯性地在GitHub中查找一下是否有类似项目或者某个功能的实现，以提供思路或者代码参考。GitHub上已经托管了上亿的开源项目代码仓库，有着各式各样的项目及各种语言的实现，本节将介绍如何利用GitHub的搜索过滤功能快速定位你需要的开源项目、代码实现等资源。

GitHub会在所有公有或者你有权限查看的私有仓库检索代码、Wikis、提交、用户等各种类型的信息。打开https://github.com/search进入快捷搜索界面（见图3-26），或者在GitHub主页左上角的搜索框直接输入文字进行快捷搜索。

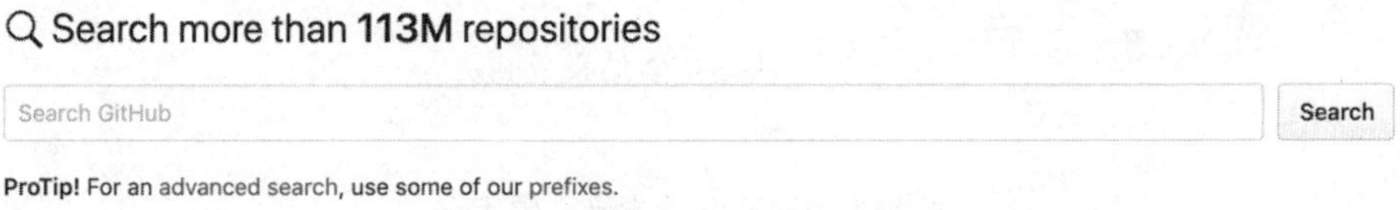

Search more than 113M repositories

Search GitHub | Search

ProTip! For an advanced search, use some of our prefixes.

图3-26 GitHub快捷搜索

比如你想搜索线上商店相关的项目，直接在搜索框内输入“online store”字样，单击“Search”按钮，结果返回页如图3-27所示，它会呈现所有跟线上商店相关的信息条目。你可以单击左上列表筛选文档类型，如选择Repository选项会过滤结果，仅显示与仓库名信息匹配的仓库条目，这是默认选项；选择Code选项仅显示出现“online store”字样的代码条目；选择Issues选项仅显示issue标题、描述或评论中出现“online store”字样的所有issue条目。左下列表用于筛选仓库或代码语言类型，只有在左上列表为Repository或Code选项时有效。右上角是排序选项，它会根据左上的内容选项呈现不同的排序方式，在选择Repository时，可以选择让返回条目按匹配度、点赞数目、更新日期、仓库fork数等排序。

GitHub 搜索框可以输入一些固定样式限定搜索条件，这个搜索技巧非常有效。当你搜索项目时，可以利用 fork 限定符设定搜索结果是否 fork 的仓库，可以用 in 限定符设定搜索匹配仓库名称、描述以及 README 文件内容，可以用 star 限定符按点赞数目过滤搜索结果等，支持的典型标签以及其说明见表 3-1。

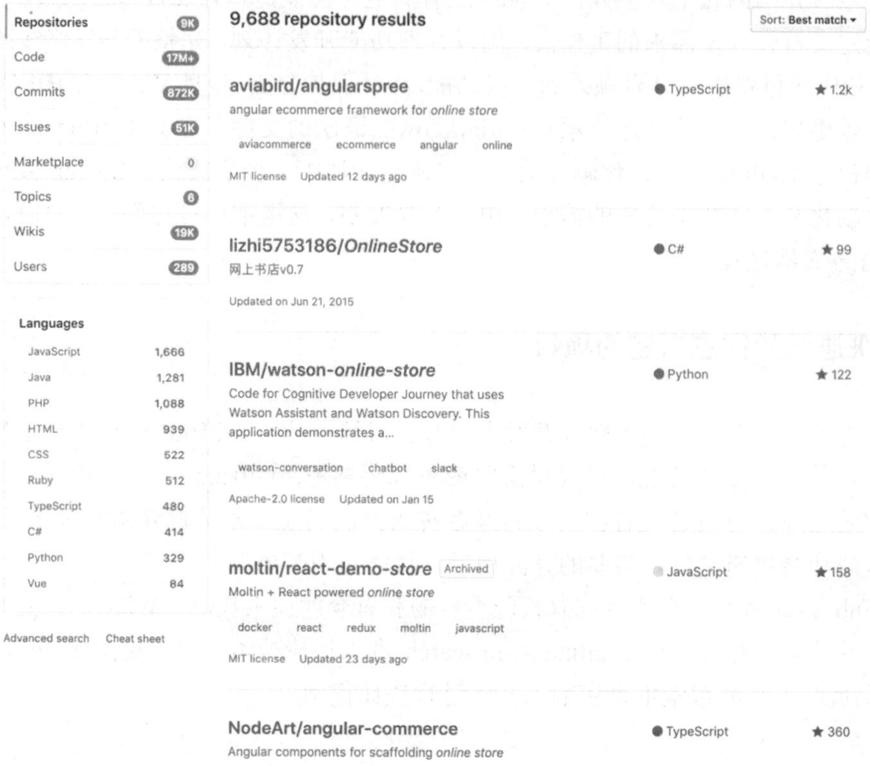

图 3-27　快捷搜索结果返回页

表 3-1　GitHub 搜索仓库限定符

限定符	说明	示例
fork	搜索结果是否包括 fork 仓库，默认不包括 fork 仓库	fork:true, fork:only
forks	按被 fork 的数目过滤搜索结果	forks:10, forks:<500
language	按代码语言类型搜索，仅返回指定的语言类型仓库	language:python
in	限定关键字匹配的内容属性，如仓库名、描述等	in:name, in:description
user	限定仓库的 owner，可以是具体人或组织	user:yyx990803
stars	限定仓库被点赞数	stars:>500, stars:20..100

这些限定符可以组合使用，例如，“online store stars:>=50 language:python”搜索开发语言为 Python、被点赞数大于 50 的 online store 相关的仓库，“streaming in:name fork:only”搜索仓库名中含有 streaming 的 fork 仓库（不包含源仓库）。

同样，GitHub 也提供了多种限定符用于搜索用户或组织，典型的见表 3-2。

表 3-2 GitHub 搜索用户/组织限定符

限定符	说明	示例
type	限定搜索用户还是组织	type:user, type:org
in	限定关键字匹配的内容属性，如登录名、email 等	in:login, in:email
repos	按用户或组织拥有的仓库数量限定搜索结果	repos:>100
followers	按用户或组织拥有跟随者限定搜索结果	followers:>1000
location	按用户个人介绍所写的地区过滤搜索结果	location:china

例如，“type:user followers:>5000 location:china”用于返回中国地区跟随者大于 5000 的所有 GitHub 用户。

还有其他限定符用于快速搜索 Wikis、Topic、代码等，使用方法大同小异。

GitHub 的高级搜索（https://github.com/search/advanced）实际上就是将这些搜索限定符用 web 界面组织起来，方便用户的交互操作。

此外，GitHub Trend 页面会列出最近最流行的仓库，可按“今天”“本周”“本月”的时间跨度查看，流行度按被点赞数衡量。这能让你快速浏览最新涌现出来的好项目，它们有可能成为日后的明星产品，及时地了解跟进对于开发人员的思维更新很有益处。GitHub Topic 会列出所有话题，话题是一个大家公认的主题，用来标识你的项目仓库。一个话题可以是一种开发语言（如 Python）、一个工具名（如 Kebernetes），也可以是公司名（如 Google），单击进入话题主页后，它会列出所有跟此话题相关的仓库，这能让开发者迅速了解某个感兴趣主题下的技术动态。

GitHub 有一个特殊的 AwesomeList 话题，该话题下的每个条目都是以 Awesome 前缀命名的仓库，其内容是一类相关的现成软件和工具的资源整合。很多开发者利用这个命名规则，快速查找某个话题的可用工具或开源项目，如搜索“Awesome vue”，返回结果中被点赞数目最多的仓库“vuejs/awesome-vue”自然会引起你的关注，它是很流行的整合 vue 资源的仓库，在其中大概率能找到你需要的 vue 功能组件。

3.3 企业的内部代码仓库管理——GitLab

同 GitHub 一样，GitLab 也是第三方基于 Git 打造的代码托管工具。GitLab 除了云端托管服务，其最典型的场景是提供安装包搭建在私有服务器上，对于企业来说后者更加安全可靠。GitHub 只有企业版能搭建在自有服务器，但是价格高昂，而 GitLab 社区版是免费的。当然，现如今使用最为广泛的仓库托管平台依然是 GitHub，这依赖于其强大的开发者社区，GitLab 在权限管理、持续集成整合等方面的独到之处，使得它在企业级别的大团队协作开发项目中越来越流行。本节将大致介绍 GitLab 的搭建方法和基本功能。

3.3.1 GitLab 基本简介

GitLab 最初是由程序员 Dmitriy Zaporozhets 和 Valery Sizov 利用 Ruby 编写的一个基于 Git 的代码仓库托管系统，后来一些部分被 Go 重写，它是一个基于 MIT 协议的开源项目，代码仓库地址是 https://github.com/gitlabhq/gitlabhq。GitLab 自带相应的 web 服务提供了良好的交互界面，并且有完善的问题追踪和 Wiki 功能。最初的 GitLab 完全免费，自 2013 年，GitLab 被拆分为免费的社区版本和基于社区版且包含了更多高级功能的收费企业版。2014 年，GitLab 有限公司成立，GitLab 已经由 GitLab Inc.拥有。GitLab 能被部署到自己的服务器上，更安全可靠，适合企业级别的团队内部协作开发，已被很多大公司或组织采用，如 IBM、NASA、阿里巴巴等。GitLab 主要有以下两种类型的产品。

1. GitLab 云托管服务

GitLab 提供了类似于 GitHub 的免费云托管服务，打开 GitLab 的主页 https://about.gitlab.com/后可以看到，注册步骤很简单，仅需填写用户名、邮箱就能注册成功，登录后就能看到简洁的项目托管界面，如图 3-28 所示，你能创建项目（Project），这里的项目是指核心的 Git 代码仓库外加 issue 跟踪、Wiki 等周边服务，还能创建类似于 GitHub 中组织的团体（group），并浏览查找其他开源项目。

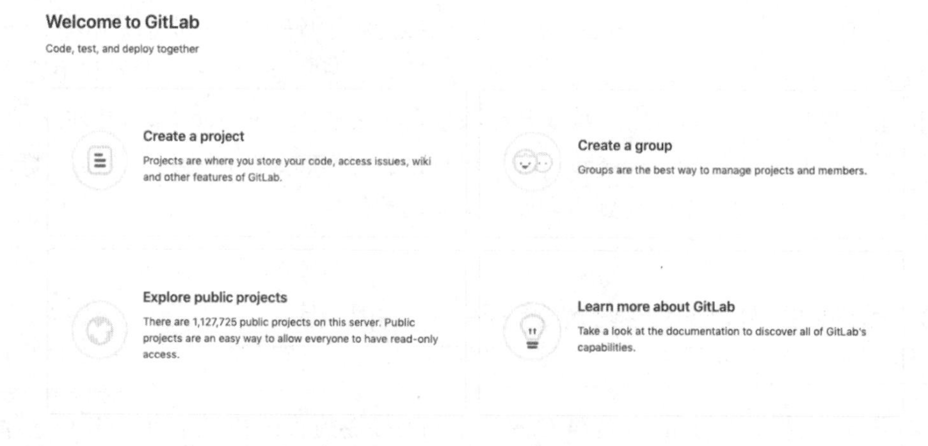

图 3-28　GitLab 项目托管界面

单击“Create a project”即可开始创建新项目，创建新项目的引导界面如图 3-29 所示。表单需要填写项目名称、描述、可见度以及是否初始化等信息，跟 GitHub 基本一致，但 GitLab 的免费私有项目没有核对合作者数量的限制，而且项目可见度除了可设置公开或私有外，还有另一选项——内部（Internal），内部项目只对进入 GitLab 的用户可见。

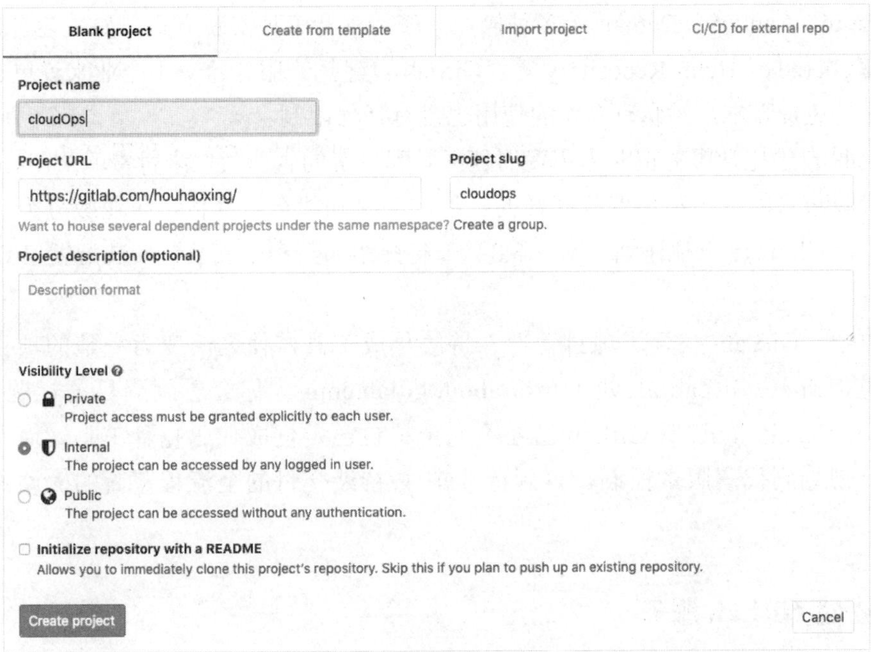

Blank project | Create from template | Import project | CI/CD for external repo

Project name

cloudOps

Project URL

https://gitlab.com/houhaoxing/

Project slug

cloudops

Want to house several dependent projects under the same namespace? Create a group.

Project description (optional)

Description format

Visibility Level

Private

Project access must be granted explicitly to each user.

Internal

The project can be accessed by any logged in user.

Public

The project can be accessed without any authentication.

Initialize repository with a README

Allows you to immediately clone this project's repository. Skip this if you plan to push up an existing repository.

Create project

Cancel

图 3-29 GitLab 创建新项目

GitLab 项目创建好后，可以直接在 web 界面添加分支、编辑、提交代码等，或者将仓库克隆到本地，在本地进行开发工作。GitLab 云托管仓库操作行为模式和 GitHub 类似，这里不再赘述。在仓库开发管理功能上，相比于 GitHub，GitLab 的优势是：

- 通过受保护的分支（protected branch），让项目管理者针对分支的创建、并入（merge）或者推送（push）设定权限，如设定仅维护者可以向 develop 分支推送代码、任何人都不能向 master 分支合并代码等。GitHub 中仅有付费用户有受保护分支的功能。
- 除了仅面向开发者设置的读、写权限以外，对项目成员的权限设置更加细致，有 Guest、Reporter、Developer、Maintainer 和 Owner 等多角色设定。
- 通过容器注册（container registry）功能，可以直接将仓库代码打包上传到 GitLab 的 docker 镜像服务器，制作自己的 docker 镜像。为后续的部署或持续集成做准备。
- 提供内置的持续集成 CI 解决方案，不再需要用额外的 Jenkins 等工具打造 CI 流程，极大地方便了项目的交付集成管理。

GitLab 为付费用户提供了更多高级功能，如代码质量扫描、更强大的 CI pipeline 资源、安全测试检测、技术支持等。由于本章的主题是版本控制系统，对于其他功能这里不再展开叙述。

2. 自建托管服务器

GitLab 最为流行的功能是可以将服务搭建在自有服务器上，支持物理机或者云环境，支持 Ubuntu、CentOS、Debian 等多种操作系统，支持多种安装方式，如安装包、Docker Image、Kubernetes Helm Repository 等。GitLab 自建托管服务器对于企业来说更加安全可靠，即使是免费版本，对私有仓库的使用也没有任何限制。

GitLab 自建托管服务也分为免费的社区版和付费的企业版，未付费购买 lisence 时，安装付费版也只能使用和免费版同样的功能，高级功能会被锁住。企业版分为 Starter、Premium 和 Ultimate 三种计划。本章 3.3.2 节将介绍如何利用安装包安装配置 GitLab 自建托管服务。

现如今，GitLab 整合了项目管理、持续集成工具，使之演变为完整的项目开发运维工具链。打开 GitLab 主页 https://about.gitlab.com/，你会看到醒目的标题“A full DevOps toolchain”，说明 GitLab 已经不完全将自己定位成代码托管工具，而是要扩展到由项目规划到代码版本控制，再到持续集成/持续交付的全流程覆盖的一站式项目管理工具。

3.3.2 搭建 GitLab 服务

GitLab 官方支持综合安装包、docker 镜像、Kubernetes Helm 等多种安装方式，这里我们采用在持续集成持续部署中常用的容器技术进行安装。

安装前，需要先保证你的服务器环境中已经安装了 docker，且有网络保证能从 dockerhub 上拉取相关镜像。用 docker 镜像部署 GitLab 非常简单，仅需执行以下命令。

```
$ sudo docker run --detach \
    --publish 443:443 --publish 80:80 --publish 22:22 \
    --name gitlab \
    --restart always \
    --volume /srv/gitlab/config:/etc/gitlab \
    --volume /srv/gitlab/logs:/var/log/gitlab \
    --volume /srv/gitlab/data:/var/opt/gitlab \
    gitlab/gitlab-ce:11.5.1-ce.0
```

注意，这里指定的是 GitLab 社区版 11.5.1-ce.0 镜像，可以到 dockerHub 找的历史版本，安装时仅需改成相应的 Tag，gitlab/gitlab-ce:latest 指最新版本。

publish 参数将容器的端口映射到主机，保证网络内的其他机器可以访问 GitLab，80 是 http 协议所用端口，443 是 https 协议所用端口，22 是 ssh 协议所用端口。

volume 参数将容器内的路径映射到主机文件系统，使 GitLab 的持久化数据能保存在主机上。容器内的/var/opt/gitlab 存储 GitLab 应用数据，/var/log/gitlab 存储日志，/etc/gitlab 存储 GitLab 相关的配置文件。

detach 参数能使容器一直运行在后台；restart 参数指定容器由于某种原因退出时是否重启；gitlab 是此容器的名字。该命令会先将指定镜像拉取到本地，然后创建一个名为 gitlab

的容器，并将其启动运行在后台。

命令执行后，会返回一个容器的 ID。执行以下命令查看 gitlab 容器状态：

```
$ sudo docker container ls -f name=gitlab
```

容器状态为“healthy”时，证明容器已启动且正常运行。此时，登入容器修改配置文件：

```
$ sudo docker exec -it gitlab vi /etc/gitlab/gitlab.rb
```

通过更改 external_url 的值指定 GitLab 服务的 url，一般将 url 设为宿主机机器名或 IP 地址，这里配置使用的是 http 地址。

```
external_url 'http://host234.XX.corp'
```

如果 GitLab 默认的端口号（80，443 和 22）在主机端已经被占用了，就需要在创建容器时用 publish 参数更改所映射的主机监听端口。例如，以下命令就将容器内的 80 端口映射到主机端的 8080，将容器的 443 端口映射为主机端的 543：

```
$ sudo docker run --detach \
    --publish 543:443 --publish 8080:80 --publish 33:22 \
    --name gitlab \
    --restart always \
    --volume /srv/gitlab/config:/etc/gitlab \
    --volume /srv/gitlab/logs:/var/log/gitlab \
    --volume /srv/gitlab/data:/var/opt/gitlab \
    gitlab/gitlab-ce:11.5.1-ce.0
```

此外，还需要对配置文件/etc/gitlab/gitlab.rb 做相应更改，一是修改 external_url 地址：

```
external_url 'http://host234.XX.corp:8080' # for http
or
external_url 'https://host234.XX.corp:543' # for https
```

二是修改 ssh 端口：

```
gitlab_rails['gitlab_shell_ssh_port'] = 2289
```

GitLab 配置完毕，即可通过浏览器打开 external_url 指定的网址，第一次登录跳出的网页需要为 root 用户设置密码。root 用户拥有最高权限，可以进入管理员界面（见图 3-30），通过一个简单报表对运行情况、负载、系统状态等进行实时监控，同时还能对 GitLab 的注册限制、账号配额、安全策略等进行配置。

其他用户可以正常注册使用仓库托管服务，你可以创建仓库或者 fork 仓库，也可以创建小组等，和 GitLab.com 的云托管服务没什么差别。

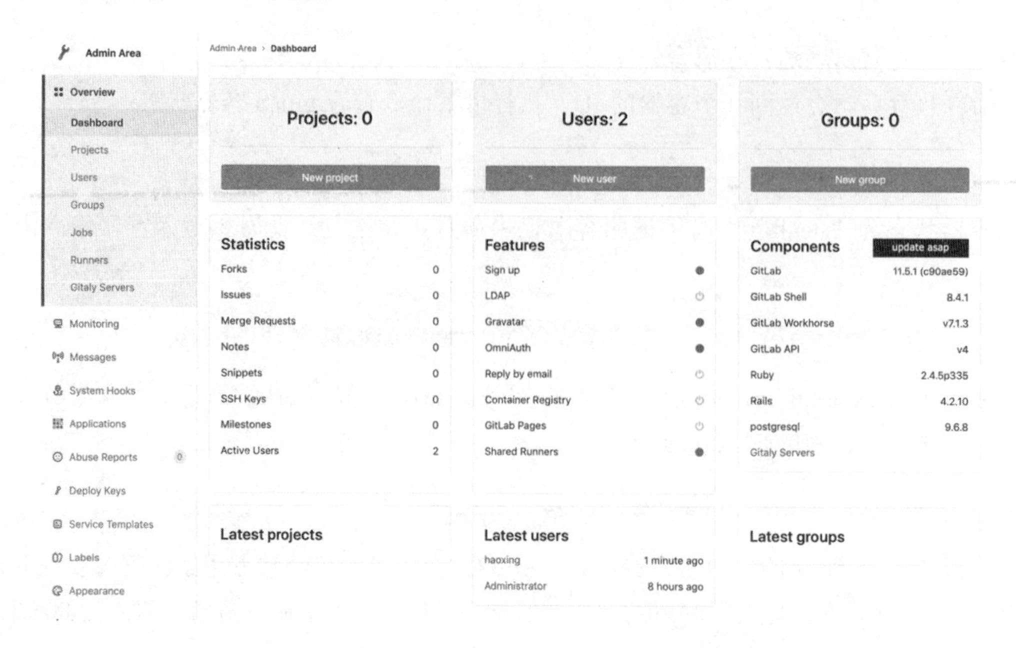

图 3-30　管理员界面

3.4　小结

信息领域产品资产的核心是代码，现今代码的开发协作和管理维护强烈依赖于版本控制系统。版本控制系统的合理使用能避免产品生产过程中出现的很多不畅和障碍，降低开发者交流和运维成本，对于产品的质量管控有着至关重要的影响。

本章首先对 Git 的使用原理、基本操作和场景进行阐述，让读者对版本控制基本理念和 Git 的优势了然于胸；接着介绍了使用者众多的 GitHub 托管平台，使开发者能快速入手和尝试 Git 带来的便利，体验开源世界的奥妙；最后简单说明了 GitLab 的服务内容及搭建方法，让开发者了解两大 Git 托管服务的区别，根据自己的需求选择合适的托管服务。

代码的版本控制是敏捷运维方法的驱动力，后续的持续集成、持续交付都起始于代码在版本控制系统中的变动。良好的基于 Git 的协作方式将为云环境上的高效运维奠定基础，下一章我们将结合本章所讲的版本控制知识，进行持续集成工具 Jenkins 的介绍。

第 4 章　让需求和质量持续得到满足——快速交付中的 Jenkins

4.1　精良的工作流设计——Jenkins 定制

敏捷开发是最近几年非常流行的一种软件开发方法，表现为快速迭代、持续演化的软件开发方式。敏捷的实现方式是用一套规范、可重复、可靠的流程将软件产品生成过程中的规划、开发、构建、集成、测试、交付、部署环节串联起来。Jenkins 即是这样一种实现了软件生产各环节相互串联的工具，在面向驱动的敏捷开发运维中使用非常广泛。本节将主要说明 Jenkins 的搭建和使用方法、阐述 Jenkins 插件及如何快速搜索你所需要的插件，并介绍 Jenkins 的容器化搭建方法等。

4.1.1　简单的开始——安装和使用容器化的 Jenkins

Jenkins 起源于 2004 年夏季在 Sun Microsystem 公司开始的 Hudson 项目，第一版在 2005 年 2 月发布于 java.net，从 2007 年开始作为 CruiseControl 和其他构建服务的替代产品开始被人熟知，并在 2008 年的 JavaOne 会议上获得了 Duke's Choise Award 的奖项。2010 年 10 月由于和 Oracle 的 java.net 在 Hudson 名字使用上发生摩擦，项目被逐渐迁移到 GitHub 并最终改名为 Jenkins。

Jenkins 现在已经演变为基于 Java 的开源工具，用于自动化持续重复的工作，它提供了一个开放易用的软件平台。Jenkins 结合其他的自动化部署、测试技术用于软件工程的持续自动化构建和测试，有利于开发者将代码变化集成到产品，使产品快速迭代、持续交付成为可能。Jenkins 的主要优势包括：

- 完全开源、免费，有强大的社区支持。
- 易于安装配置。
- 拥有 1000 多个官方功能插件，极大地扩展了平台功能。
- 提供自定义功能扩展的能力，允许根据需求自己开发插件。
- 由于是 Java 开发，可以跨平台使用。

1. 安装 Jenkins

Jenkins 支持两种安装方式：安装包安装和 docker 镜像安装。由于本书主旨是云运维，这里介绍云平台上流行的 docker 镜像安装方式，相较于传统的安装包安装，它更为简单。

安装前，你的服务器需要保证：

- 至少剩余 256MB 的内存空间。
- 至少剩余 1GB 的硬盘空间。
- docker 环境已安装配置完毕。

官方推荐使用 DockerHub 中的 jenkinsci/blueocean 镜像 https://hub.docker.com/r/jenkinsci/blueocean/，它基于 Jenkins 长期支持的版本（Long-Term Sopport Release），这个版本绑定了 BlueOcean 插件（有关 BlueOcean 插件，我们会在后文中说明），不再需要单独安装。本书中所有的安装配置环境都是 Linux，简单执行以下命令就能将 Jenkins 以容器化的方式安装运行起来。

```
$ sudo docker run --detach \
    --privileged \
    --publish 8080:8080 --publish 50000:50000 \
    --name jenkins \
    --volume /srv/jenkins_data:/var/jenkins_home \
    --volume /var/run/docker.sock:/var/run/docker.sock \
    jenkinsci/blueocean
```

publish 参数将容器的端口映射到主机，参数值“XX：XX”的前一个端口是主机端口，后一个端口是容器内端口。8080 是 Jenkins Server 和 web 的通信端口，而 50000 是 Jenkins 主机和其他基于 JNLP 的 slave 节点的通信端口，如果你只需要构建单点 Jenkins 系统，则不需暴露 50000 端口。

volume 参数将容器内的路径映射到主机文件系统，通过文件映射使容器内产生的数据被永久保存在主机上，不会随着容器的销毁而删除。/var/jenkins_home 是 Jenkins 的家目录，所有运行数据都将保存此目录内；/var/run/docker.sock 保存 docker 守护进程默认监听的 Unix 域套接字（Unix Domain Socket），容器中的进程可以通过它与 Docker 守护进程进行通信，Jenkins 容器可以通过暴露出来的域套接子操作主机的其他容器。volume 参数是可选的。

detach 参数能使容器一直运行在后台，方便后续用 docker exec 进入 docker。

该命令会先将指定镜像 jenkinsci/blueocean 拉取到本地，然后创建一个名为 jenkins 的容器，并将其启动运行在后台。

启动后，可以用以下命令查看 jenkins 容器的状态。

```
$ sudo docker container ls -f name=jenkins
```

通过查看容器的日志，能查看jenkins控制台输出日志：

```
$ sudo docker logs jenkins
```

用docker exec进入容器内部，--user参数可以指定进入docker的用户，默认是jenkins用户：

```
$ sudo docker exec -ti --user root jenkins bash
```

通过IP：端口号形式的http地址就能打开jenkins，首次打开时，需要首先在界面上完成解锁jenkins、安装插件、创建管理员用户等配置。

1）解锁。需要将Jenkins服务器（这里也就是jenkins容器）内生成的管理员初始密码粘贴到“Administrator password”输入框内以核实身份，如图4-1所示。

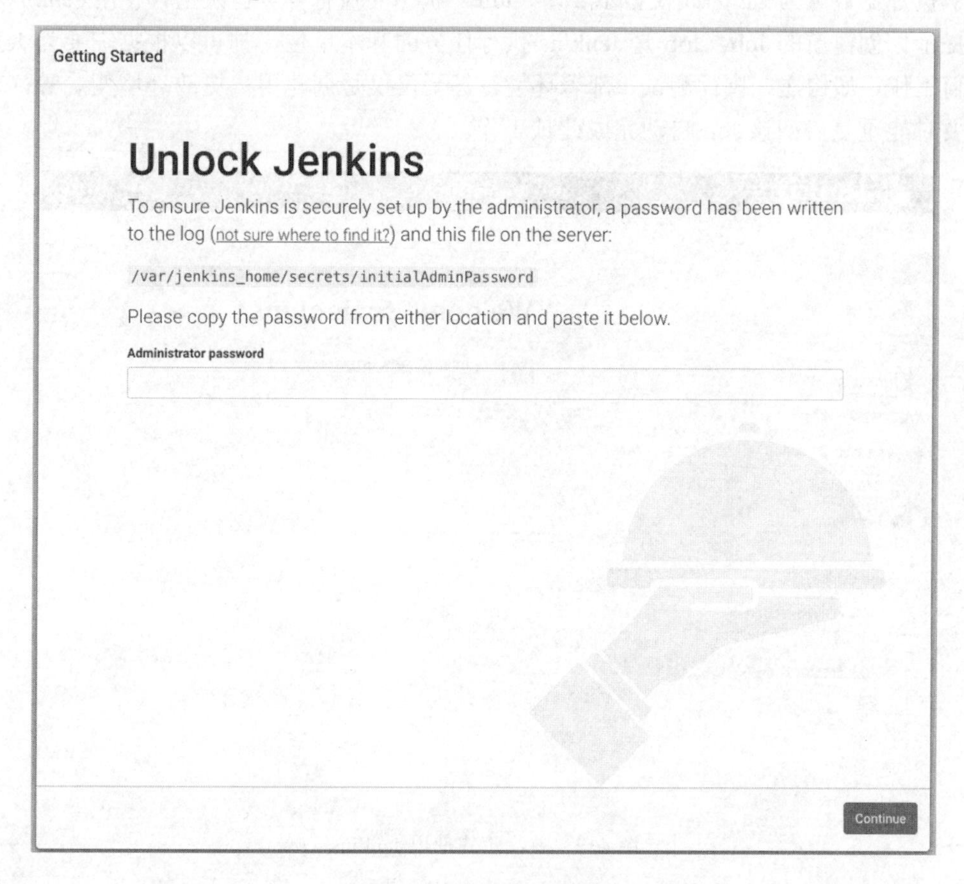

图4-1　解锁Jenkins服务

2）安装插件。解锁完成后，弹出“Customize Jenkins”页面，这里你可以在初始化阶段为Jenkins安装必要的插件。Jenkins提供两个选项：安装建议插件（Install suggested plugins）和选择安装插件（Select plugins to install）。第一个选项会自动安装最常用的Jenkins插件，第二个选项则可以自定义选择安装某些插件。注意，如果当前不知道需要什么插件，也可以在后续使用过程中安装插件。在本章的示例中我们进入第二个选项选择不安装任何插件。

3）创建管理员。进入“Create First Admin User”引导页面配置第一个管理员用户。在相应表单中设置管理员用户名、密码、邮箱等。

初始配置完成后，会弹出“Jenkins is ready”提示界面，即能开始正式使用 Jenkins。

2. 开始尝试 Jenkins

如图 4-2 所示，Jenkins 页面的左上方是所有的配置菜单，你可以添加 Job、管理用户权限、查看构建历史等。“Build Queue”会列出所有正在进行和即将进行的 Job 列表。“Build Executor Status”会列出执行节点及其执行器的状态，由于当前 Jenkins 只有主节点，且默认执行器数量为 2，因此仅显示 2 个“idle”状态的执行器。首次正式使用 Jenkins 时，它会提示你创建新的 Job。Job 是 Jenkins 执行任务的基本单位，你可以根据需要为 Job 定义任何工作，如构建、执行测试、部署环境，甚至仅仅是创建用户更改环境变量等，之后在需要时能重复启动该 Job 自动完成此项工作。

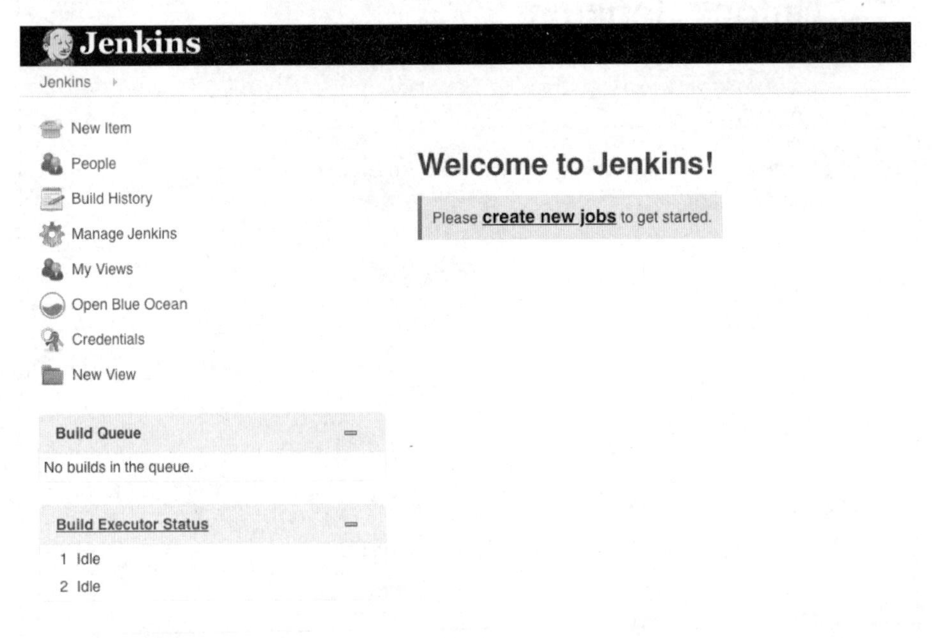

图 4-2　首次正式使用 Jenkins

通过浏览新建 Jenkins Job 时所需的表单，更能理解 Job 的工作流程和功能。单击 Jenkins 主页面“create new”创建一个新 Job，Job 的首屏配置界面需要你输入 Job 名称、选择 Job 类型。Job 类型及其简单说明都在界面上有所呈现，不同的 Job 类型在选项配置上会有差别，例如相较于最常用的自由风格的 Job（Freestyle project），多配置 Job（Multi-configuration project）会有配置矩阵的设置选项，启动后同一个 Job 会在不同配置组合的运行环境上都执行一次。你还可以选择从其他 Job 复制，这样只需在现有 Job 的基础上稍许更改配置就能快速创建出符合自己要求的 Job。我们选择自由风格的 Job，看看需要哪些配置。进入 Job 的第二屏配置界面，它包含以下几个配置部分。

（1）基础信息

Job 描述信息要求你输入描述文字以提示后来的使用者。其他基本设置选项（如丢弃旧的构建选项）能设置构建历史保留的天数和个数，Jenkins 会自动将超过设定限额的构建历史删除，以防存储资源被大量消耗；参数化构建选项可定义此 Job 启动时所需输入的变量，构建脚本中可以引用此环境变量，这提高了 Job 的灵活性；限定构建次数选项能设置一段时间内该 Job 运行的次数；必要时并行构建选项会在有多个构建请求且执行器有富余的情况下，并行执行同一个 Job。

（2）源代码管理

Job 构建前会将你设置的代码仓库的最新代码下载到本地，以供后续基于它做产品编译测试等。Jenkins 插件支持多种常用版本控制系统，如 SVN、Git、Mercurial 等。

（3）构建触发条件

提供多种 Job 触发条件，如由远程脚本触发、定时触发、由其他 Job 触发及仓库中代码变动触发。其中，由其他 Job 触发会经常在持续集成测试中用到，可在测试 Job 中使用此触发条件，令其在产品编译部署的 Job 运行完毕后被自动启动。

（4）构建环境

可以设置多种环境变量并通过绑定给它们赋值以供构建时使用，如绑定登录用户名和密码、ssh 私钥等。

（5）构建

这是 Job 的核心部分，可以在此定义需要 Job 帮你完成的自动化功能。你可以指定 Job 启动时运行的 shell 或 batch 命令，或者执行 Jenkins 节点上预先准备好的脚本，亦或打印输出某些格式化报表。

（6）构建后的动作

设置 Job 构建完成后需要执行的额外操作，例如，输入邮箱列表通知相应人员构建结果、打包存档构建产生的关键信息、集合本次构建的测试结果、根据预定义的 html 模板生成报表界面、触发其他指定 Job 等。

这里，我们通过创建一个简单 Job 初步感受一下 Jenkins 是如何简化工作的。此 Job 仅帮你从 GitHub 上下载最新的源代码，进入 Job 配置界面，输入名字“sync_ToDoListApp”，选择“Freestyle project”创建自由风格的 Job，在 Build 区域选择“Execute shell”，填入希望执行的 shell 命令，如图 4-3 所示。这里我们在 jenkins 容器内部将 GitHub 上的仓库 https://github.com/cloudAgileOps/cloudagileops 下载并同步到最新的代码状态，此项目是本书的示例项目——利用 Django web 框架搭建的一个 to-do-list 应用。Job 创建好后，每当需要从 GitHub 上同步最新代码时，只用单击“Build now”就会启动该 Job 帮你下载或更新仓库代码。“Build History”会保存记录所有的历史 Job 执行信息，图 4-4 所示就是 Job 第一个构建的 Jenkins 控制台的输出，它会显示每条执行命令及其输出字符和运行结果。

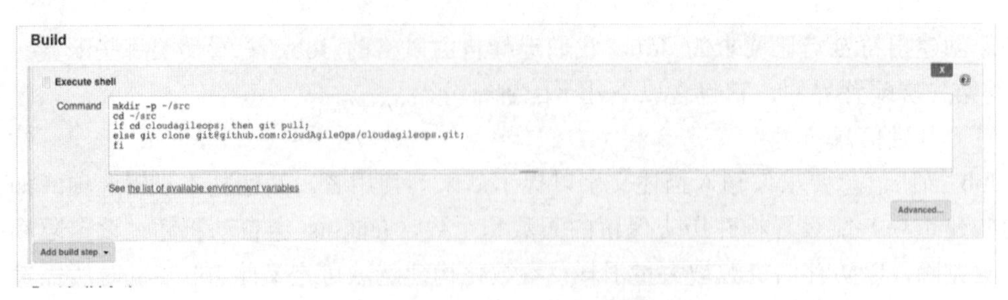

图 4-3　示例 Job 的 shell 配置

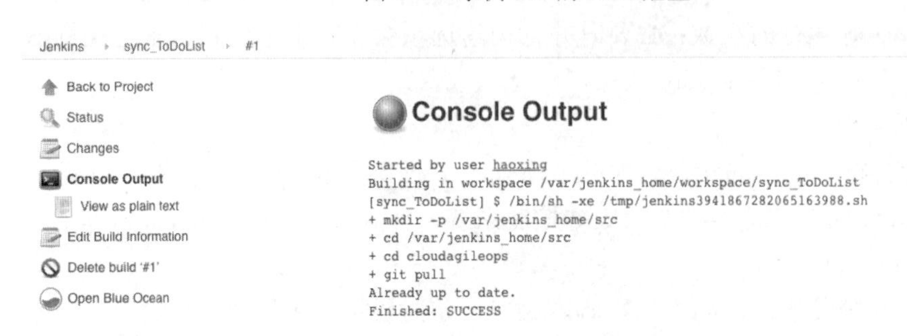

图 4-4　Jenkins Job 的控制台输出

Jenkins 上除了创建基本的 Job，还可以创建视图（View）。Job 特别多的时候，单一 Job 表单会变得很冗长，难以找到特定的 Job。视图实际就是显示某一类 Job 的表单，通过添加视图将不同功能类型的 Job 分类，这能让 Jenkins 平台显得清晰。你也可以在新建的视图中创建 Job。单击 Jenkins 主页 Job 表单 All 旁的“+”进入创建视图界面，如图 4-5 所示，首屏需要填写视图名称和勾选视图类型，一般会按 Job 的功能区分视图，视图名可能就是 Build、FunctionalTest、PerformanceTest 等，也可以按开发团队区分，那么视图名可能就是 FrontEndTeam、EngineServerTeam 等。视图类型有两种，简单列表和我的视图。如果选择了简单列表，第二屏会让你勾选此视图需要包含的 Job，你也可以自定义正则表达式过滤符合条件的 Job 名自动添加到新创建的视图；如果选择了我的视图，那么 Jenkins 会自动创建一个包含所有你有权限访问的 Job 列表。

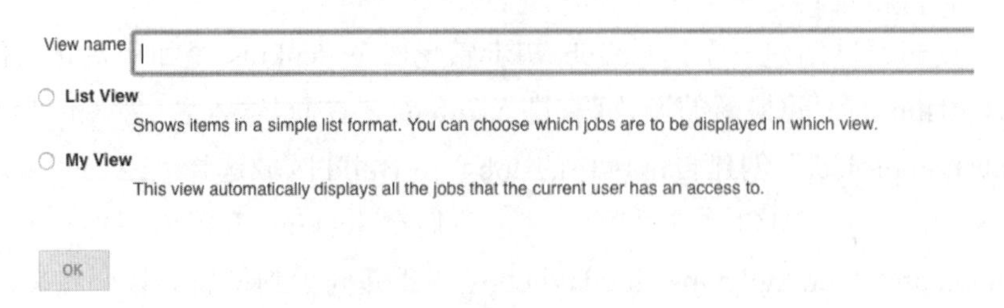

图 4-5　创建新的视图

本节的 Job 示例只演示了 Jenkins 如何工作以及说明 Job 的最基本功能。实际上，Jenkins 能做的远不止于此，它可以基于多个 Job 构造它们之间的联系继而创建一整套工作流，也能根据需求自定义 Job 的触发条件（如在持续集成中经常使用的仓库内代码变化引发负责编译构建产品 Job 的触发条件），还能部署分布式的 Jenkins 平台，让 Job 运行在不同的资源节点上，而在容器化的 Jenkins 服务节点上一般不会如此例一样执行真正的与产品构建或者测试相关的 Job。后文会对 Jenkins 有更加深入的介绍。

4.1.2 选择合适的工具——Jenkins 插件的搜索和使用

Jenkins 实质上是一个构建自动化任务或流程的平台，具体完成哪些特定的工作完全由 Jenkins 使用者去定义，一般会基于产品特性切分任务，自定义多个 Job，其中每个 Job 完成单项任务单元。这些单项任务的分配和组织也是由 Jenkins 使用者根据项目流程规划，通过建立 Job 之间的联系并设定它们在多个执行器上的调度去实现的。有些具体的实现仅依靠 Jenkins 本身的功能并没办法满足，Jenkins 提供了基于它的二次开发能力，允许使用者开发符合自己需求的插件。实际上，你需要的很多功能，其他 Jenkins 使用人员在先前也同样需要，并且已经开发并发布了满足需求的插件，在决定开发插件前先搜索是否已有现成可用的是个很好的习惯。

从 Jenkins 主页进入“Manage Jenkins”就能看到“Manage Plugin”栏目，进入其中之后你会看到 Jenkins 插件的列表，这里有四个选项表单：“Updates”表单列出已安装插件的可更新版本，你可以轻松升级现有插件；“Available”列出所有 1000 多种 Jenkins 插件，并且会按大致功能分类；“Installed”列出所有已安装插件，可在这里卸载插件，但是如果有插件 A 依赖于插件 B，就必须先删除 A 才能再删除插件 B；“Advance”高级选项包含三个功能设置，“HTTP Proxy Configuration”能设置有关插件下载的 http 代理，“Upload Plugin”能上传本地的.hpi 文件进行插件安装，这种方式可以用来安装官方插件的历史版本、第三方或本人开发的插件，“Update Site”能让使用者指定一个 url，此 url 会指向定义了可安装插件资源的 json 配置文件，这赋予了使用者定制化 Jenkins 的能力，有技术实力的项目组可以维护一个私有的插件中心，然后以私有插件中心的资源配置 json 文件。

在“Available”表单下，你能简单搜索快速定位到可能需要的插件，搜索方式有两种：

第一，利用 Jenkins 插件管理中心的 Filter 搜索。例如，你想在 Jenkins Job 中使用节点服务器上的 PowerShell 功能，就可以在插件管理中心网页右上角的“Filter”中输入“powershell”字样，快速定位到 powershell 相关的插件，如图 4-6 所示。插件名下还会有简单的文字介绍，单击插件名能进入官方插件中心（https://plugins.jenkins.io）该插件的主页，如图 4-7 所示，主页上会有该插件的版本号、依赖项、历史版本的 ChangeLog 等详细信息，你还可以从历史归档（Archives）中下载该插件的历史版本.hpi 文件。

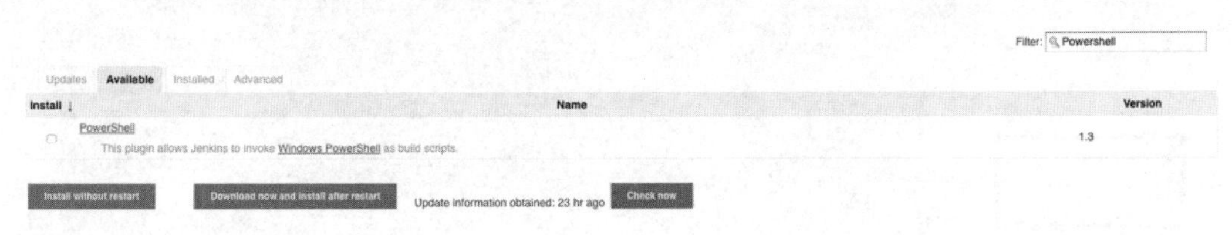

图 4-6 Jenkins 插件搜索

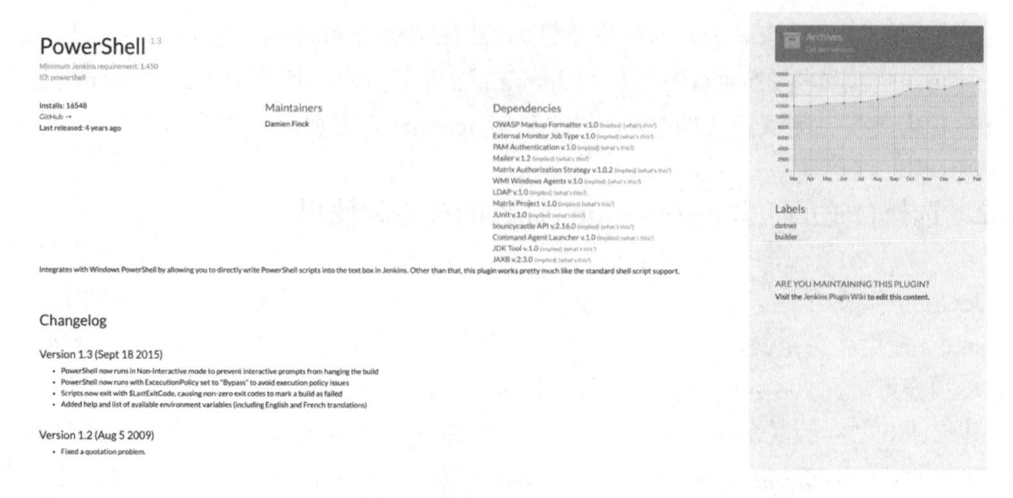

图 4-7　PowerShell 插件主页

第二，直接在插件中心（https://plugins.jenkins.io）搜索。你可以简单输入相关文字搜索，如输入“GitHub”会检索出根据 Job 构建结果自动创建和关闭 GitHub Issue 的 GitHub Issues 插件、使其他插件支持 GitHub API 的 GitHub API 插件、依靠 GitHub 提供 Jenkins 使用授权权限的 GitHub Authentication 插件等 26 个插件。还可以通过左侧的类别选项过滤结果，如只希望找到跟 GitHub 上特定仓库代码管理有关的插件时，你可以勾选源代码管理（Source code management）复选框，如图 4-8 所示，过滤后仅有两条插件命中。

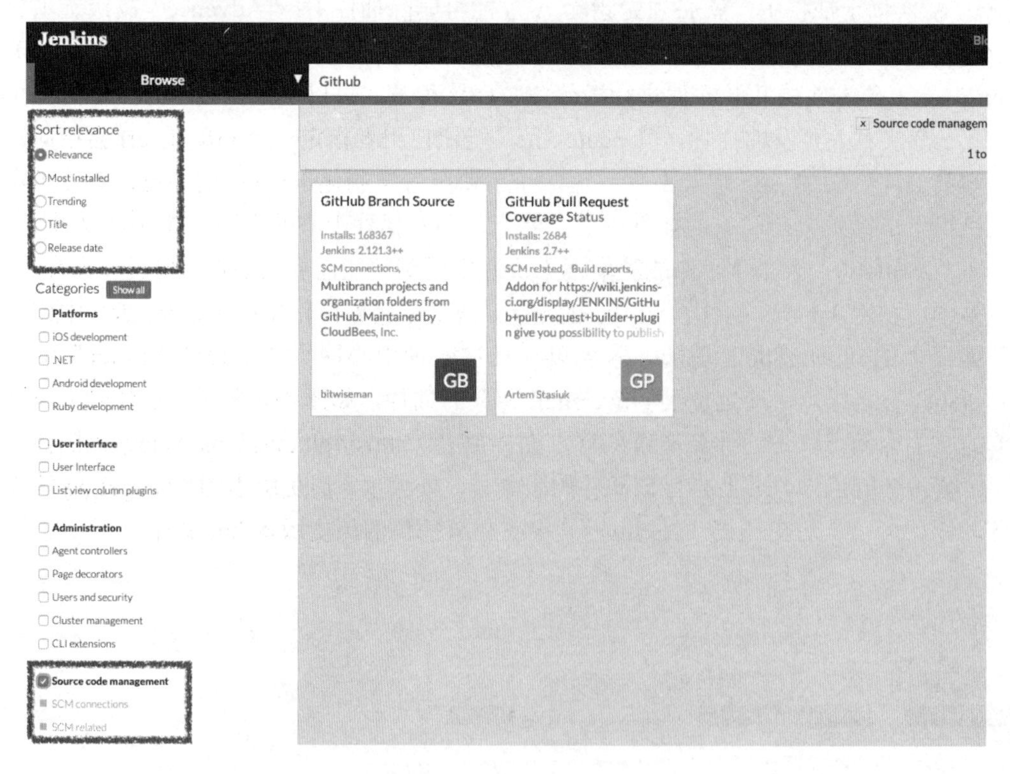

图 4-8　插件中心搜索 GitHub 相关插件

找到目标插件后，安装步骤非常简单，你可以直接在Jenkins插件列表勾选目标插件，单击页面最下方的按钮进行安装。要注意的是，直接在web UI勾选安装的是当前最新版本的插件，如果你想安装插件的历史版本，需要首先进入插件中心搜索相应的插件，在历史归档中下载历史版本，再进入“Advanced”表单通过上传.hpi文件的方式安装。

除了web UI安装的方式，Jenkins也提供了命令行的安装方式。可以通过以下命令使用命令行安装插件：

```
$ wget  [JENKINS_URL]/jnlpJars/jenkins-cli.jar #下载 jenkins CLI 客户端文件
$ java -jar jenkins-cli.jar -s [JENKINS_URL] -auth [USER]:[PASSWORD] install-plugin [SOURCE]
```

首先下载Jenkins cli客户端工具，然后用Java运行此cli客户端工具进行插件安装。安装时，需要用-s参数指定Jenkins服务的url地址、-auth参数指定具有管理员权限的登录账户名和密码，并且指定该插件的资源[SOURCE]，资源可以是下载到本地的插件.hpi文件，也可以是网络URL地址。其他参数有：-deploy指定该插件会立即被安装，而不是等到下一次Jenkins重启时安装；-name指定该插件的短名称，如果不指定，默认名将会从安装文件名得来；-restart参数指定成功安装插件后Jenkins自动重启，使插件立即生效。

下一节我们将通过介绍Jenkins官方推荐的BlueOcean插件，让读者对插件的扩展功能、管道（Pipeline）的理念以及Jenkins在持续发布中的效用有更加深入的理解。

4.1.3 Jenkins崭新的用户体验——BlueOcean

在介绍BlueOcean之前，我们先介绍一下Jenkins的管道。

Jenkins管道（Pipeline）是一套能够完成一连串任务的工作流框架，它将原本独立运行的多个任务按照预定的规则组织起来，实现单个任务难以完成的复杂流程编排，并实现流程进行状态的可视化。由于管道的外在呈现是组织工作流，因此也可以被称为流水线。

Jenkins管道实际是伴随着敏捷开发中的持续交付概念而产生的。持续交付中的编译、测试、部署等各阶段独立执行特定的工作，而它们之间又有天然的前后次序以及依赖关系，用Jenkins管道的方式将它们编排串联起来——编译完成后测试会自动启动，继而自动部署，实现完全的自动化是产品开发运维的理想状态。

管道提供了一组可扩展的工具，结合Jenkins的Pipeline Domain Specific Language（DSL）描述语言，可以编排符合需求的各种形式的工作流。管道的DSL语言定义被写在文本文件Jenkinsfile中，该文件可以被提交到项目的源代码仓库中，像产品代码一样进行版本控制和审查，从而达到管道即代码（Pipeline as Code）的目的。管道的定义主要支持两种语法。

1．Scripted 脚本式

脚本式 Pipeline 的基本语法和表达式遵循与 Groovy 语法相同的规则，包含固定的语句或者元素定义代码块，每个代码块负责某项任务或者环境的定义。

（1）node 块

node 是分布式 Jenkins 系统中的概念，表示 Jenkins 中的一个节点。node 节点用于执行部分或整个 Pipeline 的工作，一个 pipeline 可以包含一个或多个 node 块。node 块作为脚本式语法的最外层并不是强制要求指定的，但作为好的实践被推荐使用。默认的 node 块会命令 Jenkins 在任意空闲的 node 上规划和运行 Pipeline 的执行步骤，还可以通过在 node 元素后面加标签的形式指定节点执行 node 块内的步骤：

```
node('slave01') {
    // run the specific steps on the Jenkins slave node slave01
    }
```

（2）stage 块

stage 表示工作流的特定阶段，如持续集成中的构建、测试、部署，每一步都是一个单独的 stage。在单个 stage 上会执行一些特定操作的组合，stage 块实际就是定义特定阶段及该阶段需要执行的步骤组合，如在构建 stage 中指定从代码仓库拉取最新的代码，然后基于最新的代码用 maven 编译产品，在测试 stage 指定用 Junit 启动功能测试和性能测试，当然你也可以根据需求将启动功能测试和性能测试分割到两个不同的 stage。stage 的规划没有固定模式，完全由你的需要或者习惯自定义。

脚本式 Pipeline 的一个完整示例如下。

```
Jenkinsfile (Scripted Pipeline)
node {
    stage('Build') {
      echo "Build"
        sh 'make'
    }
    stage('Functional Test') {
       echo "Executing Functional Test"
      python testFunction.py
    }
}
node('slavePerf'){
    stage('Performance Test') {
       echo "Executing Performance Test"
```

```
            python testPerformance.py
        }
    }
    node('slaveProd'){
        stage('Deploy') {
            withEnv(['PROD_LANDSCAPE_DIR=/prod/env/'])
                        echo "Deploy on landscape"
            cd $PROD_LANDSCAPE_DIR
          sh 'deploy'
        }
    }
```

这个脚本会在任意节点上调用 make 脚本构建产品，然后在选定的节点上调用 python 脚本 testFunction.py 执行功能测试，接着在 slavePerf 节点执行性能测试，最后在 slaveProd 节点的准生产环境部署产品。

2．Declarative 声明式

声明式 Pipeline 是较新的一种管道定义语法，从 Jenkins Pipeline 插件 2.5 版本开始被支持。语法更加简洁友好，不需要有 Groovy 基础，更容易上手。声明式 Pipeline 由 pipeline 语句引导，包含以下代码元素。

（1）agent

Jenkins 分布式系统包含主节点（即 Jenkins 服务器）和从节点（即 agent），Jenkins 服务器可能会同时接到多个项目的持续集成任务请求，众多负载就被分配到各 agent 节点上执行具体任务。类似于脚本式 Pipeline 的 node 块，声明式 Pipeline 的 agent 元素用于定义节点标签，指定后续的执行步骤块运行在哪个节点上。当然你也可以指定 agent 为“any”关键字，让 Jenkins 服务器将具体执行任务自动分配到任意空闲节点上。

（2）stages/stage

stages 部分引出整条工作流的定义，工作流中的每个阶段所需操作由 stages 内的单个 stage 块定义。stages 部分至少包含一个 stage 块，并且 stage 块必须被命名以在可视化界面上显示。stages 及其内部 stage 块的定义示例如下。

```
    pipeline {
  agent any
  stages{
   stage('Build') {
       …
   }
    stage('Test') {
       …
```

```
        }
        stage(Deploy) {
          …
        }
      }
    }
```

（3）steps

steps 部分用来定义 stage 内具体执行步骤，每个 stage 至少包含一个 steps 块。

除此之外，声明式 Pipeline 还支持一些预定义的指令（Directive），这些指令可以为 Pipeline 的定义提供更多的灵活性。例如，environment 指令能让你在 pipeline 或者 stage 层面设定环境变量，input 指令能让你在 stage 内设定用户交互动作，parallel 指令可以让多个 stage 分布在不同节点或者在同一个节点的不同线程上并行执行。

声明式 Pipeline 的一个完整示例如下。

```
Jenkinsfile (Scripted Pipeline)
     pipeline {
    stages {
       stage('Build') {
          agent any
          steps {
             echo "Build"
          sh 'make'
          }
       }
       stage('Functional Test') {
          agent any
          steps {
             echo "Executing Functional Test"
          python testFunction.py
          }
       }
       stage('Performance Test') {
          agent {
             label 'slavePerf'
          }
          steps {
             echo "Executing Performance Test"
            python testPerformance.py
          }
       }
```

```
        stage('Deploy') {
            agent {
                label 'slaveProd'
            }
            environment {
             PROD_LANDSCAPE_DIR='/prod/env/'
            }
            steps {
                echo "Deploy on landscape"
             cd $PROD_LANDSCAPE_DIR
               sh 'deploy'
            }
        }
    }
```

这里仅对管道语法的几个重要核心部分做简单介绍，关于管道定义的详细语法请参考 Jenkins 官方文档。

BlueOcean 重新设计了 Jenkins 的 UI 和交互方式，包括更友好的管道可视化界面、可编辑的更为直观的管道创建方式、更简单的异常处理，能够更好地与其他开发工具集成等。BlueOcean 是由一组插件的集合实现的，但安装时仅需要搜索安装“Blue Ocean”插件，其他的有依赖关系的插件会被自动安装。当然，如果你如 4.1.1 小节介绍的那样安装 Jenkins，那么将不再需要单独安装 BlueOcean 插件，因为 docker 镜像 jenkinsci/blueocean 已经包括 BlueOcean 功能。

登录 Jenkins 主页后，单击左栏中的“Open Blue Ocean”就能进入全新的 BlueOcean 界面。BlueOcean 提供了友好简洁的引导菜单帮你一步步地创建管道，下面结合例子来介绍。

步骤 1：选择源代码版本控制工具。支持 Git、GitHub、GitHub Enterprise、Bitbucket Cloud 和 Bitbucket Server 几种，如图 4-9 所示。这里我们选择 GitHub。

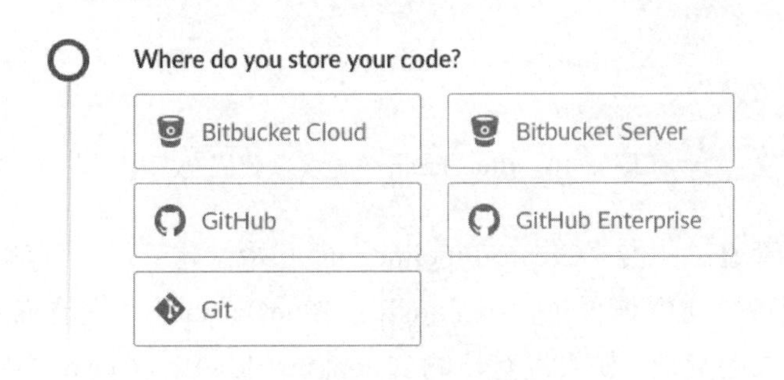

图 4-9　BlueOcean 关联版本控制工具

步骤 2：指定代码仓库位置。BlueOcean 会根据步骤 1 的选项跳出相应的引导界面，例如，如果你的版本控制工具是 GitHub，需要你在这一步输入 Repository URL，本地仓库就填入本地路径（如/home/demo/my-git-repo.git），远程仓库就填入基于 ssh 协议的远程仓库链接地址（如 ssh://gituser@git-server-url/git-server-repos-group/my-git-repo.git）；如果你的版本控制工具是 GitHub，BlueOcean 会要求你输入能登录 GitHub 的令牌，提示信息会引导你登录到 GitHub 获取新的令牌，该令牌代表将你的 GitHub 账号权限赋予了 Jenkins，令牌确认输入 Jenkins 后，BlueOcean 会再引导你选择 GitHub 组织和目标仓库。我们步骤 1 选择的是 GitHub，就会出现图 4-10 所示的表单，要求输入 GitHub 令牌和选择仓库。

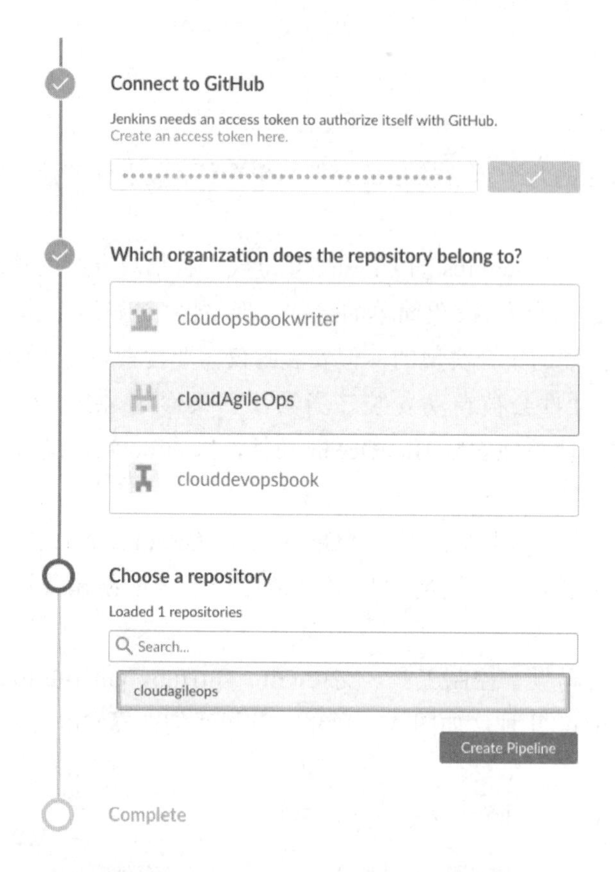

图 4-10　BlueOcean 管道关联代码仓库

步骤 3：创建管道。单击“Create Pipeline”即开始创建管道，创建管道时 BlueOcean 会检查你的源代码各分支中是否包含 Jenkinsfile，BlueOcean 为每个含有 Jenkinsfile 的分支创建 Jenkinsfile 定义的管道。如果没有检测到 Jenkinsfile，BlueOcean 会跳转到管道编辑器界面引导你以可视化的方式创建管道，如图 4-11 所示。右侧可以设置全局的 agent 节点和环境变量，左侧即 Pipeline 编辑器。单击“+”就能添加管道的运行阶段（对应之前介绍的声明式 Pipeline 中的 stage），此时右侧跳出的表单要求命名该阶段和添加执行步骤，如图 4-12 所示。BlueOcean 预定义了很多种执行步骤，如 shell 脚本、batch 脚本、等待、多次循环、构建其他任务等，每种执行步骤都会跳出相应的图形化界面方便你输入定制化参数或者调用参数。总之，BlueOcean 提供了自然的交互方式引导你完成管道的建立，完成的管道以流程图的方式呈现出来，非常清晰直观。

图 4-11　BlueOcean 编辑管道

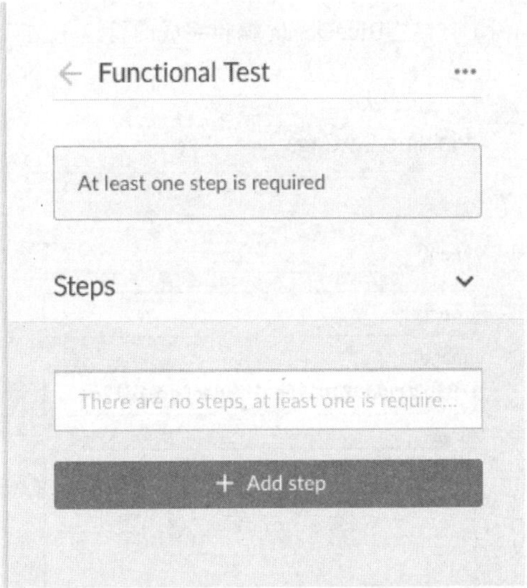

图 4-12　BlueOcean 编辑器添加 stage

步骤 4：保存管道。管道编辑完成后，单击“Save”按钮保存，将你刚刚通过可视化界面编辑完成的管道自动导出成声明式语法的 Jenkinsfile，继而提交到源代码仓库。保存时弹出的表单要求输入管道描述信息以及选择 Jenkinsfile 提交到哪个分支。

这里利用 BlueOcean Pipeline 编辑器创建了一个图 4-13 所示的管道作为例子。该管道启动一个用 django 搭建的简单应用 ToDoList，然后进行测试。在编辑初始我们设置了全局的 agent 为 docker，使用的 docker 镜像为由 Dockerfile 编译出来的本地镜像，如图 4-14 所示。这样，在执行具体任务前，一个新的容器会被指定镜像初始化，并且 Jenkins 的 agent 伺服也会在容器内安装，使得容器成为 Jenkins 的 agent 节点。管道将在该 agent 节点（而非 Jenkins 服务器）内执行，agent 节点在完成执行任务后会被自动销毁。如果你的 Jenkins 服务器已经由 docker jenkinsci/blueocean 镜像安装（由于此镜像基于纯净的 Alpine Linux，缺少很多其他依赖件的运行环境），那么你就更需要一个分离的 agent 节点执行任务。管道编辑器的 docker agent 选项不仅能非常便利地帮你完成搭建 Jenkins agent 节点的工作，而且还可以用自定义容器的方式助你设定运行环境，此外即用即建、用完即删，这一切特性都极大地方便了云产品的开发集成和运维。

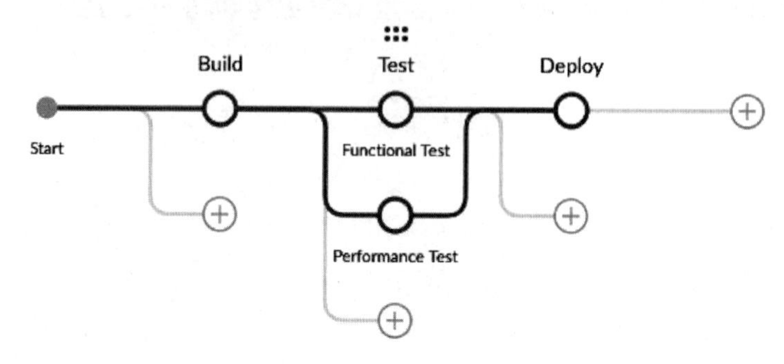

图 4-13　BlueOcean 编辑完成的管道示例

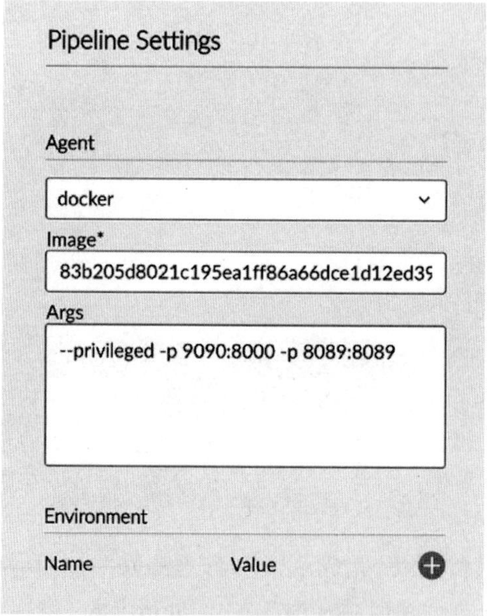

Pipeline Settings

Agent

docker

Image*

83b205d8021c195ea1ff86a66dce1d12ed39

Args

--privileged -p 9090:8000 -p 8089:8089

Environment

Name　Value

图 4-14　为管道设置 docker agent

需要额外注意的是，在 agent 设置为 docker 的情况下，执行管道初始阶段由 docker pull 拉取指定镜像或者由镜像初始化容器时，你可能会遇到“Got permission denied while trying to connect to the Docker daemon socket”的错误，这是由于默认的用户权限问题所导致的，需要先检查以下几点。

1）在创建容器时必须指定参数映射 docker 守护进程监听的 UNIX 域套接字/var/run/docker.sock，这能保证容器内正常操纵宿主机的docker。

2）容器内的docker用户组的ID要与主机docker用户组ID保持一致，可在容器内执行以下命令重新创建一个docker用户组。

```
$ delgroup docker
$ addgroup -g [GID] docker #GID为主机上docker用户组ID
```

3）将容器默认用户jenkins加入docker用户组。

```
$ adduser jenkins docker
```

通过图4-15所示的界面保存编辑完成的管道，单击“Save”按钮即会先创建一个新的blue-ocean-demo分支，然后将生成的Jenkinsfile提交到该新分支，同时触发管道的执行。此后每次更改编辑管道后保存都会触发管道执行。例子中管道生成的 Jenkinsfile 如图4-16所示，本章主要阐述BlueOcean管道的功能和用法，不对测试用例进行过多讲解，关于所用到的测试用例的介绍请查看第5章。还需要说明的一点是，用可视化编辑方式定义管道是有一定的局限性的：第一，仅对应声明式的管道语法而不支持生成脚本式语法；第二，仅支持基于代码版本控制系统的管道；第三，仅支持部分的管道定义规则，如你只能设置全局的agent和环境变量而不能为每个stage设置agent和环境变量，在agent为dockerfile的情况下，不能设置创建容器时的其他参数，只能得到非常有限的指令的支持等，这使得编辑生成的管道不够灵活，有可能不能满足特殊情况下的持续集成需求，因此我们推荐直接写Jenkinsfile或者在可视化编辑器生成的Jenkinsfile的基础上对Jenkinsfile进行更改。

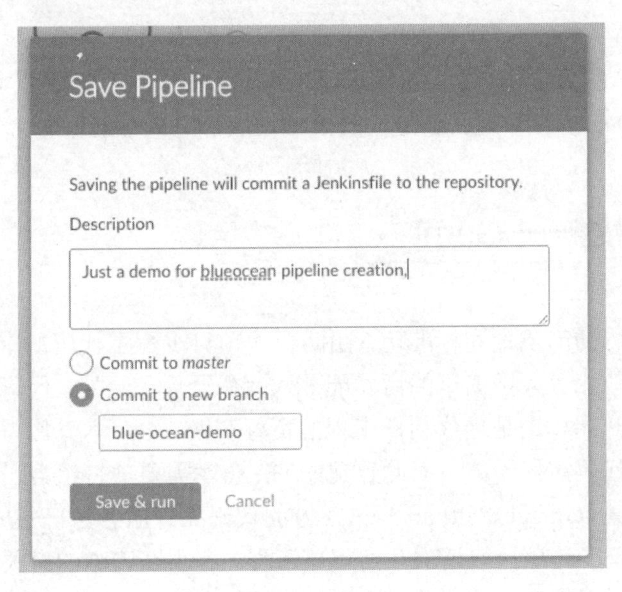

图4-15　保存BlueOcean管道

38 lines (37 sloc) | 877 Bytes　Raw　Blame　History

```
1  pipeline {
2    agent {
3      docker {
4        image '83b205d8021c195ea1ff86a66dce1d12ed398d17'
5        args '--privileged -p 9090:8000 -p 8089:8089'
6      }
7
8    }
9    stages {
10     stage('Build') {
11       steps {
12         echo 'Build'
13         sh 'python /work/toDoListPro/manage.py runserver 0.0.0.0:8000 & sleep 30'
14       }
15     }
16     stage('Test') {
17       parallel {
18         stage('Functional Test') {
19           steps {
20             echo 'Executing Functional Test'
21             sh 'python chapter5/DjangoTest/tests/testDjangoTodo_7.py'
22           }
23         }
24         stage('Performance Test') {
25           steps {
26             echo 'Executing performance test'
27             sh 'locust -H http://127.0.0.1:8000 --no-web -t 100 -c 100 -r 20  -f chapter5/PerformanceTest/djangoperftest'
28           }
29         }
30       }
31     }
32     stage('Deploy') {
33       steps {
34         echo 'Deploy'
35       }
36     }
37   }
38 }
```

图 4-16　生成的 Jenkinsfile

每次管道执行完毕后，可以单击 stage 查看每个阶段执行步骤产生的日志，还可以通过页面的右上角 Artifacts 选项下载包含了 BlueOcean 自动集成步骤的完整日志文件 pipeline.log。BlueOcean 同时提供了完整的报表记录管道执行的所有历史信息。

4.2　跟踪问题——Gerrit

为保证产品代码的高质量和标准化，团队合作项目少不了代码的审核流程，任何人的代码都需要经过其他相关人员的审阅后才能并入代码仓库。此外，代码审核阶段的自动化验证是持续集成的开端，也是现代软件工程的良好实践。Git 本身作为流行的代码版本管理工具，没有包含代码审核功能，因此自建的 Git 仓库需要项目组自己开发或者搭建一套代码审核的解决方案。GitHub、GitLab 等第三方的代码托管服务虽已集成了代码审核功能，但它烦琐的流程（仅能通过拉取请求开启审核流程）和不够清晰的有关代码讨论的呈现方式，使其现有的代码审核功能并不是那么高效易用。有没有其他更好的代码审核的解决方案呢？答案就是我们接下来要介绍的 Gerrit。

4.2.1 Gerrit 简介和使用

Gerrit 是一个建立在 Git 版本控制系统之上的代码审核工具，它的框架轻量，提供 web 服务。Gerrit 用于代码入库之前对每个提交进行审阅，代码只有经过审阅批准后才能最终并入中心仓库。实质上，代码提交到 Gerrit 创建的临时区域，此临时区域与中心仓库状态同步，审核人通过 Gerrit 提供的友好界面可以清晰地比对每个提交的代码更新，并添加自己的批注，在通过审阅后，Gerrit 会将提交同步到中心仓库。

Gerrit 将代码提交和代码库隔离开来，就像它们中间的一扇门，Gerrit 只有打开了这扇门，提交才能进入代码库，而握有这扇门钥匙的就是此次提交的代码审核人。Gerrit 代码审核的交互过程可以表示为图 4-17 所示，Gerrit 部署在中心代码库之上，也处在整个开发过程的中心位置，开发者依然从中心仓库拉取代码，但所有的提交都不会直接推回到中心仓库，而是先进入 Gerrit 的暂存区，代码审核者从 Gerrit 暂存区拉取代码进行审核，审核通过后，这些提交才会被 Gerrit 从暂存区释放到中心仓库。

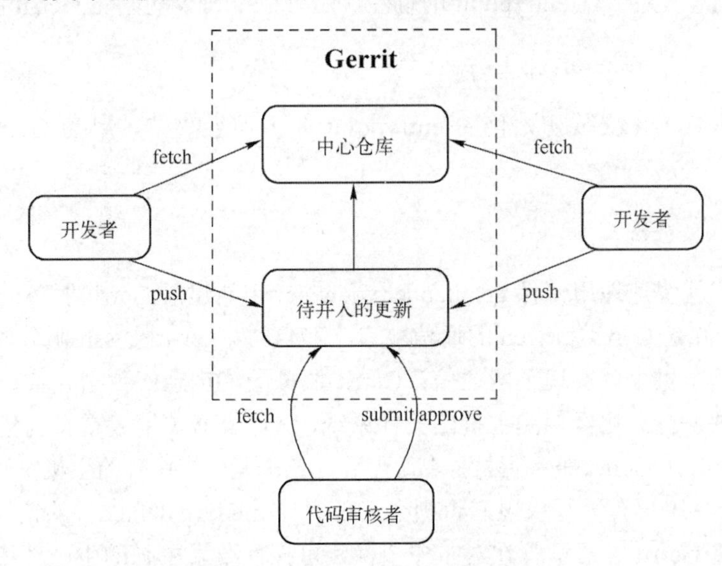

图 4-17 Gerrit 与中心仓库的交互

1. 安装 Gerrit

Gerrit 的运行依赖数据库、缓存、检索工具等，传统的安装方式需要安装这些依赖项，并且需要额外的配置。Gerrit 也提供了 docker 镜像，方便在云环境上高效安装配置，这里我们就采用镜像的方式安装 Gerrit。

Gerrit 有内置的数据库 H2、Lucene 检索引擎和 http 服务器等，简便起见，可以不额外配置其他工具而直接用 Gerrit 内置工具，你仅需准备如下的 docker-compose.yaml 文件，基于它创建 Gerrit 服务的容器即可。

```
version: '3'
services:
  gerrit:
    image: gerritcodereview/gerrit
    volumes:
      - /srv/gerrit/git-volume:/var/gerrit/git
      - /srv/gerrit/db-volume:/var/gerrit/db
      - /srv/gerrit/index-volume:/var/gerrit/index
      - /srv/gerrit/cache-volume:/var/gerrit/cache
    container_name: gerrit
    ports:
      - "29418:29418"
      - "9900:8080"
    #entrypoint:  java  -jar  /var/gerrit/bin/gerrit.war  init  -d
/var/gerrit
```

步骤 1：取消最后一行 entrypoint 的批注，运行以下命令初始化 Gerrit 的安装工作。

```
$ docker-compose up gerrit
```

步骤 2：在 Gerrit 安装初始化的 entrypoint 前再加上“#”，启动 Gerrit 容器并运行在后台：

```
$ docker-compose up -d
```

这样，我们就快速地用镜像 gerritcodereview/gerrit 创建了 Gerrit 服务的容器，此容器名为 gerrit。8080 是 Gerrit 和 web 的通信端口，29418 为 gerrit 上 ssh 服务器监听的端口，将它们都映射到主机上以实现公网通信；Gerrit 服务的 Git 仓库数据、数据库、缓存和索引等通过文件映射持久化保存到主机的文件系统，这样容器被销毁重新创建后依然能读取以前的数据，从而使 Gerrit 服务保持原状。需要注意的是，被映射的主机文件需要对 Gerrit 容器默认的 gerrit 用户有读写权限，否则会出现“permission denied”的错误。

如果希望将 Gerrit 容器运行在对于安全性和可控性要求更强的生产环境，可以配置额外的数据库、使用安全的认证方式及外接高性能存储云盘等。下面我们用同样的方式安装一个更健壮的 Gerrit 服务容器，为它配置 PostgreSQL 数据库和 OpenLdap。

首先准备如下的 docker-compose.yaml 文件，该文件除了 Gerrit 镜像本身，还指定安装了 Ldap、Ldap-Admin 和 PostgreSQL 容器。

```
version: '3'
services:
  gerrit:
    image: gerritcodereview/gerrit
    ports:
      - "29418:29418"
```

```
    - "9900:8080"
   links:
     - postgres
   depends_on:
     - postgres
     - ldap
   volumes:
    - /srv/gerrit/etc:/var/gerrit/etc
    - /srv/gerrit/git:/var/gerrit/git
    - /srv/gerrit/index:/var/gerrit/index
    - /srv/gerrit/cache:/var/gerrit/cache
   container_name: gerrit_prod
   #entrypoint:   java   -jar   /var/gerrit/bin/gerrit.war   init   -d
/var/gerrit

  postgres:
   image: postgres:9.6
   environment:
     - POSTGRES_USER=gerrit
     - POSTGRES_PASSWORD=secret
     - POSTGRES_DB=reviewdb
   volumes:
     - /srv/gerrit/postgres:/var/lib/postgresql/data

  ldap:
   image: osixia/openldap
   ports:
     - "389:389"
     - "636:636"
   environment:
     - LDAP_ADMIN_PASSWORD=secret
   volumes:
     - /srv/gerrit/ldap/var:/var/lib/ldap
     - /srv/gerrit/ldap/etc:/etc/ldap/slapd.d

  ldap-admin:
   image: osixia/phpldapadmin
   ports:
     - "6443:443"
   environment:
     - PHPLDAPADMIN_LDAP_HOSTS=ldap
```

此外，还需要准备 Gerrit 的配置文件 gerrit.config。如果容器文件系统的映射关系就如刚刚准备的 docker-compose.yaml 文件指定的那样，那么新创建文件/srv/gerrit/etc/gerrit.config。

```
# cat /srv/gerrit/etc/gerrit.config
[gerrit]
  basePath = git
[database]
  type = postgresql
  hostname = postgres
  database = reviewdb
  password = secret
  username = gerrit

[index]
  type = LUCENE

[auth]
  type = ldap
  gitBasicAuth = true

[ldap]
  server = ldap://ldap
  username = cn=admin,dc=example,dc=org
  password = secret
  accountBase = dc=example,dc=org
  accountPattern = (&(objectClass=person)(uid=${username}))
  accountFullName = displayName
  accountEmailAddress = mail

[sendemail]
  smtpServer = localhost

[sshd]
  listenAddress = *:29418

[httpd]
  listenUrl = http://*:8080/

[cache]
  directory = cache

[container]
  user = root
```

也可以将 gerrit.config 中的用户密码信息单独放在仅管理员可读的 secure.config 文件中，这样安全性更高。

运行以下命令创建 ReviewDB 及导入元数据等。

```
$ docker-compose up -d postgres
```

取消 entrypoint 前的批注符号，运行以下命令进行 Gerrit 安装前的初始化工作。

```
$ docker-compose up gerrit
```

重新将 entrypoint 加上批注，启动 Gerrit 容器：

```
$ docker-compose up -d
```

最后，我们用 PhpLdapAdmin 注册一个 Gerrit 的管理员账户。打开 PhpLdapAdmin 的主页 https://[hostname]:6443，用 LDAP 管理员账户（用户名和密码定义在 docker-compose 文件内，用户名为 cn=admin,dc=example,dc=org，密码为 secret）登录，新创建一个 Courier Mail Account 类型的账户，其表单如图 4-18 所示，gerritadmin 就是 Gerrit 的管理员账户。

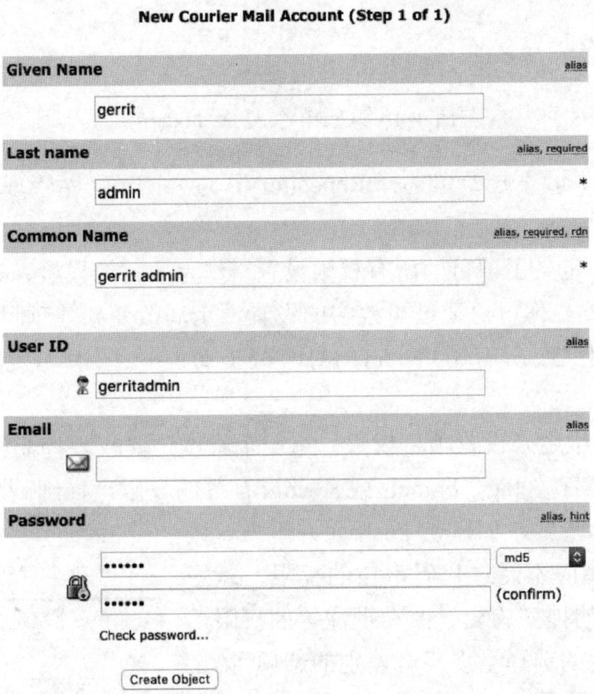

图 4-18　PhpLdapAdmin 创建 Gerrit 管理员账户

2. 使用 Gerrit

使用刚刚在 LDAP 中创建的授权用户 gerritadmin 登录 Gerrit 服务 http://[hostname]:9900，默认进入 dashbord 主页，它会显示正在审阅、需要审阅的提交以及最近的审阅历史，还能通过上面的导航栏“Change”查看所有已经或尚未并入的提交、导航栏“Your”浏览你的提交审阅历史和你跟踪的提交等，如图 4-19 所示。

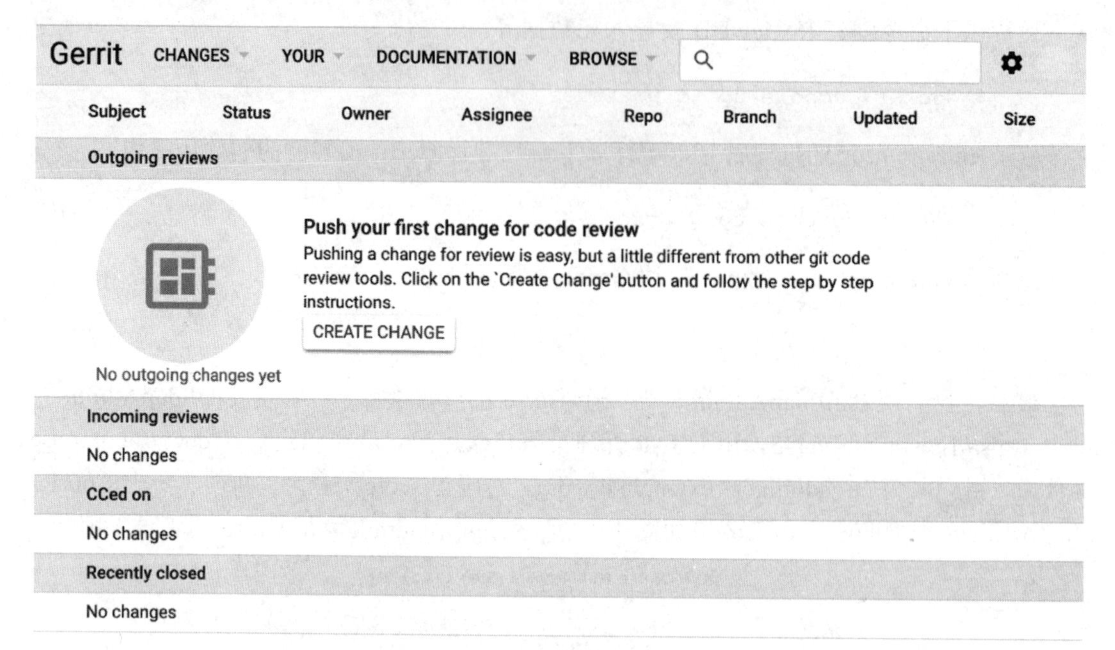

图 4-19　Gerrit 个人 Dashboard

通过导航栏 Browse 下拉菜单选择 Repository，进入 Git 仓库管理界面，Gerrit 有两个默认的项目：

- All-Projects：定义了项目的所有权限设置，作为项目的模板，其他新建项目会继承它的权限设置。你可已通过更改它的设置，全局改变新建项目的默认设置。
- All-Users：定义了所有用户，它的每个分支对应一个用户，包含了该用户的基本信息。

Gerrit 综合三个维度来设置项目权限。第一个维度定义权限控制的仓库内容，以引用命名空间的形式定义有关 tag、branch 或者 config 等的权限，详细列表见表 4-1；第二个维度定义权限的具体形式，如赋予 Push 允许用户直接推送代码到中心仓库而不经过代码审核的权限，赋予 Read 允许查看项目的提交历史、改动批注等的权限，它会根据第一个维度的选择呈现略有差别的选项；第三个维度定义权限所限定用户的范围，以用户组为基本单位对项目权限进行管制，Gerrit 默认预定义了用户组，详细列表见表 4-2，用户也可以根据自己的需要自定义其他用户组。

表 4-1　Gerrit 引用命名空间

引用命名空间	含义
refs/*	所有 Gerrit 对象
refs/heads/*	分支
refs/tags/*	tags
refs/changes/*	审查补丁
refs/meta/config	项目配置
refs/notes/review	保存代码审查信息
refs/for/*	需要进行代码审查的提交

Gerrit 应用审阅人打分投票机制决定代码是否能被并入：+2 和+1 表示通过，-2 和-1 表示否定，-1 和+1

只是代表意见并不会影响投票，+2 和-2 具有决定因素，代码能被合并的条件至少需要一个+2 并且没有-2 投票。还要注意的是，分数不会被累加，两个+1 并不会等于+2。因此具有决定投票权+2 和-2 的权限需要额外设置赋予项目管理者、核心开发人员等。这五个分数的官方解释为：

- -2：禁止提交。
- -1：建议不要提交。
- 0：没有意见。
- +1：投票可以提交，但需要其他人审核。
- +2：准许提交。

表 4-2 用户组的定义

用户组类型	用户组名	说明
系统用户组	Anonymous Users	所有用户都属于这个组，所有用户都能继承此组的访问权限
	Change Owner	即 Change 所有者，在 Change 范围内权限有限
	Project Owners	被设置项目引用命名空间 refs/* Owner 权限的组会成为该项目的所有者，一般能直接批准审查合并代码
	Registered Users	所有在 Gerrit 上注册的用户都会自动成为该组成员，通常允许给需要审查的代码投票，但不会引起审查被批准和拒绝
预定义用户组	Administrators	可以管理所有 Gerrit 项目，但不意味着有代码审查提交权限
	Non-Interactive Users	该组成员仅能通过 Gerrit 接口进行操作，但被禁止在 webUI 交互操作

本书不赘述 Gerrit 使用的方方面面，仅通过一个典型场景的介绍说明主要使用方法，希望读者能在云运维工作中具体实践。由 gerritadmin 单击“Create New”按钮创建新的 Git 仓库 cloudagileops。假设有两个用户 JamesWang 和 XavierHou，前者提交代码，后者审阅，还有两个自定义的用户组 Developer 和 PO，用户和相关用户组的说明和对应关系见表 4-3。JamesWang 进行开发工作前，需要先将仓库克隆到本地，请注意克隆之前需要先把自己的 public key 导入 Gerrit 设置的 SSH key 中。

```
$ git clone ssh://JamesWang@[hostname]:29418/cloudagileops cloudagileops
```

表 4-3 用户组及对应权限

用户组	包含用户	说明
PO	XavierHou	对引用空间 refs/heads/*拥有 Label-Code-Review -2.+2 的权限 对引用空间 refs/heads/*拥有直接 Push 的权限
Developer	JamesWang，XavierHou	对引用空间 refs/heads/*拥有 Label-Code-Review -1.+1 的权限
Change Owner		对引用空间 refs/heads/*拥有 Submit 权限
Registered User		对引用空间 refs/heads/*的 Push 权限被 Block

接下来是很关键的一步，开发者要将 Gerrit 预定义的 commit-msg 钩子脚本复制到本

机项目下，commit-msg 钩子脚本会在 git-commit 时被触发，自动计算唯一的 Change-Id 值附加在该提交的批注中。Change-Id 是为了让 Gerrit 关联同一个提交的多个不同版本用于审阅，Gerrit 的每个提交都包含不同的 Change-Id。

```
$ scp -p -P 29418 JamesWang@[hostname]:hooks/commit-msg cloudagileops/.git/hooks/
$ chmod u+x .git/hooks/commit-msg
```

然后就可以像在一般的 Git 本地仓库那样开展开发工作，当用 git-commit 提交代码更新后，查看 git log，你会发现提交批注后多了一行“Chang-Id：…”：

```
$ git commit -m ' Modify Jenkinsfile'
$ git log
commit 2084e1fc5551a60020f833b64181b60356ce1c8a (HEAD -> master)
Author: James Wang <…@…>
Date:   Mon Apr 22 08:25:39 2019 +0000

    Modify Jenkinsfile

    Change-Id: I0770bdbd4ef50b863bbcfd6be8e4bb12615f89d4
```

最后，JamesWang 用 git push 将更新推送到 Gerrit 服务器，要注意的是，Gerrit 用 Reference 的形式指明推送需要经过代码评审而不是直接合并到中心 Git 仓库，如 refs/for/master 说明推送的目标分支为 master 分支且推送时需要代码评审。你可以简单理解为 Gerrit 创建了一个临时仓库用于提交要审核的代码改动，这个临时仓库与中心仓库间存在同步机制，它的分支名为中心仓库分支名加 refs/for/前缀。

```
$ git push origin HEAD:refs/for/master
Counting objects: 3, done.
Delta compression using up to 8 threads.
Compressing objects: 100% (3/3), done.
Writing objects: 100% (3/3), 429 bytes | 429.00 KiB/s, done.
Total 3 (delta 1), reused 0 (delta 0)
remote: Resolving deltas: 100% (1/1)
remote: Processing changes: refs: 1, new: 1, done
remote:
remote: SUCCESS
remote:
remote: New Changes:
remote: http://[hostname]:29418/c/cloudagileops/+/1011 Modify Jenkinsfile
To ssh://[hostname]:29418/cloudagileops
 * [new branch]      HEAD -> refs/for/master
```

git push 也可以不经过代码评审而直接推送到 Git 仓库，只需不添加 refs/for/master 即可。但这显然在真实的项目开发中不太合理，正常的项目管理一般都希望所有提交都经过多人审核后再并入中心仓库，可以通过修改项目的权限设置禁止直接推送：1）进入项目的 Access 设置表单；2）添加相应的 reference；3）选择用户组；4）设置权限——Allow、Deny 或者 Block。如图 4-20 所示，针对所有 Gerrit 注册用户（属于 Registered User 用户组），均禁止了直接 Push 到任何分支（refs/heads/*）的权限，注意，如果同一个用户存在于两个不同的用户组，对同一引用空间 Allow 可以覆盖 Block，如本例中的 XavierHou 属于 Registered User 和 PO 两个组，虽然 Registered User 组被禁止直接 Push，但 PO 组的直接 Push 权限为 Allow，因此 XavierHou 依然可以直接 Push 到中心仓库。如果仅希望禁止 master 分支的 Push 权限，可以将 Reference 设置为“refs/heads/master”。

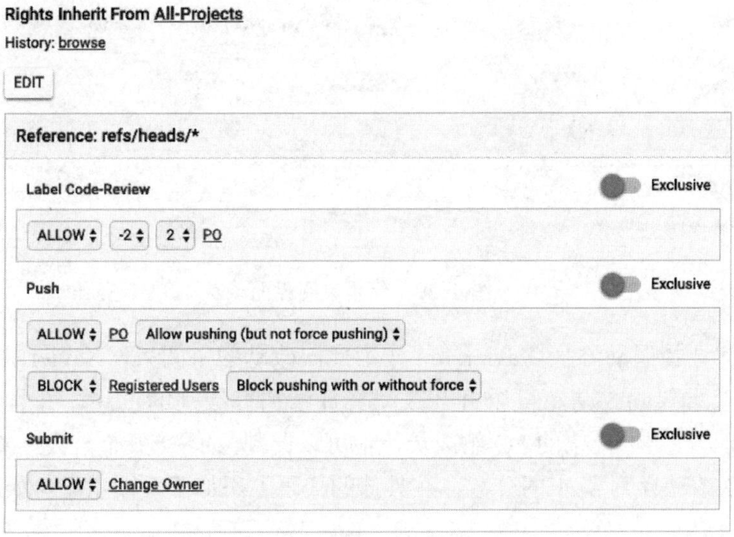

图 4-20　项目的权限设置

这样，当 JamesWang 尝试直接推送到 Git 中心仓库时，就会报错：

```
$ git push
… …
! [remote rejected] master -> master (prohibited by Gerrit: not permitted: update)
error: failed to push some refs to 'ssh://gerritadmin@[hostname]:29418/cloudagileops'
```

代码改动推送到 Gerrit 进行审核后，git push 命令返回输出中含有代码审阅的网址，打开网页即能看到类似图 4-21 所示的代码审阅界面。其他项目合作者可以通过打开此界面审阅代码改动，JamesWang 也能主动执行以下操作。

- ADD REVIEWER 选择审阅者，添加的审阅者会接收到邮件通知。
- 单击文件查看变更后的文件与当前文件行级别的代码比较。

● 添加行级别的代码批注，方便与审阅者沟通解释。

图 4-21　代码审阅界面

JamesWang 选择手动添加 XavierHou 作为此次改动的审阅人，XavierHou 收到审阅请求后打开网页查看代码改动，可以打开改动文件添加行级别的批注，并且给总体打分。XavierHou 是拥有决定性投票的 PO 组成员，他可以评判-2～+2 五个分数。XavierHou 在审阅后，针对此次改动评判了-1 的分数，在具体的代码上添加了反馈意见，如图 4-22 所示。

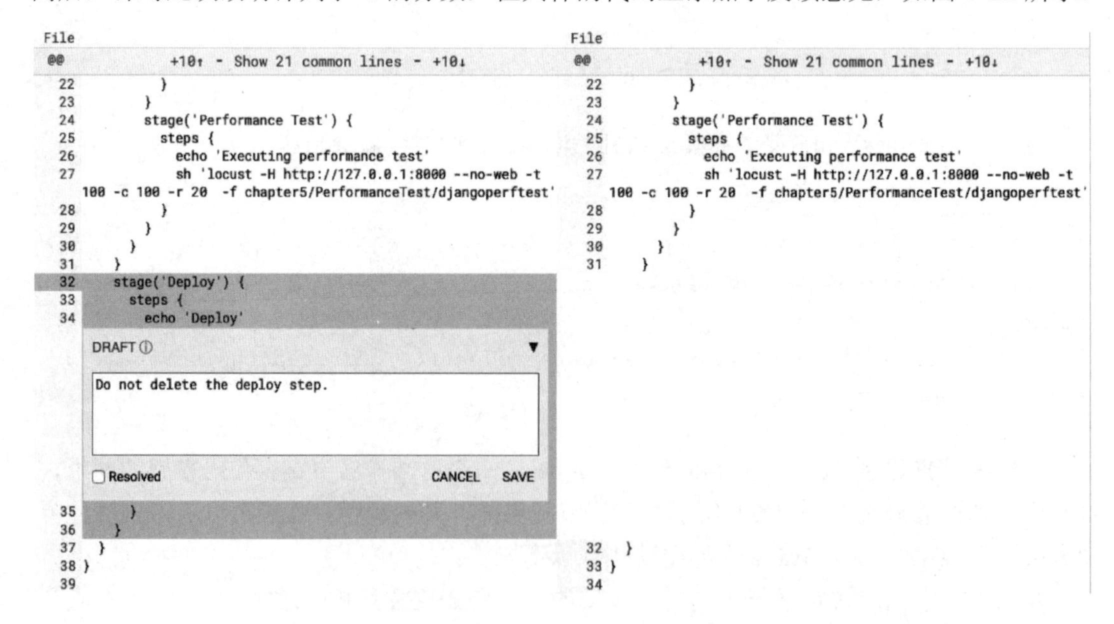

图 4-22　审阅者添加反馈

JamesWang 收到反馈后，按照反馈意见更改了代码，按照下面流程基于同一个 Change-Id 重新提交了一个 Patch Set。注意，这次 git commit 时使用了--amend 参数。

```
# Checkout 第一次提交，具体命令单击 DOWNLOAD 获得
$ git fetch "ssh://JamesWang@[hostname]:29418/cloudagileops" refs/changes/11/1011/1 && git checkout FETCH_HEAD
# 更改你的代码
...
$ git add …
$ git commit --amend
$ git push origin HEAD:refs/for/master
```

XavierHou 重新打开网页就能看到新上传的 Patch Set 2。XavierHou 认为此次改动符合规范，投了+2，此次改动可以被并入。前文说明了这个项目仅允许 Change Owner 组 Submit，本例中也就是只有 JamesWang 能最终触发并入中心仓库的操作。当 JamesWang 收到 XavierHou +2 的评分后，再次刷新该页面，就能看到右上角的“Submit”按钮，单击它即能成功将此次改动并入中心仓库。

4.2.2　Gerrit 与 Jenkins 集成

在软件开发过程中，人工代码审核更多的是代码的规范性，虽然也能发现一部分功能问题，但无法完全捕捉到代码改动对于全产品的功能或性能的影响。在代码尚未并入中心仓库的开发阶段就执行一些测试案例，都是非常好的软件工程实践， Gerrit 代码审阅为此提供了良好的时机。新的代码进入 Gerrit 进行人工审核的同时，我们希望编译新代码并启动自动化代码规范检查和一定范围的测试案例对软件功能进行测试，通过测试结果有理有据地验证代码改动对现有功能是否有负面影响，这样能发现人工审核中难以发现的问题，进一步确保代码改动的正确性。这其实也就是持续集成的理念。

利用 Jenkins 插件 Gerrit Trigger 可以轻松地将 Gerrit 的代码审阅与 Jenkins 的自动组织执行测试有机结合起来，为软件产品的持续集成提供了简单有效的解决方案，有助于及早发现代码问题。大致流程是：新的代码推送到达 Gerrit 审阅平台时会自动触发 Jenkins Job 编译测试新代码，反过来，Jenkins Job 会根据测试结果为 Gerrit 中此次代码提交打分。现在我们就看看如何搭建这套解决方案。

步骤 1：需要在 Gerrit 设置自动化测试的核准条件，也就是说，代码审核通过除了要满足人工打分+2 的条件外，还需要通过自动化测试。Gerrit 默认仅设立了人工审核的验证，实际上，Gerrit 为自动化测试也提供了相应的验证条件，但需要额外的操作使能自动化验证的步骤，具体是先以 gerritadmin 用户将 All-Projects 项目克隆到本地，打开管控项目权限的文件 project.config，你可以看到其中包含下面的有关人工审核 Code-Review 标签的配置信息：

```
[label "Code-Review"]
      function = MaxWithBlock
      defaultValue = 0
      copyMinScore = true
      copyAllScoresOnTrivialRebase = true
      value = -2 This shall not be merged
      value = -1 I would prefer this is not merged as is
      value = 0 No score
      value = +1 Looks good to me, but someone else must approve
      value = +2 Looks good to me, approved
```

手工添加“Verified”标签：

```
[label "Verified"]
      function = MaxWithBlock
      value = -1 Fails
      value = 0 No score
      value = +1 Verified
```

提交代码并用命令 git push origin HEAD:refs/meta/config 将其推送到 All-Projects 仓库的 refs/meta/config 引用命名空间。接着再次打开 All-Projects 的全局权限设置界面，就能看到“Label Verified”选项。除对引用 refs/heads/*为 Non-Interactive Users 增加-1、+1 权限外，Gerrit Trigger 插件还需要依赖其他的权限设置，具体权限设置见表 4-4。

表 4-4 Gerrit 中有关 Jenkins 的权限设置

引用命名空间	包含 jenkins 的用户组	权 限	说 明
refs/heads/*	Non-Interactive Users	Label Verified — +1, -1	使 Jenkins 能设置 Verified 结果
refs/*	Non-Interactive Users	Read——允许	使 Jenkins 能获取到 Gerrit 中仓库的变动
Global Capabilities	Event Streaming Users（新创建）	Stream Events——允许	使 Jenkins 的 Gerrit Tigger 可以持久地连接 Gerrit

步骤 2：在 Gerrit 中为 Jenkins 添加专有用户。由于我们搭建了 PhpLdapAdmin 用于管理 Gerrit 用户，直接打开 PhpLdapAdmin 主页，按 4.1.1 小节中所述步骤添加新的用户，这里我们为新用户命名 jenkins。用户创建完成后，用新用户登录 Gerrit，并将其在 Jenkins 服务器的 SSH Public Key 复制粘贴到 Gerrit 用户设置的 SSH Key 栏目中。之后用 gerritadmin 登录 Gerrit，将用户 jenkins 添加到 Non-Interactive 用户组和新创建的 Event Streaming Users 用户组。

步骤 3：登录 Jenkins 主页，安装并配置 Gerrit Trigger 插件。安装成功并重启 Jenkins 使其生效后，通过“Manage Jenkins”进入 Gerrit Trigger 管理页面配置 Gerrit 连接，如图 4-23 所示。注意，Gerrit Trigger 插件和 Gerrit 之间依靠 JSch 建立连接，JSch 只识别 OpenSSH 格式的私钥。如果是其他格式的私钥，建立连接时会报错“Connection error : com.jcraft.jsch.JSchException: invalid privatekey”，可以通过 puttygen 将其转换成 OpenSSH

格式，再保存成文件填在 SSH Keyfile 输入框。关于利用 puttygen 转换私钥格式的步骤可具体参考 puttygen 官方文档[13]。配置好 Gerrit 服务器后单击“Test Connection”按钮测试 Gerrit 和 Jenkins 的连接。此外，还需要设置 Gerrit 汇报分数表单，也就是当 Gerrit Trigger 启动的后续 Jenkins Job 成功或失败时，为此次 Gerrit 审阅标记的分数，如图 4-24 所示，默认当 Jenkins Job 失败时，Code-Review 和 Verified 均被 jenkins 标记为-1；成功时仅 Verified 标记为+1，Verified 获得+1 的分数是代码被并入的必要条件。

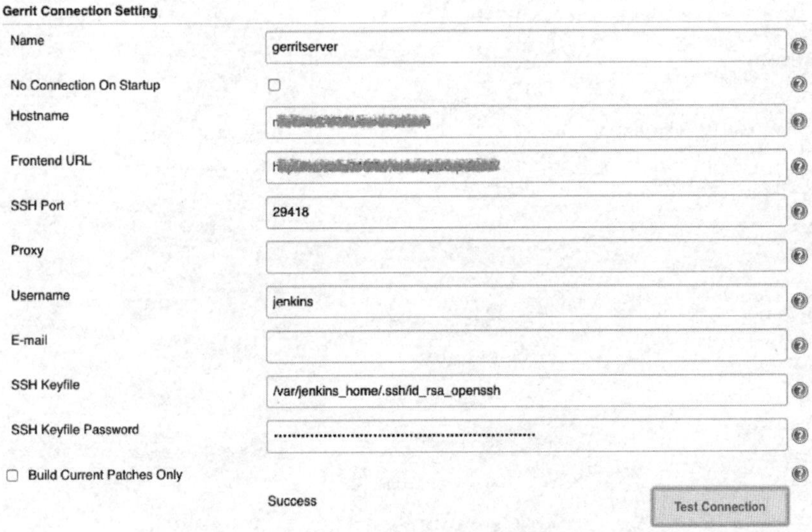

Gerrit Connection Setting
Name　gerritserver
No Connection On Startup
Hostname
Frontend URL
SSH Port　29418
Proxy
Username　jenkins
E-mail
SSH Keyfile　/var/jenkins_home/.ssh/id_rsa_openssh
SSH Keyfile Password
Build Current Patches Only
Success　Test Connection

图 4-23　为 Jenkins 添加 Gerrit 服务连接

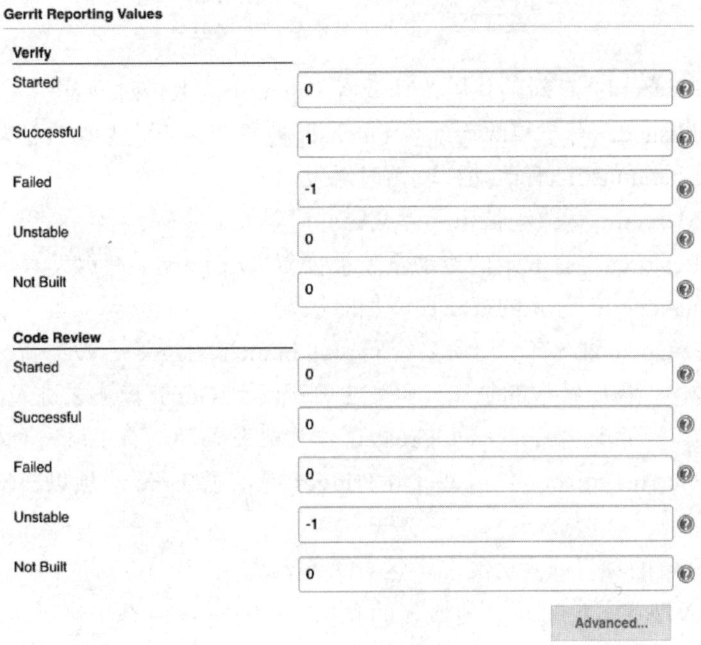

Gerrit Reporting Values
Verify
Started　0
Successful　1
Failed　-1
Unstable　0
Not Built　0
Code Review
Started　0
Successful　0
Failed　0
Unstable　-1
Not Built　0
Advanced...

图 4-24　Gerrit Report 设置

步骤 4：为 Jenkins Job 配置 Gerrit 触发条件。这里我们新建一个名为 gerrit_trigger_test_demo 的 Job，该 Job 仅作为演示如何被 Gerrit 触发以及触发后 Job 的运行状态，并不做真实的测试。如图 4-25 所示，在 Job 配置界面选择 Gerrit Event 作为 Build Trigger，再由 Trigger on 设置确切的 Gerrit 触发时机，触发时机选项主要有以下几项。

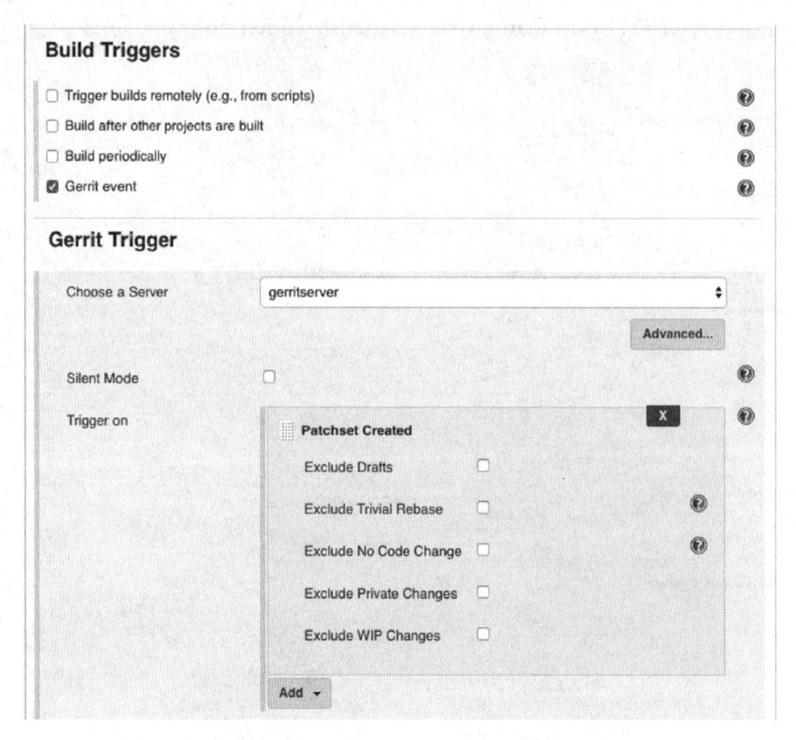

图 4-25　为 Job 配置 Gerrit Trigger

- Patchset Created：有新的代码改动或者 Patchset 被上传时触发。
- Draft Published：有草稿改动或者 Patchset 被发布为正式改动时触发。
- Change Abandoned：有改动被取消时触发。
- Change Merged：有改动被正式提交合并时触发。
- Change Restored：有取消的改动重新被恢复（restored）时触发。
- Comment Added：有新的批注被添加时触发。
- Reference Updated：有引用命名空间（如 branch、tag 等）被更新时触发。

在持续集成中，我们希望的是在代码变更刚提交到 Gerrit 但还未进入中心仓库时启动验证测试，因此，一般选择 Patchset Created 作为触发条件。有了触发时机，还需要选择 Jenkins 追踪的 Gerrit Project 内容，Gerrit Trigger 提供了 Type 选项以不同的方式指定项目名和分支：

- Plain：完整的项目或者分支名，区分大小写。
- Path：ANT-style 匹配。
- RegExp：正则表达式匹配。

此外，还可以通过 Topic 选项指定追踪的具体文件名或者文件格式。例如，添加 Type 为 Path 和 Pattern 为**/lib/**的 Topic 可以使 Job 仅在项目 lib 文件夹下的文件发生变动时被触发。当然，Jenkins 也提供了更灵活可靠的配置文件方式指定追踪内容，你可以勾选 Dynamic Trigger Configuration 指定配置文件。

步骤 5：为 Jenkins Job 配置 Git 仓库下载 Gerrit 中新提交的代码。Jenkins Job 被 Gerrit 中新代码提交触发后，Jenkins 需要将包括本次改动在内的仓库代码下载到本机，为后续的构建、测试做准备。这一步依赖于 Jenkins Git 插件，如果没有此插件，请先前往 Jenkins 插件中心安装。Git 的配置表单需要填入 Gerrit 仓库地址、分支名以及构建目标策略等，如图 4-26 所示。构建目标策略是由选择的其他插件定义的，它决定了基于何种代码状态去构建 Jenkins Job，这里我们选择了 Gerrit Trigger 的策略。一旦选择了 Gerrit Trigger，就可以使用由它预定义的一些环境变量去指定下载代码的状态。例如，本例中的 Refspec 被写为$GERRIT_REFSPEC，git push 新的代码到 Gerrit 会创建一个在 refs/changes/namespace 下的引用，$GERRIT_REFSPEC 就等于这个引用，这说明了当 Job 触发后 Jenkins 会去 Gerrit 抓取此次代码更新的状态并且下载到本地用于构建。Gerrit Trigger 定义的主要环境变量及解释见表 4-5。

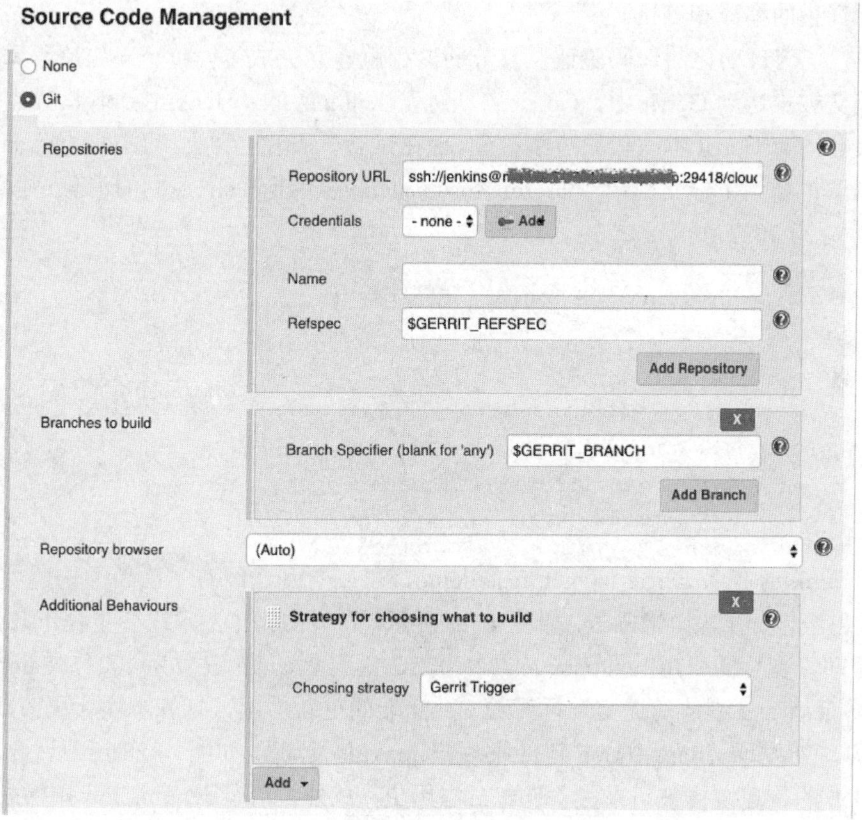

图 4-26 配置 Gerrit 中 Git 项目仓库

表 4-5　Gerrit Trigger 定义的环境变量

环境变量名	说　明	环境变量名	说　明
GERRIT_BRANCH	代码改动发生的分支名	GERRIT_SUBMITTER	任何引用更新操作的提交者名字及邮箱
GERRIT_REFSPEC	本次代码改动的 refs/changes/*引用	GERRIT_PROJECT	提交的目标项目名
GERRIT_CHANGE_ID	本次改动的 Change-Id	GERRIT_CHANGE_SUBJECT	提交的批注主题，也就是批注的第一行
GERRIT_CHANGE_NUMBER	本次改动的 Change 编号	GERRIT_CHANGE_COMMIT_MESSAGE	提交的批注
GERRIT_CHANGE_URL	指向本次改动的 URL	GERRIT_PATCHSET_NUMBER	提交的 Patchset 编号
GERRIT_CHANGE_OWNER	本次改动的 Owner 名字及他的邮箱	GERRIT_PATCHSET_UPLOADER	提交的 Patchset Owner 名字及邮箱
GERRIT_CHANGE_OWNER_NAME	本次改动的 Owner 名字	GERRIT_TOPIC	提交的 Topic 名
GERRIT_CHANGE_OWNER_EMAIL	本次改动的 Owner 的邮箱	GERRIT_NAME	Jenkins 上所设置的 Gerrit Server 名字

步骤 6：为 Jenkins Job 创建执行所需操作。一般来说，我们希望利用 Jenkins 帮助自动化审查代码的变更对于当前软件功能没有带来负面影响，因此，构建的操作通常是基于变更后的代码编译产品并执行相关测试。本例作为演示构建步骤仅简单打印出一些文字，并未执行真正的编译和测试。

这样，一套自动化的代码验证及打分的流程就建立完成了，整个工作流程重述为：新的代码提交被推送到 Gerrit 中，Gerrit 自动触发 Jenkins Job，Jenkins Job 执行完毕后根据执行结果自动为 Gerrit 本次代码审阅打分。现在试验一下我们刚刚介绍的例子，JamesWang 将代码改动推送到主分支引用空间 refs/for/master，从 git push 返回的消息可以看出本次 Change 编号为 1022：

```
$ git push origin HEAD:refs/for/master
...
...
remote: http://[hostname]:29418/c/cloudagileops/+/1022 Updated for triggering the jobs on jenkins
To ssh://[hostname]:29418/cloudagileops
 * [new branch]      HEAD -> refs/for/master
```

打开 Jenkins 任务 gerrit_trigger_test_demo，可以看到已经有一次新的构建（构建编号 19）执行完毕，查看其构建日志，如图 4-27 所示，发现 Gerrit 上本次变更被下载到 Jenkins 的工作空间，变更的引用 refs/changes/22/1022/2 说明 Change 编号为 1022，Patchset 为 2，这正是 JamesWang 刚才的提交。再看看 Gerrit 端的更新情况，打开本次代码改动的 Gerrit Web 界面，能发现 Change Log 已经被用户 jenkins 更新，如图 4-28 所示，由它触发的 Jenkins Job 的构建链接被记录在 Gerrit 日志历史，此外，由于 Jenkins Job 执行成功，代码评审 Verified 分数被自动更新为+1。之后，如果有其他审阅者给予人工审核+2 的分数后，该代码更新就能被正式提交并入中心仓库。

Jenkins › gerrit_trigger_test_demo › #19

Console Output

```
Triggered by Gerrit: http:///c/cloudagileops/+/1022
Building in workspace /var/jenkins_home/workspace/gerrit_trigger_test_demo
No credentials specified
 > git rev-parse --is-inside-work-tree # timeout=10
Fetching changes from the remote Git repository
 > git config remote.origin.url ssh://jenkins@:29418/cloudagileops #
timeout=10
Fetching upstream changes from ssh://jenkins@:29418/cloudagileops
 > git --version # timeout=10
 > git fetch --tags --force --progress ssh://jenkins@
:29418/cloudagileops refs/changes/22/1022/2
 > git rev-parse 72935544d78cc10d61023c672dacf15c9409b7a8^{commit} # timeout=10
Checking out Revision 72935544d78cc10d61023c672dacf15c9409b7a8 (refs/changes/22/1022/2)
 > git config core.sparsecheckout # timeout=10
 > git checkout -f 72935544d78cc10d61023c672dacf15c9409b7a8
Commit message: "Updated for triggering the jobs on jenkins"
 > git rev-parse FETCH_HEAD^{commit} # timeout=10
 > git rev-list --no-walk 71ae74a64081436e8ab721ea3c23a32643531c8e # timeout=10
[gerrit_trigger_test_demo] $ /bin/sh -xe /tmp/jenkins6392329473351932418.sh
+ echo Trigger
Trigger
+ echo master
```

图 4-27 Gerrit 自动触发的 Jenkins Job 日志

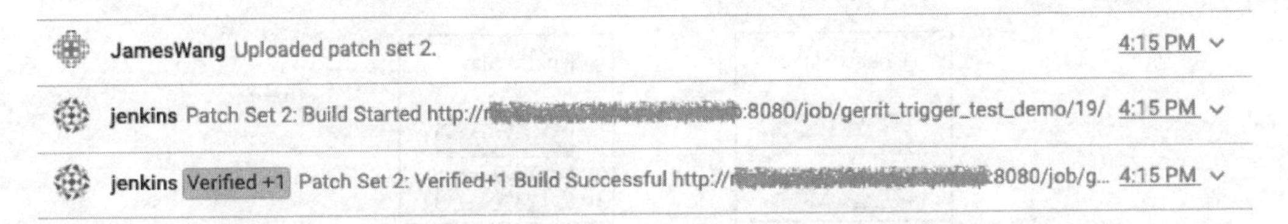

图 4-28 Jenkins 为 Gerrit 代码审阅打分

4.3 更健全的 Jenkins 系统及维护实践

Jenkins 在自动化测试的流程优化和持续集成中发挥了重要作用，本节将通过介绍 Jenkins 的分布式构建方法、任务调度、用户管理、安全选项等其他方面帮助读者在实际项目中能更好地应用 Jenkins，提高 Jenkins 作为系统平台在软件业务管理中的便利性、安全性及稳定性。

4.3.1 Jenkins 分布式节点的构建

实际商业软件项目中，如果软件产品需要支持多平台，那么产品的构建、部署或者测试就要在不同的平台（操作系统）节点上执行；如果项目庞大，开发者众多，某些时间点不同开发人员可能会同时提交新的代码，计算资源需要有承受大量持续集成测试的能力，那么就需要测试负载均衡分布在不同的节点上。这都说明了构建分布式 Jenkins 系统的现实必要性。

本章前文详细介绍了如何安装容器化的单点 Jenkins 服务器，本节将说明在现有单点 Jenkins 服务器基础上，如何添加容器化的 Jenkins 节点，快速搭建完整的 Jenkins 分布式系统。在这样的分布式 Jenkins 系统中，单点 Jenkins 服务器被称为主（master）节点，添加的其他 Jenkins 节点被称为从（slave）节点或伺服（agent）节点。主节点在现实中一般不会执行具体的任务构建，除非项目非常微小，需要 Jenkins 流程化的任务不多，主节点主要负责：

- 接受构建触发信号。
- 发送通知，如给相应人员发送构建结果通知邮件。
- 与 agent 节点交互，构建任务的调配。

在任务构建开始后，实际的执行步骤发生在 agent 节点上。Jenkins 分布式系统的交互过程可表示为图 4-29 所示。

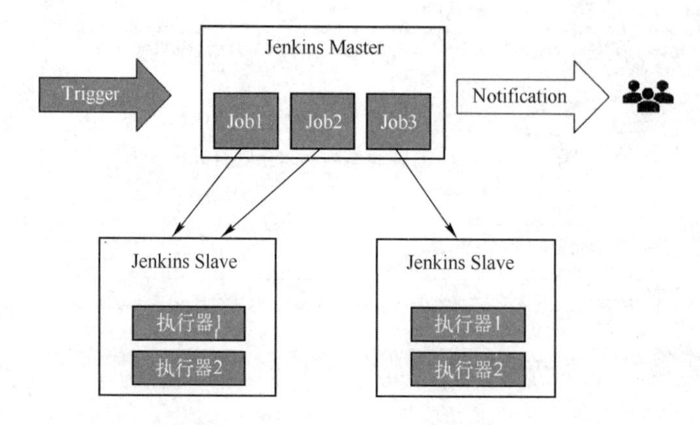

图 4-29　Jenkins 分布式系统的交互方式

agent 节点和主节点的底层通信主要通过以上 SSH、Jave Web Start 和 Windows Service 三种协议完成，而在应用层面，agent 可以以不同的策略与主节点连接，不同连接策略的主要区别在于以下两方面：

- 静态和动态类型。agent 和主节点最简单直接的连接方式是建立持久化的静态连接，劣势是如果需要为任务新增或改变节点，需要手动添加或修改 agent 标签。而动态连接则会在任务开始前在现有资源上动态地启动 agent 服务创建节点，任务结束即销毁节点，结合容器方式创造动态节点将大大提升灵活性。
- 特殊和通用用途。节点可以配置为特定环境为特定任务所用。例如，为测试产品在 Windows 平台的表现，需要配置预装了 Windows 操作系统的节点，而为测试产品在 Linux 平台的表现，需要预装 Linux 操作系统的节点；一般用途的节点对操作环境、预装软件没有特殊要求，如仅仅作为 Docker 主机的节点在构建 pipeline 时会动态根据需求以独立容器形式运行预定义的环境，而 Docker 主机本身并不需要额外的软件或服务。

根据所使用连接策略的不同，Jenkins 支持 4 种形式的 agent 节点。

（1）固定节点

这是 Jenkins 最早支持的简单传统的节点形式，一旦创建，agent 节点就保存在资源池中，需要使用时仅需在相应的任务配置中选择相应节点标签即可。进入 Jenkins 主页，依次单击 Manage Jenkins、Manage Nodes、New Node，选择 Permanent Agent 选项，并填写节点名，如图 4-30 所示。单击“OK”按钮进入节点配置界面，配置表单如图 4-31 所示，表单的主要参数选项描述如下。

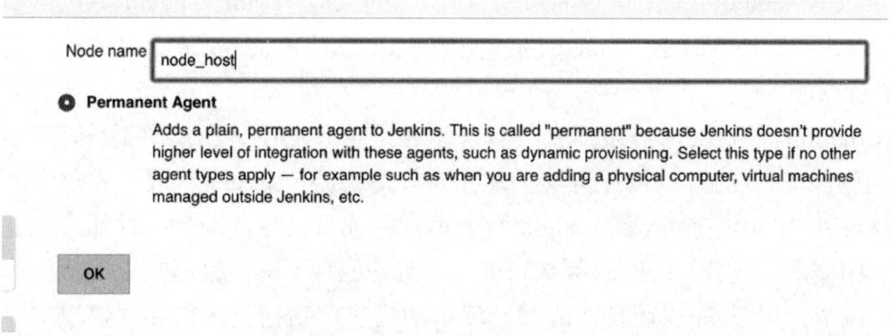

图 4-30　为新 Jenkins 固定节点命名

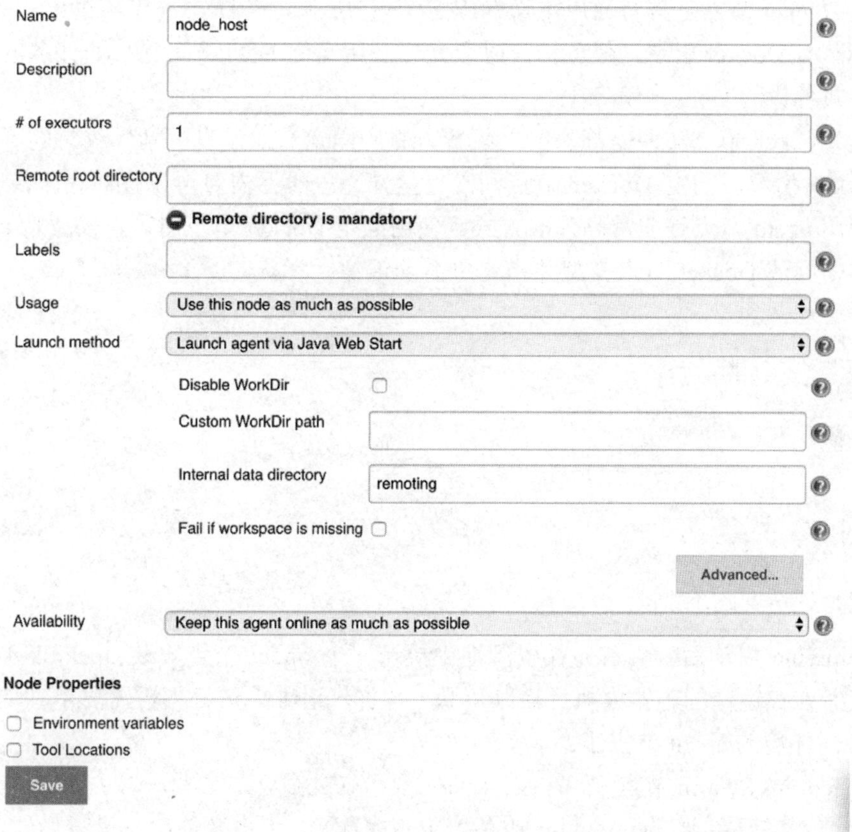

图 4-31　Jenkins 固定节点配置表单

- # of executors：定义此节点上可以并行执行的构建数。

- Label：节点标签，它可以被用作匹配构建时任务所设的标签。例如，本节点设置的java8和production两个标签，当某次构建设置运行环境标签为Java 8时，构建会发生在此节点上。
- Usage：此选项定义节点可以用于任何构建还是仅能用于指定构建。
- Launch method：定义节点的启动方式。这里选择Launch agent via Java Web Start的方式，这种方式会在agent节点下载JAR包，在agent节点上运行特定指令连接主节点。
- Availability：定义节点是需要一直开启还是主节点在某些情况下关停它。

固定节点以标签的方式被任务的构建指定，这需要Jenkins管理者为每个固定节点都维护一套标签。比如你有Java、Python两个不同的项目，并且每个项目都可能在测试环境和生产环境中构建，这样，Jenkins系统可能需要维护四种不同标签集的agent节点。如“java，test”表示该节点用于Java项目在测试环境中的构建。当构建环境和项目众多时，维护繁多的标签将会带来额外的工作量。

（2）固定Docker节点

固定Docker节点是具有通用用途的固定节点，所有固定Dcoker节点的配置方式一致。节点上都装有Docker引擎，任务构建时会先安装所需的Docker镜像，而任务的实际执行发生在各式各样的Docker镜像中。

固定Docker节点类型是静态的，配置方式和固定节点没有区别，仅有的不同是需要安装Docker引擎。固定Docker节点间没有差异，一般不需要再设置标签。借助Docker灵活地使用agent节点是非常高效的方式。使用固定Docker节点时，只需要在pipeline的定义脚本中标注Docker节点类型并指定所需的镜像：

```
pipeline {
    agent {
        docker {
            image 'openjdk:8-jdk-alpine'
        }
    }
    ...
}
```

当pipeline启动后，会首先在资源池中挑选一个agent节点安装openjdk:8-jdk-alpine镜像，接着在该镜像的容器内执行后续步骤。这样，运维人员就不再需要单独地为每个项目配置不同环境的agent节点了。

（3）Jenkins Swarm节点

固定节点需要在主节点Jenkins服务器上事先配置，大多数情况下这种做法没有问题，但如果项目需要频繁进行节点扩容或缩容，每次都需要登入主节点进行agent的配置就会显得非常麻烦。Jenkins Swarm允许运维人员在agent节点主机动态地配置新节点，而不需要事先在主节点上配置。

Jenkins Swarm 节点的配置仅需以下三步：

1）依赖于 Self-Organizing Swarm Plug-in Modules 插件，如果 Jenkins 尚未安装该插件则需要首先进入 Jenkins 插件中心进行安装。

2）到 https://repo.jenkins-ci.org/releases/org/jenkins-ci/plugins/swarm-client/下载 Jenkins Swarm Slave 应用安装包。

3）在可能用于搭建 agent 节点的主机上安装 Jenkins Swarm Slave 应用，安装命令很简单：

```
    $ java -jar path/to/swarm-client.jar -master [jenkins_master_url]
-username [jenkins_master_name] -password [jenkins_master_password] -name
[jenkins_node_name]
```

Jenkins Swarm 节点也可以分为特定功能和基于 Docker 的通用功能的两种类型。Jenkins Swarm 除了将添加 agent 节点的操作从主机移到了 agent 节点所在机器上，还能方便地搭建能动态扩容的 agent 集群。

（4）动态 Docker 节点

动态 Docker 节点实际是建立在标准 agent 机制上的抽象层，它既没有改变主节点和 agent 节点的通信方式，也没有改变 agent 的启动方式。动态 Docker agent 和主机的结构如图 4-32 所示，下面一步步地讲解 Docker agent 的机制。

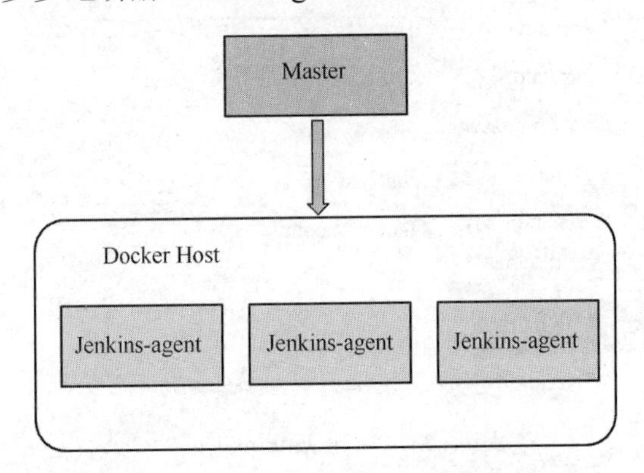

图 4-32　动态 Docker 节点和主节点

1）当任务开始构建时，Jenkins 主节点将会在 Docker 主机上启动一个基于 Jenkins-agent 的镜像。

2）Jenkins-agent 镜像实际仅仅是在 ubunto 镜像的基础上安装了 SSHD 服务。

3）Jenkins 主节点自动将刚刚创建的 docker agent 加在了 agent 列表中。

4）Jenkins 通过 ssh 连接 agent，在其上执行构建任务。

5）构建完成后，Jenkins 主节点停止并且销毁 agent 容器节点。

动态 Docker 节点和固定 Docker 节点的相似之处在于构建任务都运行在重新创建的 docker 容器中，而非物理机上。不同之处在于，动态 Docker 节点将整个 agent 节点打包为容器，而非仅仅将实际的构建环境容器化。这样有两大优势：

第一，自动的 agent 生命周期管理。创建、添加、删除 agent 都是按需进行，容器本身就很轻量，agent 容器即用即删，大大节省了资源，方便了 agent 的配置管理。

第二，可扩展性良好。实际上，docker 主机可以不止图 4-32 所示的一个，可以为 Jenkins 配置 Docker agent 主机集群。一旦需要同时启动的 agent 容器达到一定数量，当前主机容量不够时，可以简单地为 Docker 主机集群添加额外的机器，即插即用，而不需要额外的配置管理。

4.3.2 Jenkins 用户管理

Jenkins 管理员可以通过 Jenkins 界面方便地添加、删除用户，方便多用户在不同维度的权限进行管理。进入 Jenkins 主页，依次单击 Manage Jenkins、Manage Users 到达用户管理页面。

（1）新建用户

单击左侧 Create User 按钮，添加新用户。如图 4-33 所示，填写新建用户表单，输入用户名、密码、邮箱等信息，填完之后，单击 Create User 按钮确定，完成新用户创建。

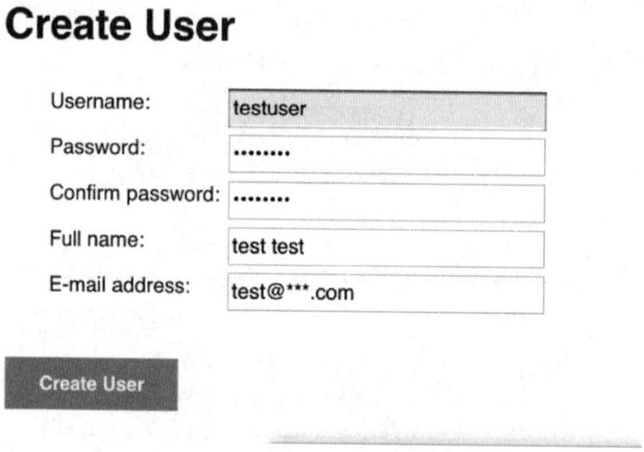

图 4-33　新建 Jenkins 用户

在 Manage User 界面中，我们可以看到自己新创建的用户，如图 4-34 所示，testuser 就是刚刚创建的用户。可以用新创建的用户登录 Jenkins 来测试新账号。

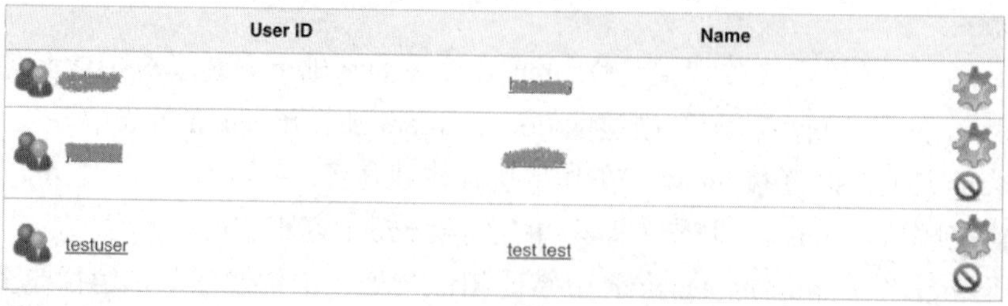

图 4-34　用户列表

（2）修改用户

在用户列表中单击需要修改的用户后面的“齿轮”按钮，即可修改用户的基本信息，如图4-35所示。

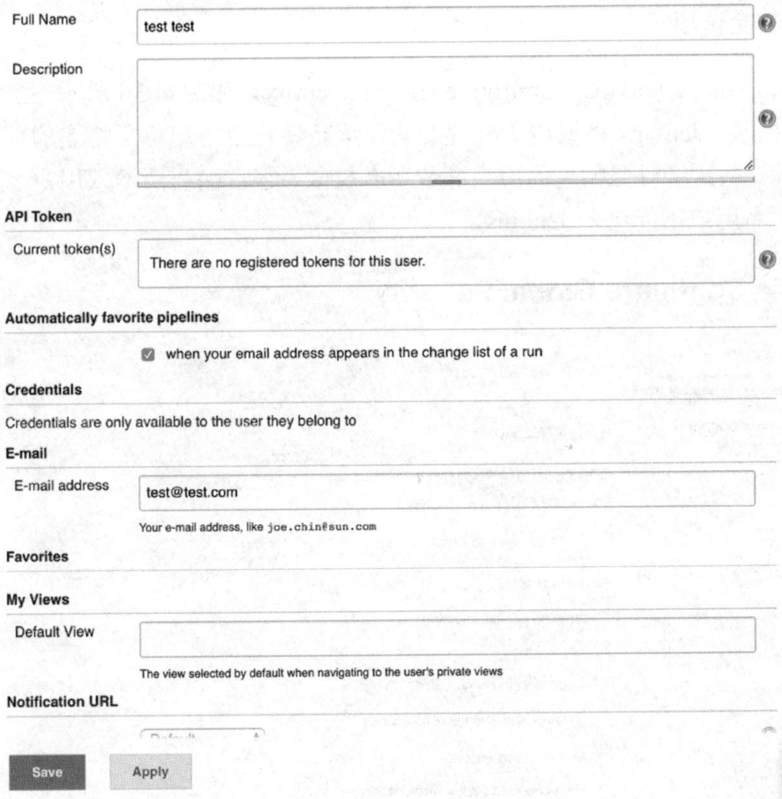

图4-35 修改用户

在修改界面可以修改用户名和密码等，同时能添加用户的描述信息、用户的ssh公钥等，修改完成后单击Save按钮保存当前的修改状态。

（3）删除用户

单击用户列表中相应用户的“删除”按钮即可删除该账户，需要注意的是，当前登录的账号无法删除自己，如果想要删除，需要由其他有管理权限的账户删除才行。

4.3.3 Jenkins安全配置

IT软件或者服务云化之后，开发运维系统有时也会跟随着部署在云上，由于运维系统能对产品服务进行部署、更新、启动等关键性操作，且含有一些关键的数据、日志信息，它的安全性就显得尤为重要，特别是当基础设施为公有云时，需要采用特别的手段对运维系统进行网络隔离等安全配置。Jenkins 平台一般作为运维系统的基础，更加要关注其安全保护，防御无意或恶意的网络攻击。Jenkins 本身提供了一些安全配置选项，如用户控制、CSRF 防御、文件权限等，这在一定程度上提高了整个运维系统的安全性。

实际上，Jenkins 2.0 默认开启了很多安全选项，Jenkins 管理员需要额外的操作将其关闭。本节将介绍 Jenkins 提供的这些安全设置。

1. 使能安全选项

依次进入 Manage Jenkins、Configure Global Security，如图 4-36 所示，当勾选 Enable security 复选框时，Jenkins 将根据所配置的认证策略使特定用户可见特定的部分和操作特定的系统功能。默认将对已创建的用户开放所有权限，客户端需要输入用户名及密码登录 Jenkins，而匿名用户不能进入 Jenkins。

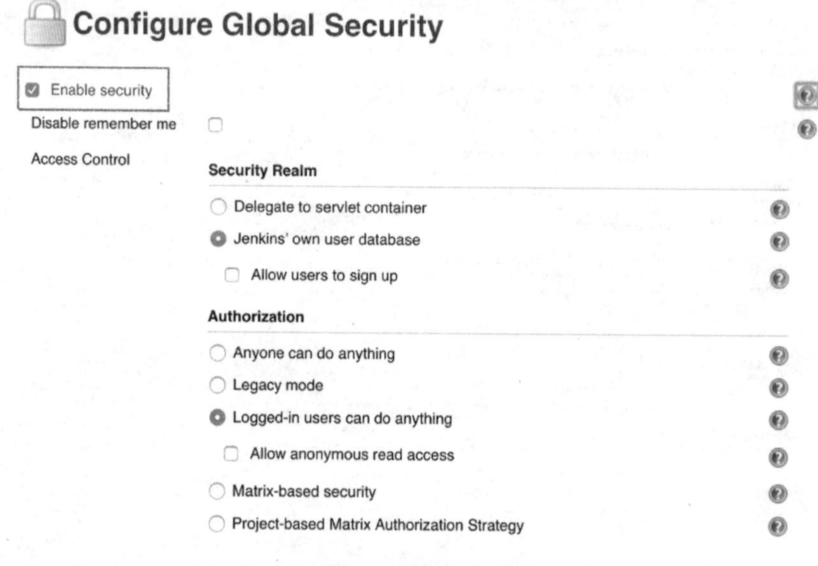

图 4-36 使能安全选项

该安全选项虽在 Jenkins 2.0 版本已默认勾选，但这里需要强调的是，任何非测试 Jenkins 系统都应该保持该安全选项开启。Enable Security 将允许 Jenkins 管理员配置 Jenkins 的安全域、授权信息等全局的安全设置。

2. 安全域设置

当使能安全选项后，可以为 Jenkins 设置安全域，安全域控制用何种方式及在何处储存或获取 Jenkins 用户身份信息，如图 4-36 所示，Jenkins 支持多种不同的安全域。

（1）Servlet 容器代理

有些 web 容器本身已经提供了安全策略，配置了自己的用户数据库。当你的 Jenkins 运行在 Jetty、Tomcat 等服务器上时，为了与这些 web 容器用户数据保持统一，Jenkins 支持直接将它们的现有安全策略（即用户数据）映射到 Jenkins 自己的安全域上，这样就可以非常便利地用 web 容器现有用户登录操作 Jenkins。

配置该选项时，在 Jenkins 端，只需在 web 界面上勾选 Delegate to servlet container 复

选框即可；而在 web 容器端的设置需要参阅具体 servlet 容器文档。

（2）Jenkins 自有用户数据库

这是安全域的默认选项，即使用 Jenkins 内置数据系统存储用户信息，对 Jenkins 授权进行管理。Jenkins 自有数据存储仅适合较小的 Jenkins 系统，当有大量用户时，使用自有用户数据库就不太合适了。

选择 Jenkins' own user database 选项即可设置自有用户数据库安全域。非 Jenkins 用户想要使用 Jenkins 时，必须先告知管理员，管理员通过上节介绍的方法添加新的用户后，才能用该注册用户登录使用 Jenkins。当同时选择 Allow users to sign up 选项时，可以允许任何人自助注册成为 Jenkins 的新用户，这样非 Jenkins 用户在进入 Jenkins 界面后，可以通过单击右上角的“sign up”按钮先注册成为 Jenkins 用户。

（3）LDAP

当安装 Jenkins LDAP plugin 后，Jenkins 就能使用 LDAP 安全域设置。LDAP 现有用户信息将被映射到 Jenkins 安全设置中，不用再单独为 Jenkins 创建新的用户。很多企业都有自己的 LDAP 目录管理用户，此选项可以将企业的员工数据权限直接用在 Jenkins 系统中，非常便利规范，LDAP 端设置办法请参考 LDAP Plugin Wiki。

3. 授权设置

安全域仅决定了 Jenkins 登入权限，而授权设置决定了登入者的具体权限，包含登录者能看到的 Jenkins 信息及能操作的部分。授权信息在 Authorization 下设置，如图 4-36 所示，Jenkins 支持以下几种授权设置。

（1）任何人可做任何事（Anyone can do anything）

选择 Anyone can do anything 选项即选择了该配置。不需要登入 Jenkins，任何人打开 Jenkins 主页都对 Jenkins 具有完全的控制权。这是最开放但安全级别最低的设置，在生产系统中一般不会选择该选项。

（2）遗留模式（Legacy mode）

选择 Legacy mode 选项即进入了遗留模式。遗留模式指仅有 Jenkins 管理员拥有 Jenkins 的完全控制权，其他 Jenkins 用户只有只读权限。在生产系统中也不推荐使用该授权设置。

（3）登录用户可做任何事（Logged-in users can do anything）

选择 Logged-in users can do anything 选项即选择了该设置。用户一旦登入，就拥有 Jenkins 的所有控制权，这是 Jenkins 安全设置的默认选项。根据高级设置，匿名用户可能有只读权限或者没有任何权限。此选项保证了仅有登录用户可操作 Jenkins，从而可追踪审计用户行为。

（4）授权矩阵（Matrix-based security）

选择 Matrix-based security 选项即使用授权矩阵配置更细粒度的权限控制，授权矩阵决定哪些用户或用户组拥有哪些可允许的 Jenkins 操作行为。授权矩阵的表头列出 Jenkins 组件权限类型及对应权限内容，如有全局（Overall）的读（Read）、创建（Create）、删除（Delete）等权限，也有只针对 Jenkins Job 的读、创建、更新等权限。下面的每行为每个用户或用户组设置具体权限，默认有两个特殊行，为所有匿名用户（Anonymous Users）和认证用户（Authenticated Users）设置权限。

如图 4-37 所示，按照该授权矩阵设置，所有匿名用户拥有全局的只读权限，但对特定组件（如 Job、Credential）没有任何权限，因此匿名用户打开 Jenkins 主页时，只能看到非常简单的左选项栏及欢迎页面，看不到任何 Jenkins 已有任务，如图 4-38 所示；已登录的认证用户对 Jenkins 任务具有可读权限；super admin 用户具有全局的控制权限；test user 用户可以读、创建、配置、删除任务。此外，需要注意的是，如果一个用户同时在两个用户组中，那么该用户的权限是该用户本身、两个用户组的权限之叠加。

Authorization

○ Anyone can do anything
○ Legacy mode
○ Logged-in users can do anything
● Matrix-based security

User/group	Overall		Credentials					Gerrit		Agent						Job									Run			View				SCM
	Administer	Read	Create	Delete	ManageDomains	Update	View	ManualTrigger	Retrigger	Build	Configure	Connect	Create	Delete	Disconnect	Build	Cancel	Configure	Create	Delete	Discover	Move	Read	Workspace	Delete	Replay	Update	Configure	Create	Delete	Read	Tag
Anonymous Users	☐	☑	☐	☐	☐	☐	☐	☐	☐	☐	☐	☐	☐	☐	☐	☐	☐	☐	☐	☐	☐	☐	☐	☐	☐	☐	☐	☐	☐	☐	☐	☐
Authenticated Users	☐	☐	☐	☐	☐	☐	☐	☐	☐	☐	☐	☐	☐	☐	☐	☐	☐	☐	☐	☐	☐	☐	☑	☐	☐	☐	☐	☐	☐	☐	☐	☐
super admin	☑	☐	☐	☐	☐	☐	☐	☐	☐	☐	☐	☐	☐	☐	☐	☐	☐	☐	☐	☐	☐	☐	☐	☐	☐	☐	☐	☐	☐	☐	☐	☐
test user	☐	☐	☐	☐	☐	☐	☐	☐	☐	☐	☐	☐	☐	☐	☐	☑	☐	☑	☑	☐	☐	☐	☑	☐	☐	☐	☐	☐	☐	☐	☐	☐

Add user or group...

图 4-37　授权矩阵

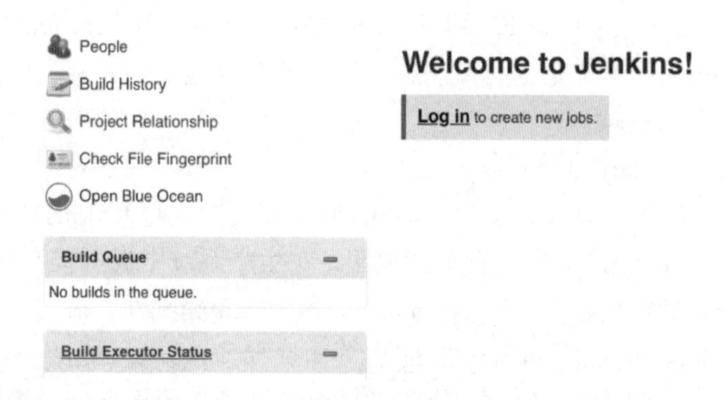

图 4-38　匿名用户所能看到的 Jenkins 主页

除了匿名用户组和认证用户组，Jenkins 默认的自有用户数据库安全域设置是无法对用户分配其他用户组（或用户角色）的，如果要创建用户组并按用户组进行权限设置，需要采用其他安全域设置或者借助 Role-based authorization strategy 插件。

（5）基于任务的授权矩阵（Project-based Matrix Authorization Strategy）

此授权设置是授权矩阵的扩展，除了本身设置的访问控制列表（Access Control Lists，ACL）外，它还可以使能每个 Jenkins Job 单独的授权矩阵，允许特定的用户和用户组访问特定的项目。选择 Project-based Matrix Authorization Strategy 选项后，就可以设置全局的项目授权矩阵，而之后可在每个任务配置界面中针对单个任务设置授权，如图 4-39 所示，在任务配置界面中勾选 Enable project-based security 复选框，为此任务设置授权矩阵，最终的任务权限是全局访问授权与项目内的 ACL 之结合。

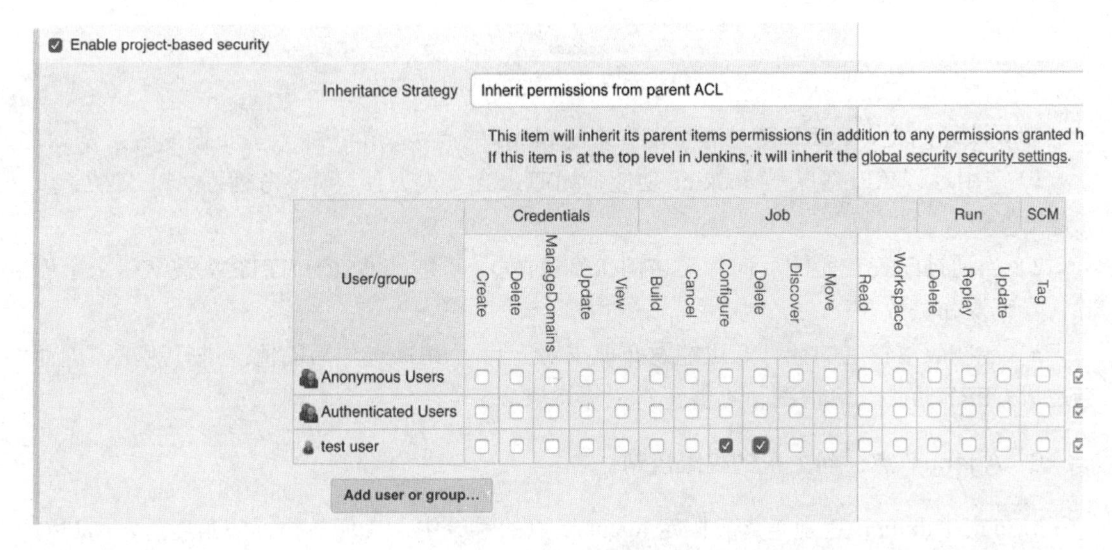

图 4-39　针对单独 Jenkins 任务的授权矩阵设置

4. 格式化标记

在 Jenkins 的任务、系统等配置页面，存在大量的文本字段需要用户输入，用户在这些文本框中可以随意输入字符。这些字符可能包括不安全 HTML 或 JavaScripts 代码，如果它们被 Jenkins 正确翻译执行，对系统会造成严重的破坏。

格式化标记（Markup Formatter）选项能让使用者选择是否正常翻译 HTML 和 JavaScripts 代码：如果选择 Plain Text，则会阻止 HTML 被翻译，而是将其显示为一般的字符，避免了<和&等特殊标签字符被执行为不安全的 HTML；如果选择 Safe HTML，则允许用户在文本字段输入 HTML 片段且会正常翻译为 HTML，但翻译时会忽略 JavaScript 标签<scripts>，以避免潜在的危险。

5. CSRF 防护

跨站请求伪造（Cross Site Request Forgery，CSRF）是一种常见的网络攻击手段，它允许未经授权的第三方伪装成经过身份验证的用户执行当前网络应用。那么在 Jenkins 中，CSRF 攻击可能会恶意删除或执行任务、更改账户、更改系统设置等，对 Jenkins 甚至产品应用造成极大的破坏。

Jenkins 提供了 CSRF 防护选项对系统进行保护，Jenkins 2.0 之后的版本都会默认开启 CSRF 防护选项，如图 4-40 所示，勾选 Prevent Cross Site Request Forgery exploits 复选框即开启了 CSRF 防护。启用该选项后，Jenkins 将在可能更改 Jenkins 系统数据的任何请求

（如表单提交、远程调用 API）上检查 CSRF 令牌。

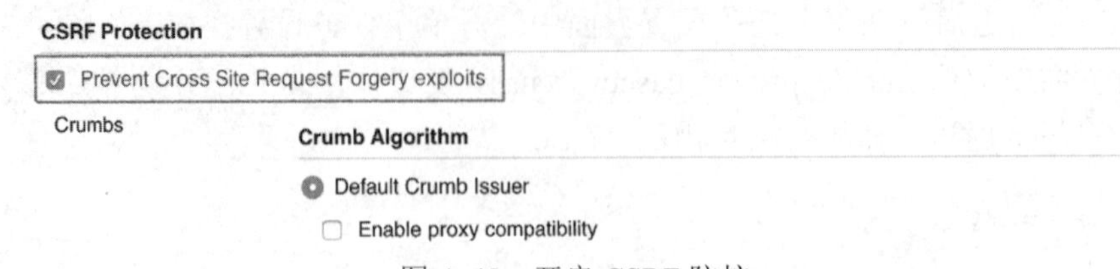

图 4-40　开启 CSRF 防护

需要注意的是，CSRF 防护有可能会对 Jenkins 的高级功能产生一些负面影响，例如：

1）调用远程 API 等某些 Jenkins 功能使用起来会不太方便，请参考远程 API 文档予以了解。

2）当通过配置较差的反向代理访问 Jenkins 时，可能使 CSRF HTTP 头被从请求中删除，导致操作失败。

3）一些版本较老的插件，可能发布前未对开启 CSRF 选项后的情况进行测试，因而会造成 CERF 防护开启情况下不能正常工作。

6. Agent 节点访问主机的权限控制

分布式 Jenkins，特别是含有固定 agent 节点的系统中，从任务执行的角度看，用户对于执行发生在主节点还是 Agent 上不是那么关心，任务被分在多个离散节点上执行，因此主节点和 Agent 可以被看成是“一体”的。在一些非常大型的商业项目的运维工作中，分布式 Jenkins 系统中的 Agent 节点可能由其他组织或者团队提供，管理员在配置这些 Agent 节点时，必然会考虑到由主节点向 Agent 节点数据转移时的安全问题，主节点对所有 Agent 完全的信任模型可能就不合理了。因此，Jenkins 引入了 agent/主机访问权限控制配置选项，在 Jenkins 2.0 及之后的版本中，该选项默认开启，如图 4-41 所示。

Enable Agent → Master Access Control

Rules can be tweaked here

图 4-41　开启 agent/主机访问权限控制

开启后，单击“tweaked here”超链接，用户即可进入配置界面对以下两个针对 Agent 的权限进行设定。

（1）命令白名单

Jenkins 有一些内部行为是由 agent 向主机发出请求，并在主机上执行请求的命令。Jenkins 支持以设置命令白名单的方式过滤掉未在白名单上列出的命令，使其在主机上被执行时报错。

（2）文件访问规则

Jenkins 系统大部分数据都存在主机，Agent 会读取主机配置文件，在执行任务后会将结果写入主机文件系统。为防止 Agent 潜在的恶意篡改主机文件系统的行为，Jenkins 设置了 Agent 访问主机文件时的规则，根据规则对 Agent 读写主机文件进行限制。每个访问规则包含三个元素：

第一：设定允许或拒绝权限，用 allow/deny 表示。

第二：设定规则中限定的请求类型，read 表示读取文件内容、write 表示写文件内容、mkdirs 表示创建新目录、create 表示在现有目录中创建新文件、delete 表示删除文件或目录、stat 表示读取文件或目录的元数据、all 表示所有以上操作。

第三：设定文件或目录的路径，可以用正则表达式结合环境变量表示路径。

例如，以下规则表示除了禁止 Agent 更改/var/jenkins/private 目录下的文件内容外，Agent 对/var/jenkins 下的其他所有文件具有完全的权限：

```
deny write /var/jenkins/private/.*
allow all /var/jenkins/.*
```

4.3.4 管理及监控 Jenkins

依赖于 Jenkins 的运维系统的运行会产生大量的历史状态和日志，将这些信息及时归档并用于分析报表的生成，对于 Jenkins 运行状况的实时监控和管理，甚至日后对运维情况的全局把控和预测具有重要的意义，Jenkins 本身以及插件提供了丰富的日常管理和可视化监控的功能。进入 Manage Jenkins 页面就可以看到一系列 Jenkins 管理功能列表，本节将系统化地介绍一些比较重要的 Jenkins 管理和监控方法。

1．系统配置

通过 Configure System，Jenkins 管理员可以配置代码版本管理系统、选择用于构建的工具及工具版本、设定基本的安全选项、指定邮箱服务器地址以及其他系统层面的设置。当新的 Jenkins 插件安装后，跟插件相关的配置选项会相应地出现在这里供 Jenkins 管理员选择。

2．重载配置

Jenkins 的系统配置改动都会记录在主机相应的配置文件中，Jenkins 管理员有时也可以直接通过更改主机 Jenkins 配置文件的方式管理 Jenkins。此外，Jenkins Job 的配置和构建历史也保存在主机文件系统中，当要进行 Jenkins 实例迁移时，也可以直接将这些 Job 数据复制到对应的文件目录下。要使得配置文件的更改或者 Job 数据在新的 Jenkins 中被识别，可以简单粗暴地将 Jenkins 重启，但重启会带来 Jenkins 上承载的运维业务的片刻中断，对于线上系统会产生影响。

利用 Jenkins 提供的重载配置功能，就不必重启 Jenkins，单击 Reload Configuration from Disk 后，Jenkins 会立即使新的配置生效。

3．系统信息

进入 System Information，界面会呈现当前主机中 Jenkins 依赖的 Java 系统属性和所有环境变量列表，此外，还会列出所有已安装的插件及其版本信息。Jenkins 使用者可以方便地查看这些系统信息，掌握当前系统 Java 应用的详细信息。

4. 系统日志

单击 System Log 查看 Jenkins 本身运行产生的实时日志，这为排查 Jenkins 的系统故障提供了便利。

5. 负载统计

单击 Load Statistics 进入 Jenkins 负载统计界面。该界面会以清晰的曲线图形式呈现当前 Jenkins 节点的负载情况，指标包含当前的并行构建数目、构建队列中的等待任务数目、系统总执行器数目和空闲执行器数目等，如图 4-42 所示。这些统计信息可以让 Jenkins 管理员大概预估当前构建完成的时间点，从而使 Jenkins 管理员系统全局地把握是否过载、是否需要增加构建节点。

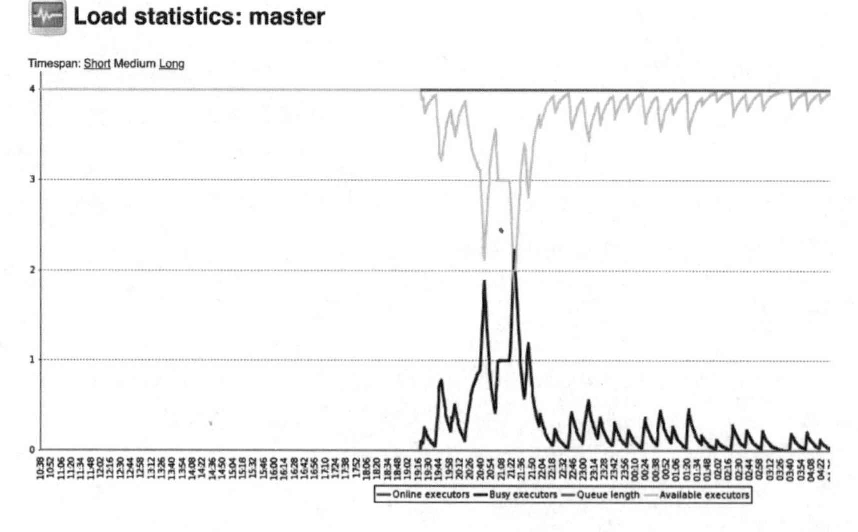

图 4-42　Jenkins 负载统计

6. 系统监控

Monitoring 插件提供了更为丰富的 Jenkins 系统实时监控能力，它应用 JavaMelody，以图表形式呈现节点服务器上 CPU 或内存消耗、平均负载、HTTP 应答时间、详细的 HTTP 会话、错误日志等信息，如图 4-43 所示。

安装 Monitoring 插件后，在 Manage Jenkins 界面列表中就能找到 Monitoring of Jenkins 选项，单击即可生成图 4-43 所示的图表信息，接着单击 Other charts 还会显示垃圾回收、线程数、硬盘消耗等图表。这些图表的默认时间尺度是一天，还可以选择更长的时间尺度，如一周（Week）、一个月（Month）、一年（Year），单击任意图表可以切换成单幅显示模式，呈现的细节更清楚。

7. 磁盘消耗监控

Disk-Usage 插件的监控功能可以详尽地显示当前 Jenkins 所在服务器上的磁盘使用情况。

安装 Disk-Usage 插件后，依次进入 Manage Jenkins、Disk Usage，生成磁盘监控图表。如图 4-44 所示，其中 Disk Usage Trend 图显示所有 Jenkins Jobs 及其历史构建所占用磁盘的趋势情况，下面的表会列出每个 Jenkins Job 及其构建、Job 的工作空间所占用的磁盘空间数值。

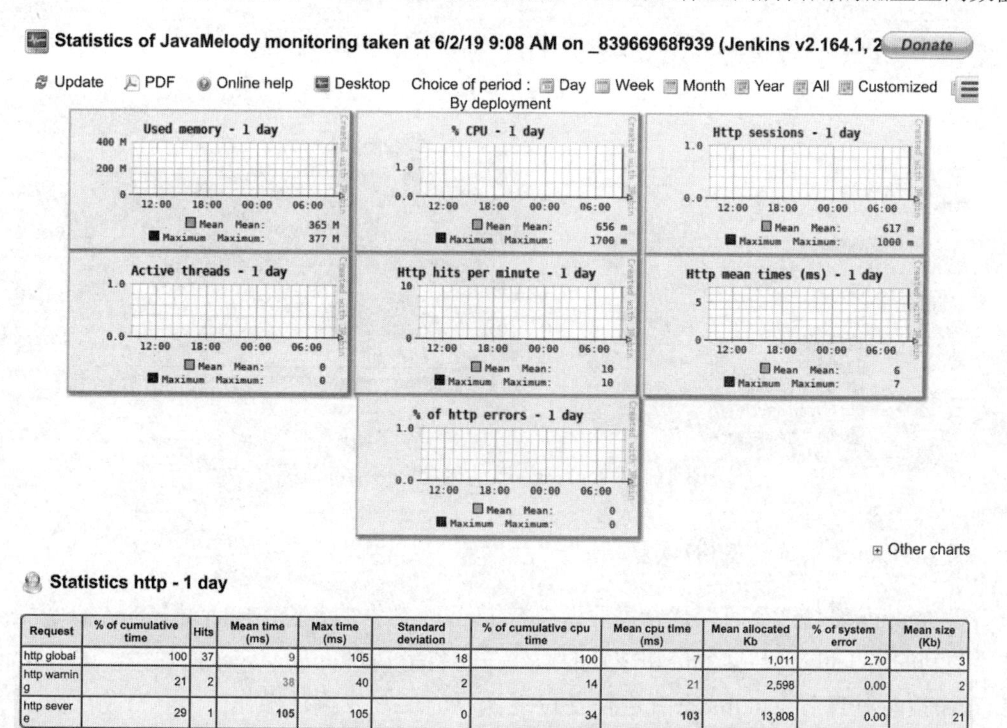

Request	% of cumulative time	Hits	Mean time (ms)	Max time (ms)	Standard deviation	% of cumulative cpu time	Mean cpu time (ms)	Mean allocated Kb	% of system error	Mean size (Kb)
http global	100	37	9	105	18	100	7	1,011	2.70	3
http warning	21	2	38	40	2	14	21	2,598	0.00	2
http severe	29	1	105	105	0	34	103	13,808	0.00	21

图 4-43　Jenkins 系统实时监控

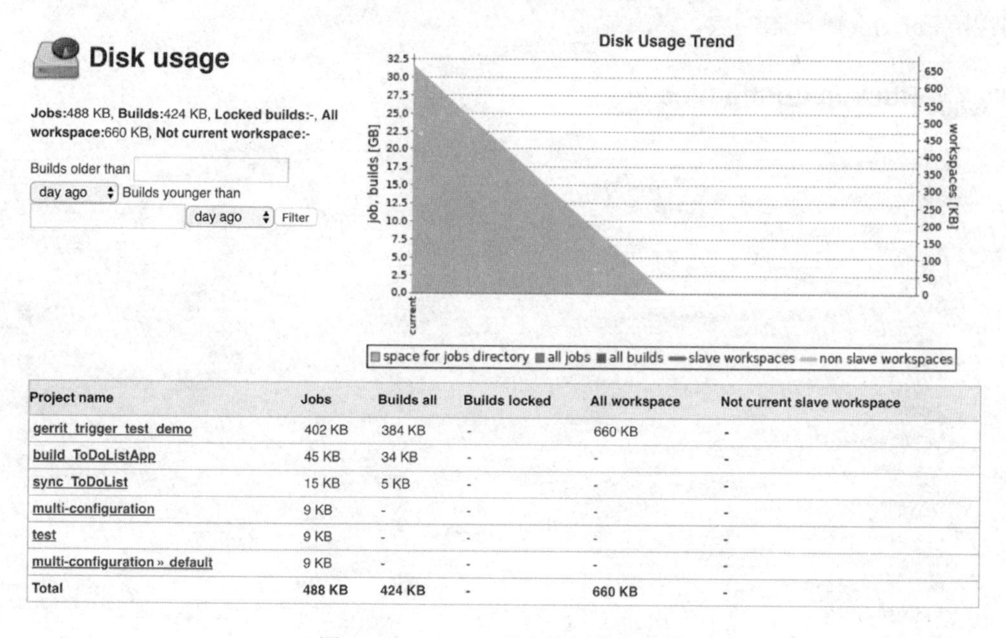

Project name	Jobs	Builds all	Builds locked	All workspace	Not current slave workspace
gerrit_trigger_test_demo	402 KB	384 KB	-	660 KB	-
build_ToDoListApp	45 KB	34 KB	-	-	-
sync_ToDoList	15 KB	5 KB	-	-	-
multi-configuration	9 KB	-	-	-	-
test	9 KB	-	-	-	-
multi-configuration » default	9 KB	-	-	-	-
Total	488 KB	424 KB	-	660 KB	-

图 4-44　Jenkins 磁盘消耗情况监控

在 Configure System 中选择 Show disk usage trend graph on the project page 选项，将使能单个 Job 的磁盘趋势图，这样，在每个 Job 界面，都能显示该 Job 占用磁盘空间的数值及趋势图，如图 4-45 所示。

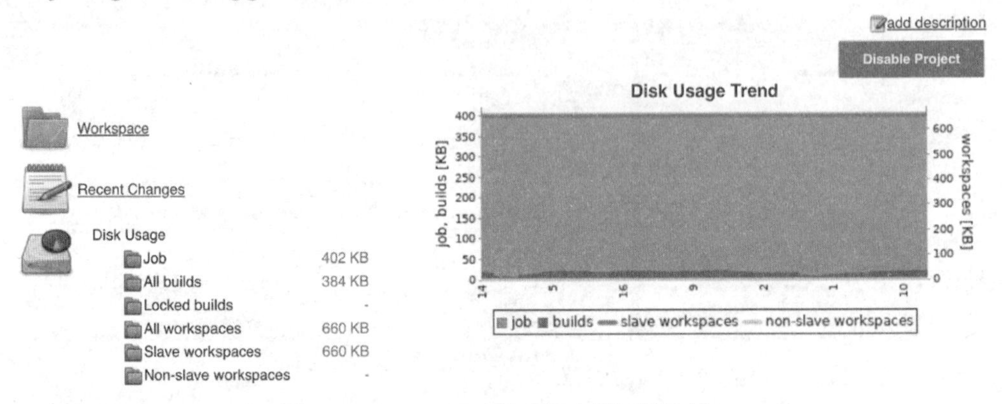

图 4-45　Jenkins Job 的磁盘占用情况监控

8．Jenkins 系统的备份/恢复

做 Jenkins 系统迁移时，通常需要做现有 Jenkins 数据的备份，Backup manager 就是一款非常便利的对 Jenkins 数据备份和恢复的插件。安装完 Backup manager 插件后，进入 Manage Jenkins 就能对当前 Jenkins 系统进行备份或恢复的配置或执行操作。

如图 4-46 所示，备份前需要先指定备份文件目录文件名、文件格式、备份内容等，之后单击 Backup Hudson configuration 按钮，根据备份设置执行 Jenkins 数据备份操作，并打印出备份的实时日志。

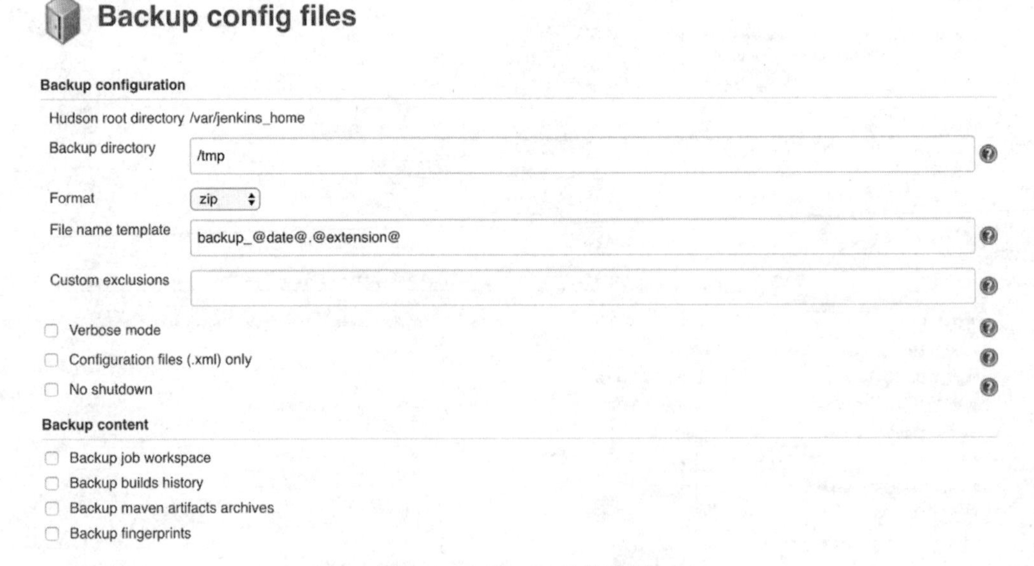

图 4-46　Jenkins 备份配置

需要在当前或者新的 Jenkins 上进行数据恢复操作时，直接单击 Restore Hudson configuration 按钮，它会检索指定的备份文件目录，列出所有的备份文件，Jenkins 管理员仅需勾选所需的备份文件从该备份文件恢复系统即可。

9．系统审计追踪

Audit Trail 插件能够记录 Job 配置更改等 Jenkins 操作执行者和执行时间的信息，起到 Jenkins 系统审计的作用。安装该插件后，首先进入 Configure system 界面配置审计日志记录方式和日志保存位置等，如图 4-47 所示。

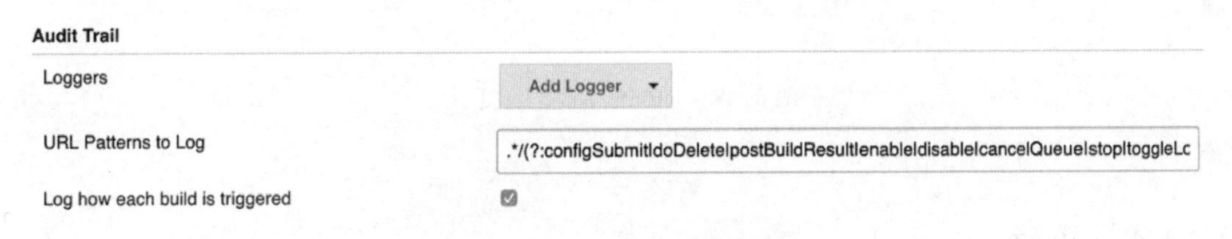

图 4-47　Jenkins 审计跟踪配置

日志记录方式有三种：

第一：文件记录。选择 Loggers 为 File logger，然后指定日志文件保存路径和文件容量。

第二：Syslog 记录。该方式会将审计日志发送到独立的 Syslog 服务器上，选择 Loggers 为 Syslog logger，然后指定 Syslog 服务器的主机名和通信端口。

第三：控制台记录。该方式将以标准 stdout 或 stderr 的形式输出到控制台，一般情况下该方式仅为调试所用。

具体审计的行为通过 URI 模式指定，默认情况下将会记录创建、配置、删除 Jobs 和视图的操作，以及启动、取消、保存构建的操作。

10．工作区间（Workspace）清理

Jenkins 使用过程中，会产生一些冗余的构建历史或者仅用于调试的无效构建。Jenkins UI 本身无法清理无效的 Job 构建历史，而借助于 Workspace Cleanup 插件，Jenkins 管理员能够在 Job 执行后对 Job 工作区间进行清理。

安装 Workspace Cleanup 插件后，在 Job 配置的构建环境中选择 Delete workspace before build starts，让 Jenkins 在下一次构建前首先清理构建历史，或者在 post-build action 中选择 Delete workspace when build is done，删除构建完成后的数据。图 4-48 所示为构建后清理历史的配置界面，你可以设定在构建成功、失败、中断等条件时触发清理操作，也可以设定需要清理的文件或目录格式。

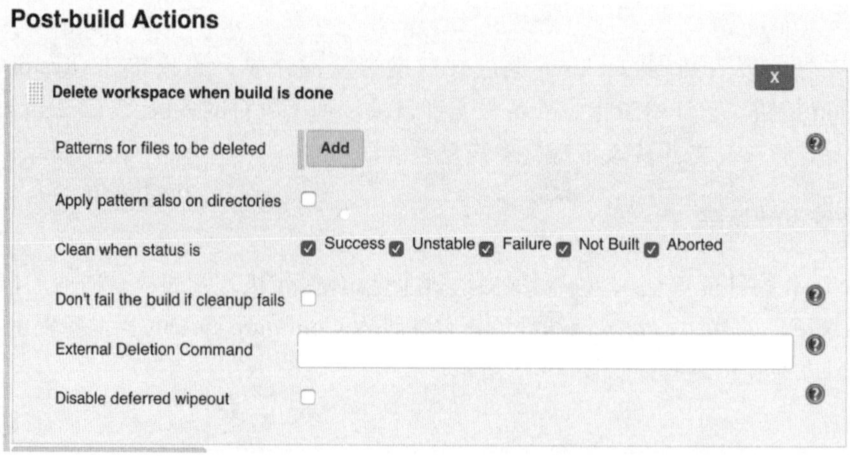

图 4-48　Jenkins 清理工作区间

4.4　小结

Jenkins 是一个开源项目，它提供了一种易于使用的持续集成系统，使开发者从烦杂的集成中解脱出来，专注于更为重要的业务逻辑实现上。Jenkins 是云运维工程中的中心平台，它的各种插件使 Jenkins 将开发运维工程中所使用的其他工具黏合在一起，为软件产品的持续集成服务。

本章较为全面地介绍了 Jenkins 的方方面面，主要包括：

1）讲解了如何用容器化的方式快速搭建和使用 Jenkins。

2）阐述了 Jenkins 的插件安装使用方法及如何快速搜索所需要的插件。

3）着重介绍了如何利用 BlueOcean 插件便利地创建 Jenkins Pipeline，其中还涉及了 Pipeline 的脚本定义方法和 Pipeline 的构建、测试、部署一体化的理念。

4）简单介绍了 Gerrit 代码审阅工具，并描述了结合 Jenkins 和 Gerrit 搭建持续集成测试的方法。

5）说明了 Jenkins 分布式系统的作用，以及不同类型的 Jenkins agent 节点的搭建方式。

6）陈述了 Jenkins 的用户管理操作、安全设置。

7）系统介绍了有关 Jenkins 系统管理或监控的设置。

8）简述了如何利用插件更好地执行对 Jenkins 数据备份恢复、工作区间清理等管理任务，以及对硬盘、计算资源消耗的实时监控等系统审计任务。

第 5 章　迭代——持续集成的自动化测试

云原生项目的核心在于快，用户选择云来开发部署产品，最重要的原因是可以避免早期的巨额投资和时间浪费。例如购买硬件，它不仅需要大量的投资，还需要漫长的等待，3～5 个月都是非常正常的，但是云端就不同，利用云可以分分钟创建出我们需要的计算资源，效率完全不是一个数量级的。正因为云是快的代名词，所以客户对于云上开发软件的期望也是一个字——快，他们希望能更快地开发，更快地部署，更快地测试。如何才能做到快呢？首先是工作模型上的改进，就是将开发运维（devops）合二为一，在维护中将发现的问题直接转化为开发任务，也就是说开发直接面对的是客户需求；同时在开发中引入敏捷的方法，所谓敏捷其实是微迭代的方法，每次迭代时间不长，如 1～2 星期，所发布的新功能也不多，但是每次迭代都能让客户感觉到功能上的进步。

那么如何在快节奏的开发中保证产品的高质量呢？答案是尽最大可能实现测试自动化，当然要求 100%自动化可能有些极端，但是 95%的测试自动化还是有可能的。本章讨论的就是如何实现持续集成的端到端的自动化测试问题。

5.1　自动化测试与 Jenkins

谈到测试自动化，首先要讨论一下测试的分类以及为什么在云端的测试必须自动化。

按照测试对代码的渗透程度来划分，测试分为白盒测试和黑盒测试。如果测试是基于代码分支的，那就是白盒测试；如果测试是从用户角度出发的，无需关心代码，那就是黑盒测试，或者叫端到端测试，它是从用户角度对软件进行的测试，它的结果直接反映了软件的质量。

白盒测试根据测试的粒度不同，又分为单元测试和集成测试。单元测试就是针对每个方法和函数调用的测试；集成测试，实际上就是在整体软件还没有办法在一起测试的时候，利用一些模拟方法，编写代码构造特定部件能够运行的环境，对特定部件进行测试，该方法针对的目标是内部的部件边界或接口，大部分情况下是粗粒度的函数调用，集成测试的代价仅次于黑盒测试。

因为端到端的测试有非常鲜明的特点，我们以它为例来讨论测试自动化的重要性，而对于单元测试和集成测试而言，其本质上只能是自动化测试，无需进一步讨论。

常言说慢工出细活，言外之意是如果干活太快，质量可能就不会太好。实际上慢工出细活是针对手工工艺而言的，我们拿敏捷开发的两次迭代为例来讨论为什么这句古语对于手工测试是有道理的。假设在第一个迭代周期内（1 周），开发需要 3 天，测试需要 2 天，看起来没有太大问题。在第二个迭代周期内（1 周），开发新的功能还是需要 3 天，测试新的功能需要 2 天，但是我们需要保证原来的功能不受影响，所以需要额外 2 天测试原有的功能，这样测试时间就需要 4 天。也就是说即使在第一个迭代周期内，手工测试能够满足要求，但是从第二个迭代周期开始，手工测试还是会无法满足要求，随着开发的功能越来越多，手工测试将成为噩梦。那么为了满足交付的需求，有两种办法来解决：一种办法是增加测试人手，但是投资者是无法接受的，因为头三天测试人员是空闲的；另一种办法是在测试上偷工减料，这是饮鸩止渴的方法，最后损害的还是产品的质量。

自动化测试相对于手工测试而言，其特点是测试开发代价比较大，但是测试执行成本比较小，而手工测试则是测试开发代价比较小（几乎为 0），而测试执行成本比较大。

自动化测试相对于手工测试而言，还有另外一个特性，就是我们可以较早地开始测试开发的工作，晚一点进行测试执行的工作。通常情况下，对于端到端测试而言，只有在所有功能开发完毕并组装在一起后才能进行测试；而对手工测试而言，假设在第一个迭代周期内，开发人员用 3 天时间完成功能开发，在这 3 天时间内，测试人员只能等待，什么也做不了，然后在最后 2 天完成测试工作。但对于自动化测试而言，即使功能还没有完全具备通常也会有产品设计文档，文档中会描述功能的输入输出以及相应的测试流程，我们可以根据该文档编写相应的测试用例，当然这样的测试用例可能还无法运转，因为缺乏一些技术细节。假设我们在开发人员开发功能的同时来开发测试用例（3 天），最后需要 1 天根据最终的功能实现来补充细节（但通常可以在头三天跟开发人员交流来完善细节），然后需要 1 天来完成测试，生成测试报告。我们同样用 5 天时间完成了一次迭代（开发加测试），但是差异是，我们开发了一套自动化测试。在第二个迭代周期中，假设开发者 3 天完成新功能的开发，在第 4 天，我们可以运行原有功能的自动化测试，同时完善新功能的自动化测试，最后一天执行新功能的自动化测试，完成所有的测试报告，5 天时间完成一轮迭代。而对于手工测试而言，我们需要额外的 2 天时间来完成测试，这通常是不可接受的。

有一种极端的敏捷方法（测试驱动开发 TDD），要求先根据产品设计写测试，然后写功能性代码，软件开发的目的是让测试能够通过。虽然这种方法推行起来通常比较困难（对开发人员的素质要求太高），但是至少应该保证在功能开发的同时开始测试开发。这样才能保证在开发周期为 1～2 周或更短的迭代中，所开发的功能也是得到充分测试的。

总而言之，敏捷的方法强调测试的自动化，实际上是由其微迭代的本质决定的，没有自动化测试，微迭代就迭代不起来，为什么？因为敏捷的方法要求每一个版本都是可以运行和发布的，也就是充分测试过的。如果测试是自动的，我们可以在每次代码发生变动的时候，把所有的测试执行一遍，而不需要付出很大的代价，假设测试运行需要比较长的时间，我们可以在下班前启动测试，然后第二天来查看结果。但如果测试是手工的，我们几乎无法实现敏捷开发的目标——每个版本都是可以运行和发布的。因为代价非常大，无法实现每个代码变动都做完整的测试，唯一的办法就是做相应的折中——降低测试的频率，如一个星期做一次测试。这样做的问题是，如果在测试中发现了问题，而且问题比较复杂，很难追溯是哪次代码变动引入的问题。

了解自动化测试的重要性后，下一个问题就是如何将自动化测试纳入的开发流程当中，这里 Jenkins 起到至关重要的作用。通常情况下，我们会将自动化测试部署在 Jenkins 上，因为 Jenkins 提供了 GUI 和 RESTAPI 两种接口：如果想手工驱动测试，可以在 GUI 界面上做；如果想将测试集成到大的开发流程当中，可以用 Jenkins 提供的 RESTAPI 进行集成。

5.1.1 代码片段能工作吗——单元测试

代码片段的粒度通常是函数或方法，目前各种语言都提供了比较成熟的工具来完成这部分内容的自动化，通常它们都是大名鼎鼎的 Junit 测试框架的衍生版本，这里不再赘述，有兴趣的读者可以参考 Junit 的相关博文或著作。

5.1.2 发现局部的问题——集成测试

集成测试在超大型软件的开发中非常重要，因为可能会有几十个甚至更多的团队一起协同工作，每个团队的进度都不尽相同，所以在项目的早期阶段很难实现端到端的测试，这时，集成测试就是相对好的解决方案，这使得特定功能的开发人员能够较早地在一个完整的环境中测试自己的代码。但是这个方法有一个问题：因为特定功能部件所依赖的其他部件是仿真出来的，所以它的行为有可能和最终软件的行为不完全一样，有时候我们可以看到，即使是在仿真环境中运行得很好的部件，到了真实环境中，也可能完全不工作。对于非超大型软件，建议是直接跳过这个部分，因为代价很大，且不一定有效果。

5.1.3 持续交付——端到端测试

端到端测试是完全从最终用户角度进行的测试，它是所有测试中最重要的测试，也是代价最大的测试，现云端讨论度极高的持续交付，实际上就要求将软件构建、软件部署、软件测试（端到端）完全自动化，并且连接在一起，任何一环出现问题，都无法实现持续交付。

5.2 全面的考虑——规划 Jenkins 测试

5.2.1 规划回归测试

自动化测试包括单元测试、集成测试、端到端测试，而实际上大部分自动化测试都属于回归测试范畴，只有针对新功能的自动化测试例外。回归测试是指修改了旧代码后，重新进行测试以确认修改没有引入新的错误或导致其他代码产生错误。

实际上实现回归测试最好的办法就是充分的测试自动化，但是如果只是将测试自动化，而没有有计划的运行，也是没有用处的，因此回归测试的核心问题就是规划回归测试的范围和频率。

因为不同的测试代价不同，所以执行频率也有所不同，其目的是以最小的代价发现更多的问题。

通常情况下，单元测试和集成测试在每个代码变化提交时都应该进行，因为代价比较小（代价指的是执行时间比较短）。

端到端测试在每次代码提交时可以只进行一部分最基本的测试，以拦截一些最基本的功能性问题。并且大部分端到端测试可以每天跑一次，假设有问题被引入，那么追溯范围就被限定在 24 小时，相对比较容易。

最后，一些重量级的端到端测试以及压力、性能测试，可以一个星期进行一次，因为这些重量级的测试可能需要耗费数个小时或者是一天的时间才能完成，而且如果发现问题，通常也不是一两天能够解决的。当然，如果有可能，每天进行一次可以降低解决问题的难度。

5.2.2 规划端到端测试

在所有测试中，端到端测试是最重要的。有一个小故事可以说明问题，有一个团队开发一个 0.8 毫米的螺钉，已经做了非常完美的单元测试和集成测试，但是拿到要组装的机器上实验时却发现，机器上需要的是 1.0 毫米的螺钉，自己辛苦加工的零件全部作废。这个小故事告诉我们端到端测试是多么重要。

但是端到端测试有一个最大的问题，那就是代价都比较大，所以通常对端到端测试集进行分级，如按照功能对用户影响的重要程度，分成 T1/T2/T3 级别：

- T1：软件核心功能测试集。
- T2：软件的基础功能测试集。
- T3：软件辅助功能测试集。

我们可以根据不同的发布类型，运行不同的测试。例如，针对大的版本发布，就应该运行全部测试，这之后如果发现问题，然后开发者也修复了问题，就没有必要再运行所有测试了，只运行与变动相关的测试即可。

另外，通常软件都会打各种各样的补丁，一般情况下，把一些基本的测试抽取出来形成一个测试集，专门做补丁类的测试，这种测试集通常就是冒烟测试集。

端到端测试从测试的目标来划分，又分为功能测试、性能测试以及安全性测试。

5.2.3 用户可以使用吗——定义功能测试

软件功能测试的目的是了解软件是否能完成它所承诺的功能，所以全部功能测试的依据是软件产品设计手册，主要提供两个接口：GUI 和 RESTAPI。从 GUI 角度，功能测试的目的就是检查是否能打开所期望的网页、查到所期望的数据、对数据进行增删改，并获得期望的结果；从 RESTAPI 角度，就是检查是否能以 REST 接口的形式打开期望的访问端点、获取期望的数据，并对数据进行增删改，进而获得期望的结果。本质上 GUI 和 RESAPI 并没有区别，只是针对的最终用户不同，GUI 面向的是个人用户，RESTAPI 面向的其他系统，解决的是系统互联互通的问题。

5.2.4 可以做到足够好——定义性能测试

软件性能测试的目的是了解软件是否能以令人满意的速度提供服务，所以软件性能测试的依据是产品设计手册中 KPI 的定义，然后利用各种工具和手段对软件施加压力，模拟成百上千的用户同时访问系统时，软件的应答速度是否能满足产品设计手册的要求。从本质上来讲，一个软件一旦部署在云上，在使用模式上，它面临的一定是类似压力测试的使用方式。

5.2.5 预防可能出现的安全问题——定义安全性测试

软件安全性测试的目的是防止软件受黑客攻击行为的干扰，因为很多软件背后存储了很多敏感数据，这些敏感数据一旦泄露，会造成巨大损失。软件安全性测试的手段主要是模拟各种黑客攻击行为，确认软件系统不会被破坏，从而导致敏感数据泄露。尤其是云端的软件，它们通常暴露在公网上，很容易受到黑客的攻击，安全性问题显得尤为重要。

在后面的章节中，我们将逐个讨论功能测试、性能测试、安全性测试相关的技术和实例。

5.3 用户可以使用吗——定义功能测试

在本书中，我们以开发一个 web 应用为例进行讨论，后面的章节也是以此为基础。通常的网站设计包含两个接口，一个接口用于网站与用户交互，通常用户是通过浏览器访问的，如 Chrome，这是面向图形用户界面的接口；还有一种接口用于系统之间互联使用，通常用的是 RESTAPI 接口，这是面向系统互联的接口。下面我们将分别讨论这两种接口的测试方法。

在后续的章节中，将采用下面的形式进行阐述：首先介绍如何进行手工测试或者半手工测试，然后讨论如何做自动化测试，最后讨论在云端的测试。

5.3.1 面向图形用户界面的测试

1. 图形用户界面的手工验证

俗称“点鼠标”，实际上就是打开浏览器，按照产品设计手册的测试步骤，单击所需要的按钮或超级链接，肉眼确认所期望的页面或者功能是否出现或者正常。这种方式的优点是可以发现更多的问题，而且对于界面的变化不敏感，缺点是代价太大，主要是人力成本。

2. 图形用户界面自动化测试——Selenium

图形用户界面自动化测试的基本原理是利用软件驱动浏览器，模拟鼠标单击和键盘输入，利用程序的方式来判断页面或者功能是否满足期望。其优点是代价较小，缺点是对界面的微小变化比较敏感，也就是说如果界面有细微的变化，相应的测试代码就需要重新编写，当图形用户界面的变化比较频繁或者剧烈时，这种方法不适用。

本书主要讨论基于 Selenium 的图形用户界面测试自动化。

Selenium 最初是由 Thoughtworks 公司开发的网页测试工具，后成为一款开源软件，其优点是：

- 开源。
- 有庞大的社区资源。
- 支持跨平台。
- 支持多语言。

（1）Selenium 2.0 架构简介

Selenium 2.0 的基本架构可以表示为图 5-1 所示的框图形式。

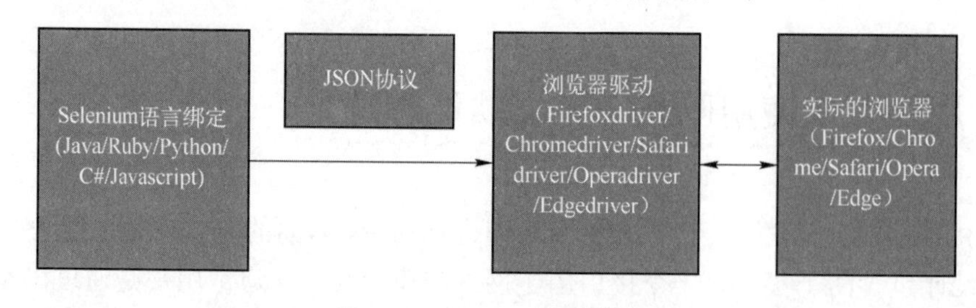

图 5-1　Selenium 测试框架

Selenium 2.0 由四部分内容构成。

1）Selenium 语言绑定。这个设计能够使 Selenium 支持多种语言，方便用户的使用，因为用户不需要根据 Selenium 的需要重新学习一门新的语言，而可以根据自己的兴趣以及已有经验选择需要的语言绑定。

2）JSON 协议。JSON 协议是一种数据交换的协议，它本质上是 XML 的一个简化版本，能够更方便地编写和解析，浏览器驱动（Webdriver）采用JSON协议在绑定的语言与浏览器驱动之间交换数据，这样做的目的是简化多语言结构的设计，也就是说JSON协议本身是一种语言中立的数据交换格式，如果现有的语言绑定无法满足用户的使用要求，自己编写代码实现一个新的语言绑定也不是什么难事。

3）浏览器驱动。浏览器驱动采用浏览器特定的编程接口与特定的浏览器进行通信，控制浏览器的行为，如Chrome驱动通过Chrome的自动代理框架控制浏览器，Firefox驱动采用Marionette协议来控制Firefox。但浏览器驱动通过JSON协议向客户端暴露同样的编程接口，从而向最终用户屏蔽了多种浏览器的使用细节，也就是说，对于浏览器驱动的使用者来说，无论是Firefox、Chrome还是Safari，它们所编写的代码是完全一样的，没有区别。

4）浏览器驱动支持的浏览器（Firefox/Chrome/Safari/Opera/Edge）。因为浏览器驱动接口协议是公开的，在必要的时候可以自行编写驱动来支持新的浏览器，如一个项目为了支持Android版的浏览器提供特殊的驱动。

其具体的交互过程如下（Python为例）：

步骤1：对于每一条Python的Webdriver API调用，一个HTTP请求将会被创建，同时相应的请求会被包装成JSON协议发送给浏览器驱动。

步骤2：浏览器驱动接收到相应的HTTP请求，它会解析相应的JSON协议包，并将相应的请求翻译成对应的浏览器操作，实际上浏览器驱动本身就是一个HTTP服务器。

步骤3：浏览器驱动根据与浏览器之间的私有协议控制浏览器，并产生相应的结果。

步骤4：浏览器驱动将相应的结果通过HTTP协议返回给Python的测试程序，最终在Python控制台输出测试结果。

（2）Selenium的安装和配置

本部分的讲解重点是Selenium 2.0，语言绑定选用的是Python 2.7.x，采用的操作系统是Linux（CentOS 7.0）。Selenium的安装包括三个部分，分别是Selenium Python语言绑定库、浏览器、浏览器驱动。下面分别讨论如何安装这三个部分。

1）第一部分：Selenium Python语言绑定库的安装。

步骤1：安装扩展源EPEL（http://fedoraproject.org/wiki/EPEL）。EPEL由Fedora社区打造，为RHEL及衍生发行版（如CentOS、Scientific Linux等）提供高质量软件包的项目。

```
# yum -y install epel-release
```

步骤2：安装Python包管理程序pip。

```
# yum -y install python-pip
```

步骤3：利用pip安装Selenium驱动库。

```
# pip install selenium
```

2）第二部分：浏览器安装（以 Chrome 为例）。

```
# yum install https://dl.google.com/linux/direct/google-chrome-stable_
current_x86_64.rpm
```

3）第三部分：浏览器驱动安装（以 Chrome 为例）。

步骤 1：确定需要安装的驱动版本，可以查阅网站 https://sites.google.com/a/chromium.org/chromedriver/downloads 来确定所需要的驱动程序版本和下载位置。

步骤 2：在下载网站 https://chromedriver.storage.googleapis.com/index.html 找到相应版本的驱动程序，并获取相应的下载链接。

步骤 3：在 Linux 下利用 wget 命令下载驱动。

假如想下载 2.45 版本的驱动，在 Linux 下，我们可以用 wget 命令下载：

```
# wget https://chromedriver.storage.googleapis.com/2.45/chromedriver_
linux64.zip
```

小贴士

如何获取 chrome 驱动的具体下载地址

步骤 1：访问 https://chromedriver.storage.googleapis.com/index.html，图 5-2 展示了访问 Chrome 驱动网址时在网页上看到的版本列表。

Index of /

Name	Last modified	Size	ETag
2.0	-	-	-
2.1	-	-	-
2.10	-	-	-
2.11	-	-	-
2.12	-	-	-
2.13	-	-	-
2.14	-	-	-
2.15	-	-	-
2.16	-	-	-
2.17	-	-	-
2.18	-	-	-
2.19	-	-	-
2.2	-	-	-
2.20	-	-	-
2.21	-	-	-
2.22	-	-	-
2.23	-	-	-
2.24	-	-	-
2.25	-	-	-
2.26	-	-	-
2.27	-	-	-
2.28	-	-	-

图 5-2 Selenium 的 Chrome 驱动网址内容

步骤 2：单击需要的版本所在的文件夹，如 2.45，你会看到具体的平台信息，图 5-3 展示了每个驱动版本网页所包含的内容。

Index of /2.45/

Name	Last modified	Size	ETag
Parent Directory		-	
chromedriver_linux64.zip	2018-12-10 23:20:22	5.14MB	61c3484abc908c543b823cf42f58fc5d
chromedriver_mac64.zip	2018-12-11 04:12:22	6.63MB	9f6b235f30b6ea4579612273595c8301
chromedriver_win32.zip	2018-12-11 01:10:40	4.39MB	6ee964d7172fb8bcd8538ccb430b53ed
notes.txt	2018-12-11 05:17:39	0.02MB	d98475f7fad0a16aa0543c01defa518c

图 5-3 Chrome 驱动 2.45 网页内容

步骤 3：找到你需要的平台相对应的下载文件，如 Linux，对应的下载文件是 chromedriver_linux64.zip，在下载文件上单击右键，然后选择“复制链接地址”，这时候你需要的链接地址就被复制到剪贴板中了。

4）Selenium 测试环境的验证。

- 检查 Chrome 是否经安装成功。利用谷歌浏览器的命令行来检查 Chrome 是否安装成功，命令如下。

```
$ google-chrome --headless --disable-gpu http://www.baibu.com
```

- 测试 Python 能否正常工作。下面的 Python 程序用来检查用于 Python 编程的 Selenium 环境是否正常，包括所有的部分：Selenium Python 绑定、浏览器、浏览器驱动。

```
#conding=utf-8
from selenium import webdriver
import time
from selenium.webdriver.chrome.options import Options
chrome_options = Options()
chrome_options.add_argument('--headless')
driver = webdriver.Chrome(chrome_options=chrome_options,executable_
path='chromedriver')
driver.get("http://www.baidu.com/")
time.sleep(3)
print(driver.title)
driver.quit()
```

运行这个程序时，如果能看到下面的输出结果，说明整个测试环境已经就绪：

```
$ python webdriver.py
百度一下，你就知道
```

面向 Selenium 的开发主要有两种方式：一种是基于录制回放的开发方法，这种方法适用于初学者且项目规模比较小的情况；另外一种是面向 Webdriver API 手写程序的开发方法，适用于资深用户且项目规模比较大的情况。下面我们就分别讨论这两种方法。

3. Selenium 基于录制回放的开发（面向初学者）

学习一个新工具，最简单有效的方法就是学习一些现有的例子，对 Selenium 来说也是一样的，而且 Selenium 提供了更好的工具，可以动态地产生样例代码。当然，这些自动产生的代码不一定是最优的代码，但是对于帮助初学者快速掌握一个工具的使用还是足够的。下面要介绍的不是 Selenium 原生的 Selenium IDE 工具，而是一个第三方工具 Katalon Recorder，主要有两个原因：

- 原生的 Selenium 工具只支持 Firefox 比较老的版本，而且后续没有进一步更新。
- 原生的 Selenium 工具只支持 Firefox，不支持谷歌的浏览器 Chrome，但是很多开发者都在使用 Chrome。

（1）Katalon Recorder 简介

Katalon Recorder 有如下特点。

- 有一个非常强大的集成开发环境来记录和测试图形用户界面。
- 可以编辑录制的测试。
- 可以将录制的测试导出为多种格式的测试程序，如 Java、C#、Ruby、Python、Groovy。
- 作为插件支持 Chrome 和 Firefox 浏览器。

（2）如何安装 Katalon Recorder

步骤 1：如图 5-4 所示，单击谷歌浏览器左上角的 Apps 按钮，然后单击 Web Store 按钮。

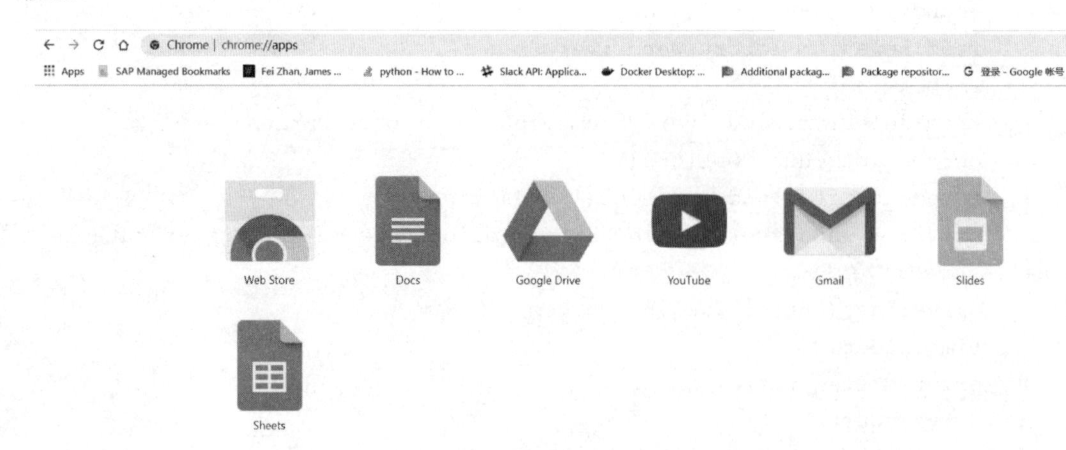

图 5-4　Chrome 中 Web Store 的位置

步骤 2：在浏览器左上角的搜索框搜索 Katalon Recorder 关键字，右侧会列出找到的扩展软件，图 5-5 展示了如何在 Chrome Web Store 中搜索 Katalon Recorder 插件。

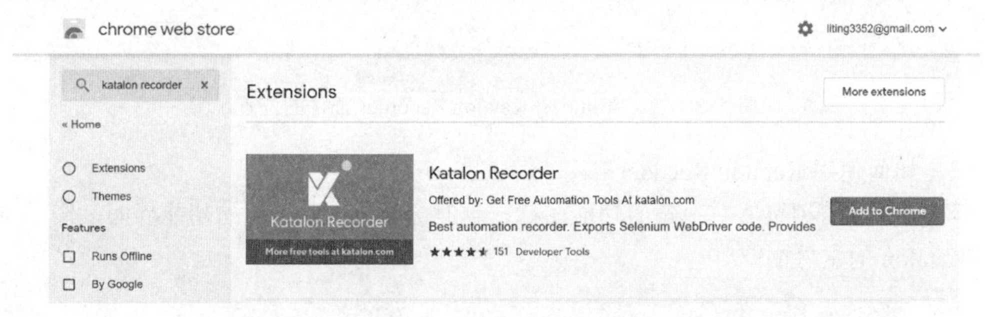

图 5-5 在谷歌浏览器插件中查找 Katalon Recorder

步骤 3：单击 Add to Chrome 按钮，这时会弹出确认对话框（见图 5-6），单击 Add extention 按钮。

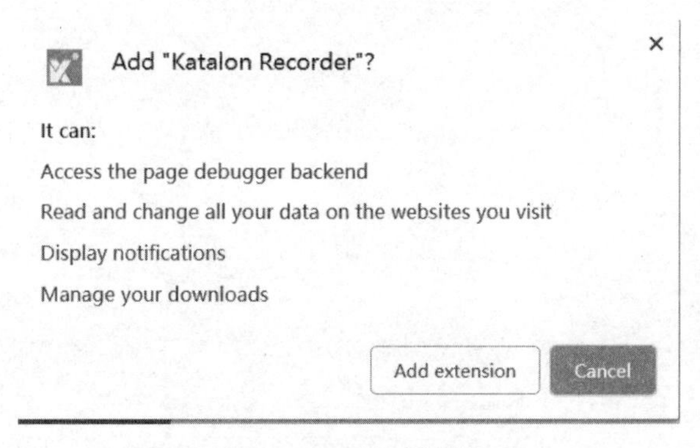

图 5-6 确认对话框

步骤 4：单击 Add extension 按钮后浏览器会提示安装插件，等待几分钟，这时网页会跳转到 Katalon 的官方主页，这说明安装已经完成。图 5-7 展示了 Katalon 插件完成后的画面。

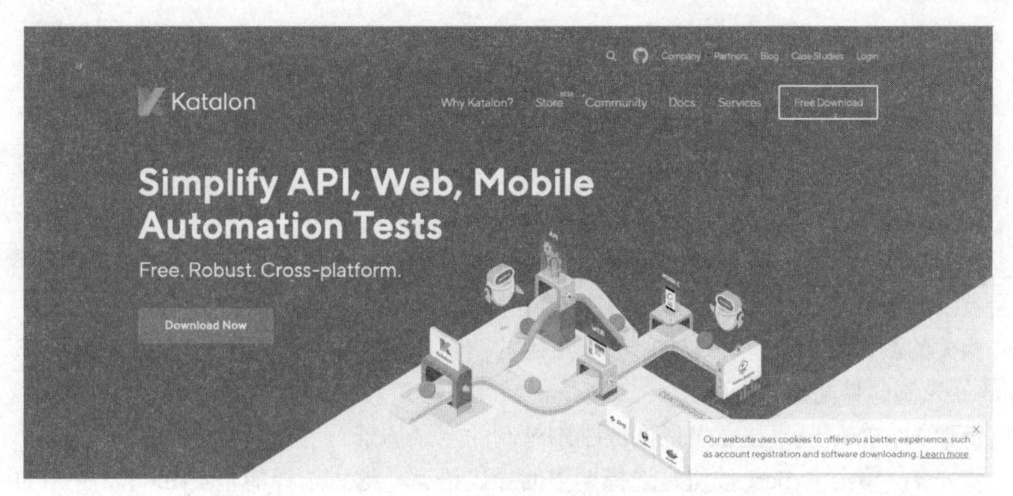

图 5-7 在 Chrome 中安装 Katalon Recorder 完成

步骤 5：在浏览器右上角会看到一个 Katalon 的图标，图 5-8 展示了 Chrome 中 Katalon Recorder 插件的位置。

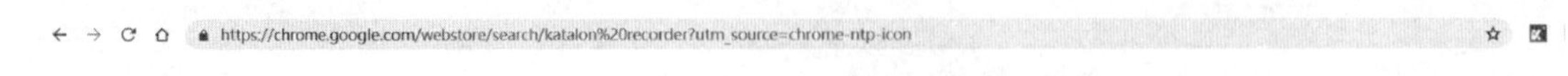

图 5-8　在 Chrome 中 Katalon Recorder 插件的位置

（3）如何使用 Katalon Recoder

步骤 1：单击浏览器右上角的功能图标，这时会弹出 Katalon 的功能界面，图 5-9 展示了 Katalon 的主界面。

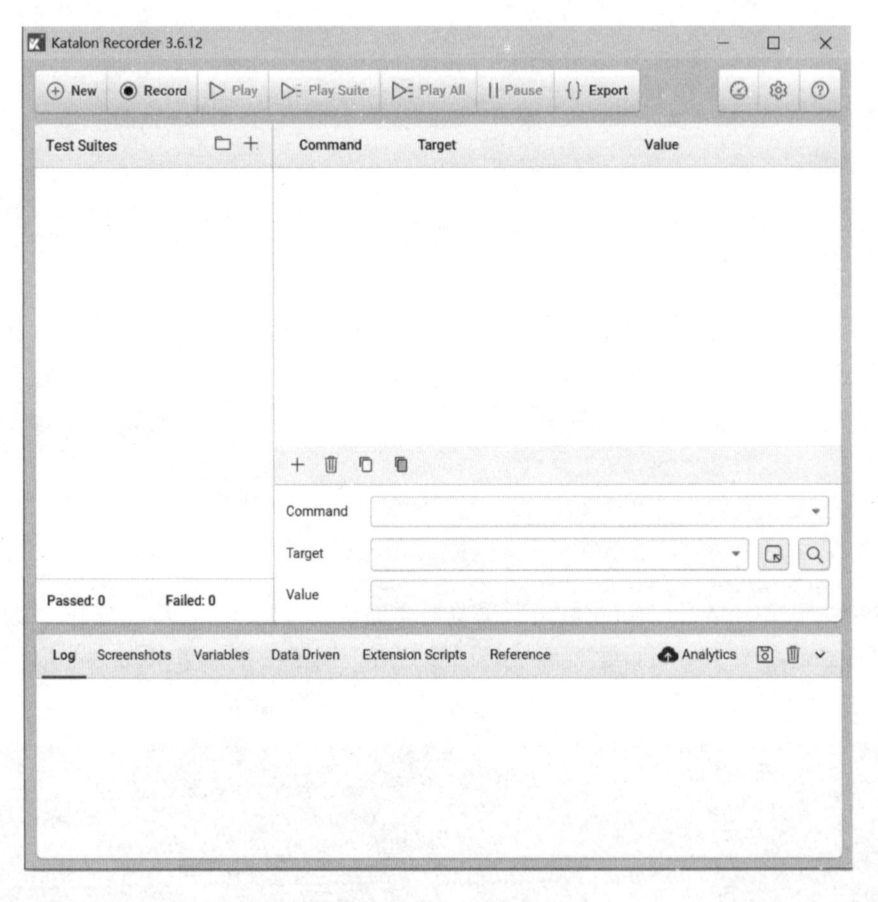

图 5-9　Katalon 的主界面

步骤 2：单击 Record 按钮开始录制，这里以 TODO List 为例，这时在浏览器中的操作将会被录制下来，当完成录制时，单击 Stop 按钮。

相关的测试场景为打开 TODO list 应用的网页，增加一个项目 test5。图 5-10 展示了 Katalon 录制的界面操作步骤。

步骤 3：单击 Play 按钮可以回放刚刚录制的测试场景。

步骤 4：单击 Export 按钮，选择期望的导出语言，这里选择的是 Python，图 5-11 展示了将录制结果导出为特定语言的界面。

Command	Target	Value
open	http://localhost:8000/admin/	
click	xpath=(.//*[normalize-space(text()) and normalize-space(.)='Items'])[1]/following::a[1]	
click	id=id_title	
type	id=id_title	test5
click	id=id_todo_list	
select	id=id_todo_list	label=work10
click	id=id_todo_list	
click	name=_save	

Command

Target

Value

图 5-10　Katalon 录制的界面操作步骤

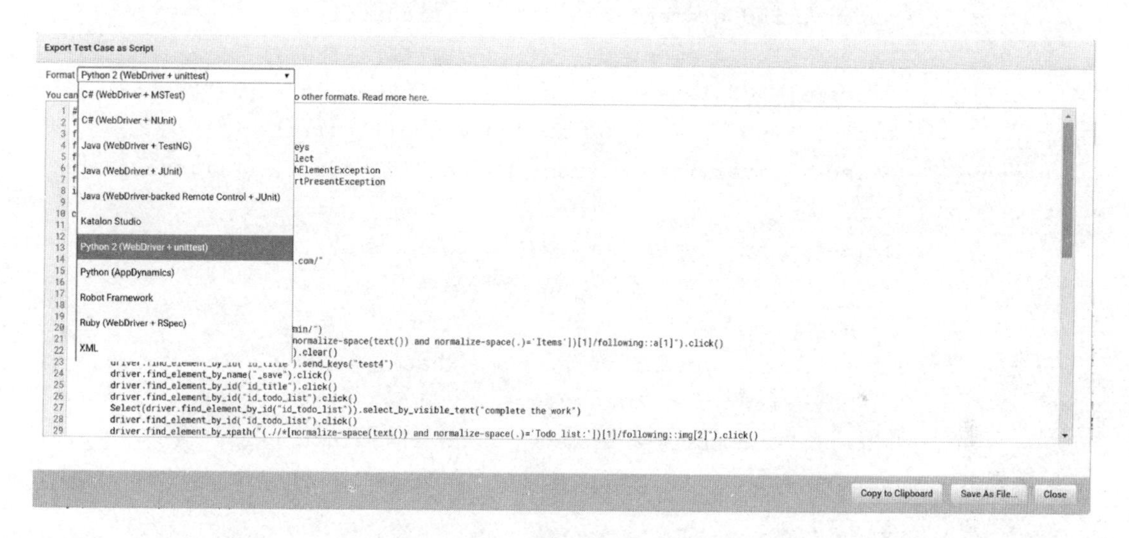

图 5-11　Katalon 录制的场景导出为 Python 脚本

步骤 5： 单击 Copy to Clipboard 按钮或 Save As File...按钮，保存导出的测试脚本。

步骤 6： 浏览测试脚本。

下面是 Katalon 录制程序所导出的 Python 代码。

```
# -*- coding: utf-8 -*-
from selenium import webdriver
from selenium.webdriver.common.by import By
from selenium.webdriver.common.keys import Keys
from selenium.webdriver.support.ui import Select
from selenium.common.exceptions import NoSuchElementException
from selenium.common.exceptions import NoAlertPresentException
```

```
import unittest, time, re

class UntitledTestCase(unittest.TestCase):
    def setUp(self):
        self.driver = webdriver.Firefox()
        self.driver.implicitly_wait(30)
        self.base_url = "https://www.katalon.com/"
        self.verificationErrors = []
        self.accept_next_alert = True

    def test_untitled_test_case(self):
        driver = self.driver
        driver.get("http://localhost:8000/admin/")
        driver.find_element_by_xpath("(.//*[normalize-space(text())
and normalize-space(.)='Items'])[1]/following::a[1]").click()
        driver.find_element_by_id("id_title").click()
        driver.find_element_by_id("id_title").clear()
        driver.find_element_by_id("id_title").send_keys("test5")
        driver.find_element_by_id("id_todo_list").click()
        Select(driver.find_element_by_id("id_todo_list")).select_by_
visible_text("work10")
        driver.find_element_by_id("id_todo_list").click()
        driver.find_element_by_name("_save").click()

    def is_element_present(self, how, what):
        try: self.driver.find_element(by=how, value=what)
        except NoSuchElementException as e: return False
        return True

    def is_alert_present(self):
        try: self.driver.switch_to_alert()
        except NoAlertPresentException as e: return False
        return True

    def close_alert_and_get_its_text(self):
        try:
            alert = self.driver.switch_to_alert()
            alert_text = alert.text
            if self.accept_next_alert:
                alert.accept()
            else:
```

```
                alert.dismiss()
            return alert_text
        finally: self.accept_next_alert = True

    def tearDown(self):
        self.driver.quit()
        self.assertEqual([], self.verificationErrors)

if __name__ == "__main__":
    unittest.main()
```

可以看出，录制生成的脚本已经非常完整，并且能够执行，即使对 Selenium 完全不了解，对编程语言完全不懂，也能开发出自己的测试。

4. Selenium 基于 Webdriver API 的开发（面向大规模产品测试代码的开发）

从上面的例子可以看出，录制回放的方法就能够快速解决我们的问题，那么为什么还要引入新的一节，用 Webdriver API 来开发测试呢？这里的奥妙在于所处理的问题规模以及产品生命周期的维护。

当测试目标很简单时，录制回放确实能解决问题，但是当问题规模很大的时候，录制回放的缺陷就会很明显，主要的问题是代码复用能力弱。软件设计当中有一个非常重要的原则是尽可能地复用已有的代码从而减轻代码维护的工作量，但是录制回放的方法本质上是对代码进行复制粘贴（代码生成），这样就会生成大量的重复性代码，而且每录制一次，就会有一份。测试目标发生小的变化时，有两种方法可以对测试代码进行修改，一种方法是重新录制，还有一种方法是手工修改必要的代码，实际上两种方法的工作量都不会小。另外如果软件的产品周期比较长，在开始的时候我们可以录制测试代码，但是当产品功能发生变化时，重新录制代码会把原来的代码完全覆盖掉，而有时因为某种原因，我们已经修改了生成的代码，这样就会造成代码失步的问题。综上所述，基本上录制回放的方法只能用于项目初期、开发人员对 Selenium 不太熟悉的情况下，快速实现小规模功能的测试。

反过来，基于 Webdriver API 开发自己的功能测试有很多好处。代码的设计者从一开始就会考虑代码复用的问题，因为这样可以减少代码编写的工作量；而且对于小的功能性的改变，测试代码修改起来也会很容易。

可以考虑封装 Webdriver API 到一个更容易使用的框架中，同时在框架中解决 Webdriver 中比较难解决的一些问题，如执行不稳定的问题。

本节的主要内容不是讨论如何使用 Selenium 编写测试的细节，实际上有很多资料来描述如何使用 Selenium Webdriver API 的细节，如 Selenium 的官方文档，本节的重点是以一个 DjangoTODO list 应用程序为例，讨论如何从最简单的测试入手，设计、实现和演化测试程序，以及如何改进 Selenium 框架以获得更具鲁棒性的测试程序。

下面我们用 Selenium 来编写 Django TODO List 测试程序。

我们将采用测试驱动的方式编写 Django TODO List 测试程序，测试驱动的基本思想是，首先编写需要测试的程序的原型代码，包括所有的测试函数和辅助函数，在测试程序的第一个版本，所有的测试函数都返回失败，编写测试的目的是让所有失败的函数变为成功。然后，一个一个提供测试函数的实现，最终完成所有的测试函数，获得成功的测试结果。

第一轮迭代：编写原型测试代码

这个原型测试代码只包含了整个测试的流程代码，所有的测试方法都将是失败的，同时，测试代码运行的关键函数只包含函数调用信息，以方便读者了解整个测试代码的运行流程，但我们能在最短的时间内看到测试程序已经能够运行。这很重要，按照敏捷开发的基本原则，我们需要保证每一个软件版本都是可以运行的。完整代码参见附赠网盘资料 testDjangoTodo_1.py。

```
# -*- coding: utf-8 -*-
from selenium import webdriver
from selenium.webdriver.common.by import By
from selenium.webdriver.common.keys import Keys
from selenium.webdriver.support.ui import Select
from selenium.common.exceptions import NoSuchElementException
from selenium.common.exceptions import NoAlertPresentException
import unittest, time, re
class DjangoTODOListTestCase(unittest.TestCase):
    @classmethod
    def setUpClass(cls):
        print "setupClass\n"
    @classmethod
    def tearDownClass(cls):
        print "tearDownClass\n"
    def setUp(self):
        print "setUp"
    def login(self):
        print "login method has not implemented\n"
    def test01TaskList(self):
        self.fail("testTaskList has not implemented\n")
    def test20UpdateTask(self):
        self.fail("testUpdateTask has not implemented\n")
    def test30CreateTask(self):
        self.fail("testCreateTask has not implemented\n")
    def test40DeleteTask(self):
        self.fail("testDeleteTask has not implemented\n")
    def tearDown(self):
```

```
        print "tearDown\n"
if __name__ == "__main__":
    unittest.main()
```

下面是测试的运行结果，读者可以看到，输出结果是符合预期的，它会打印出测试的运行路径，同时所有的测试方法都是失败的。

```
$ python testDjangoTodo_1.py
setupClass
setUp
FtearDown
setUp
FtearDown
setUp
FtearDown
setUp
FtearDown
tearDownClass
======================================================================
FAIL: test01TaskList (__main__.DjangoTODOListTestCase)
----------------------------------------------------------------------
Traceback (most recent call last):
  File "testDjangoTodo_1.py", line 28, in test01TaskList
    self.fail("testTaskList has not implemented\n")
AssertionError: testTaskList has not implemented

======================================================================
FAIL: test20UpdateTask (__main__.DjangoTODOListTestCase)
----------------------------------------------------------------------
Traceback (most recent call last):
  File "testDjangoTodo_1.py", line 33, in test20UpdateTask
    self.fail("testUpdateTask has not implemented\n")
AssertionError: testUpdateTask has not implemented

======================================================================
FAIL: test30CreateTask (__main__.DjangoTODOListTestCase)
----------------------------------------------------------------------
Traceback (most recent call last):
  File "testDjangoTodo_1.py", line 37, in test30CreateTask
    self.fail("testCreateTask has not implemented\n")
AssertionError: testCreateTask has not implemented
```

```
======================================================================
FAIL: test40DeleteTask (__main__.DjangoTODOListTestCase)
----------------------------------------------------------------------
Traceback (most recent call last):
  File "testDjangoTodo_1.py", line 41, in test40DeleteTask
    self.fail("testDeleteTask has not implemented\n")
AssertionError: testDeleteTask has not implemented

----------------------------------------------------------------------
Ran 4 tests in 0.001s

FAILED (failures=4)
```

第二轮迭代：编写登录模块

要在 Django 提供的 TODO List 程序中运行管理任务，必须首先登录到系统，然后才能进行任务的增删改查，所以我们首先来实现登录功能。

这里在 SetUp 方法中调用登录方法，这样在运行每个测试样例时，我们都是从同一个位置开始执行的，保证了测试场景的一致性。具体动作为：首先连接到主页，然后填入用户名和口令，单击登录按钮。方法 login 包含了所有动作，这里只列出关键性代码，因为很多代码是重复的。完整代码参见附赠网盘资料 testDjangoTodo_2.py。

```
# -*- coding: utf-8 -*-
from selenium import webdriver
from selenium.webdriver.common.by import By
from selenium.webdriver.common.keys import Keys
from selenium.webdriver.support.ui import Select
from selenium.common.exceptions import NoSuchElementException
from selenium.common.exceptions import NoAlertPresentException
import unittest, time, re
class DjangoTODOListTestCase(unittest.TestCase):
    def login(self):
        self.driver.get("http://127.0.0.1:8000/admin")
        self.driver.find_element_by_id("id_username").click()
        self.driver.find_element_by_id("id_username").clear()
        self.driver.find_element_by_id("id_username").send_keys("admin")
        self.driver.find_element_by_id("id_password").clear()
        self.driver.find_element_by_id("id_password").click()
        self.driver.find_element_by_id("id_password").clear()
        self.driver.find_element_by_id("id_password").send_keys
("1234abcd")
        self.driver.find_element_by_xpath("(.//*[normalize-space(text())
 and normalize-space(.)='Password:'])[1]/following::input[3]").click()
```

```
        print "login success\n"
    def setUp(self):
        chromeOptions = webdriver.ChromeOptions()
        chromeOptions.set_headless()
        self.driver = webdriver.Chrome(chrome_options=chromeOptions)
        self.driver.implicitly_wait(30)
        self.login()
```

第三轮迭代：浏览任务列表

单击“Items”链接，切换到 Items 列表网页，然后单击项目“work 1”，回退到“Home”，这里我们并没有做任何的验证工作，实际上验证工作是隐含在单击命令中的。为了验证数据，可以单击所有的项目，如果项目数量很大，可以建立一个循环，如果项目不存在，那么在调用单击项目命令时就会报错，这实际上是一种隐式的数据校验。完整代码参见附赠网盘资源 testDjangoTodo_3.py。

```
    def test01TaskList(self):
        self.driver.find_element_by_link_text("Items").click()
        self.driver.find_element_by_link_text("work 1").click()
        self.driver.find_element_by_link_text("Home").click()
```

第四轮迭代：修改一个现有的任务

单击“items”获取完整的项目列表，单击“work 1”可以看到项目“work 1”相关内容，将其状态设置为完成，然后再将其状态恢复为原始状态。完整代码参见附赠网盘资源 testDjangoTodo_4.py。

```
    def test20UpdateTask(self):
        self.driver.find_element_by_link_text("Items").click()
        self.driver.find_element_by_link_text("work 1").click()
        self.driver.find_element_by_xpath("(.//*[normalize-space(text())
and normalize-space(.)='Priority:'])[1]/following::label[1]").click()
        self.driver.find_element_by_name("_save").click()
        self.driver.find_element_by_xpath("(.//*[normalize-space(text())
and normalize-space(.)='Item'])[1]/following::a[1]").click()
        self.driver.find_element_by_xpath("(.//*[normalize-space(text())
and normalize-space(.)='Priority:'])[1]/following::label[1]").click()
        self.driver.find_element_by_name("_save").click()
        self.driver.find_element_by_link_text("Home").click()
```

第五轮迭代：增加一个新的任务

单击“items”右侧的“Add”按钮，修改项目名称为“seleniumtest”，然后为其设置需要完成的任务并保存。完整代码参见附赠网盘资源 testDjangoTodo_5.py。

```
    def test30CreateTask(self):
```

```
        self.driver.find_element_by_xpath("(.//*[normalize-space(text())
and normalize-space(.)='Items'])[1]/following::a[1]").click()
        self.driver.find_element_by_id("id_title").clear()
        self.driver.find_element_by_id("id_title").send_keys("seleniumtest")
        self.driver.find_element_by_id("id_todo_list").click()
        self.driver.find_element_by_id("id_todo_list").send_keys("complete
the work 2")
        self.driver.find_element_by_id("id_todo_list").click()
        self.driver.find_element_by_name("_save").click()
        self.driver.find_element_by_xpath("(.//*[normalize-space(text())
and normalize-space(.)='Item'])[1]/following::a[1]").click()
        self.driver.find_element_by_link_text("Home").click()
```

第六轮迭代：删除一个现有任务

单击“Items”列出所有任务清单，选择“seleniumtest”项目，选择“Delete”，然后确认。完整代码参见附赠网盘资源 testDjangoTodo_6.py。

```
    def test40DeleteTask(self):
        self.driver.find_element_by_link_text("Items").click()
        self.driver.find_element_by_link_text("seleniumtest").click()
        self.driver.find_element_by_link_text("Delete").click()
        self.driver.find_element_by_xpath("(.//*[normalize-space(text())
and normalize-space(.)='seleniumtest'])[2]/following::input[3]").click()
```

第七轮迭代：测试程序的改进优化

经过上面简单的测试任务的编写，有些读者可能已经注意到一些问题，上述代码的主要问题是：测试代码有时候会失败，主要原因是在不同的测试环境下，服务器端的响应时间可能不同，直接调用浏览器相应的 driver 程序，有时会抛出找不到元素的错误；当发生异常时，需要自动保存测试屏幕，这样可以比较容易定位问题。

上面的问题涉及测试的鲁棒性问题，为了解决问题，我们在接口层面引入一个定制化的浏览器驱动，它跟实际的 Chromedriver 等没有本质区别。我们采用设计模式中的代理模式，这个浏览器驱动的主要工作是转发请求给实际的浏览器驱动，这样设计的好处是，在把请求转发给实际浏览器驱动的时候，我们可以增加一些额外的动作，如下所述。

1）这个新的浏览器驱动可以充当工厂的角色，根据环境变量来创建针对不同浏览器的驱动，这样如果需要测试不同的浏览器，那么我们无需修改任何代码，只需要改变一个环境变量即可。

2）查找元素的智能等待。我们知道，在 Selenium 中提供了很多查找页面上元素的方法，但是这些查找方法经常会抛出各种异常，这是因为当测试在不同的环境下运行时，来自服务器的响应速度不同，这就会造成在查找元素时在给定的超时时间内会失败。对于这个问题，一个解决办法是智能等待，也就是说，我们会设定一个比较长的等待时间，但是在这个时间中，每隔一小段时间就要检查一下页面是否已经被加载上来了，如果是，就会从循环中返回，如果不是，就继续等待。在最差的情况下，程序会超时退出，但是如果我们把这个超时时间设得很长，因为时间问题导致的测试失败的情况就会变少。不过这会带来另外一个问题，那就如果是因为服务器的问题造成无法加载数据，测试会跑得很慢，所以超时时间是一个非常重要的经验数据。

3）异常处理。通常情况下，我们希望在发生异常时能够将当时的网页保存下来，但是特定浏览器的驱动是不提供这样的功能的，所以在编写相关测试的时候，我们需要自己捕获异常，增加相应的代码来将屏幕保存在文件中。这样做存在这样的问题：如果保存屏幕的代码发生了变化，我们需要更新多处；有时我们可能忘记在特定的位置进行异常处理，这时如果发生异常，那么屏幕就不会被保存。一种更好的办法是，在框架级别进行异常处理，它可以拦截到所有的异常，并进行统一处理。

新的浏览器驱动将不止具有上述功能，相信读者在实践中会有更好的想法。

假设这个新的浏览器驱动是一个新的框架，它能够为 Selenium 带来一些额外的提升，但是程序开发者完全感觉不到编程上的差异，也就是我们提供了 API 级别的透明性。下面让我们看看实际的代码是什么样的，读者可以根据自己的需要在实际工作中使用和修改我们的代码。

首先建立一个工厂模式，该模式通过类方法 getDriver()返回自身的实例，同时将真实的浏览器驱动保存在自身对象变量中，该类方法可以根据环境变量来创建不同的真实浏览器驱动，这就意味着如果想测试多种浏览器，只需要修改一个环境变量即可。按照敏捷开发的思路，我们先实现一个基本的功能版本，该版本只是实现了一个工厂函数 getDriver，没有任何附加功能，只能保证现有的测试能够正常运行，下面是完整代码。

```
from selenium import webdriver
from selenium.webdriver.remote.webelement import WebElement
from selenium.webdriver.common.by import By
from selenium.webdriver.common.keys import Keys
from selenium.webdriver.support.ui import Select
from selenium.common.exceptions import NoSuchElementException
from selenium.common.exceptions import NoAlertPresentException
from selenium.webdriver.support.ui import WebDriverWait
from selenium.webdriver.support import expected_conditions as EC
import os
import time
class VirtualWebDriver(object):
    def __init__(self):
        pass
    @classmethod
    def getDriver(cls):
        selfobj = cls()
        if os.environ.has_key("WEBDRIVER"):
```

```
                if os.environ["WEBDRIVER"] == "Chrome":
                    chromeOptions = webdriver.ChromeOptions()
                    chromeOptions.set_headless()
                    selfobj.driver = webdriver.Chrome(chrome_options=chrome
Options)
                if os.environ["WEBDRIVER"] == "Firefox":
                    firefoxOptions = FirefoxOptions();
                    firefoxOptions.set_headless(true)
                    selfobj.driver = webdriver.Firefox(firefox_opotions=
firefoxOptions)
            else:
                chromeOptions = webdriver.ChromeOptions()
                chromeOptions.set_headless()
                selfobj.driver = webdriver.Chrome(chrome_options=chrome
Options)
            return selfobj
        def get(self, url):
            return self.driver.get(url)
        def find_element_by_id(self, id):
            return self.driver.find_element_by_id(id)
        def find_element_by_xpath(self, xpath):
            return self.driver.find_element_by_xpath(xpath)
        def find_element_by_link_text(self, text):
            return self.driver.find_element_by_link_text(text)

        def set_window_size(self, width, hight):
            self.driver.set_window_size(width, hight)
        def implicitly_wait(self, second):
            self.driver.implicitly_wait(second)
        def quit(self):
            self.driver.quit()
    if __name__ == "__main__":
        driver = VirtualWebDriver.getDriver().find_elements_by_id("test is
test")
```

然后我们实现浏览器驱动中的一些常用方法。在实际生产系统中，应该实现所有的API方法，但是在这个例子中，我们只实现一个常用的方法：find_element_by_id。在这个方法中，首先加入第一个重要功能，即智能等待。实际上原理非常简单，每隔一小段时间就调用实际的浏览器驱动的find方法，检查期望的元素是否存在，如果存在就返回，如果不存在就继续等待，一直等到一个比较长的超时时间，然后抛出异常。下面是具体的代码实现。

```
def find_element_by_id(self, id):
    sleeptime = 1
    loopnum = 20
    ex = None
    i = 0
    while i < loopnum:
        try:
            time.sleep(sleeptime)
            return self.driver.find_element_by_id(id)
        except Exception as E:
            i = i + 1
            ex = E
    raise(ex)
```

紧接着，我们加入第二个重要功能：在异常情况下（超时）抓取屏幕。实际上只需要增加一行代码，注意新增加的语句：self.driver.save_screenshot("error.png")。

```
def find_element_by_id(self, id):
    sleeptime = 1
    loopnum = 20
    ex = None
    i = 0
    while i < loopnum:
        try:
            time.sleep(sleeptime)
            return self.driver.find_element_by_id(id)
        except Exception as E:
            i = i + 1
            ex = E
    self.driver.save_screenshot("error.png")
    raise(ex)
```

读者可以按照上面的方法加入更多的增加测试鲁棒性的代码到虚拟浏览器驱动中，这样做的好处是，增加鲁棒性的代码不会影响现有的测试逻辑。

最后，修改 testcase 代码，把定制的浏览器驱动功能利用起来，实际上只需要修改 setup() 方法即可。完整测试代码参见附赠网盘资源 testDjangoTodo_7.py。

```
def setUp(self):
    self.driver = VirtualWebDriver.getDriver()
    self.driver.implicitly_wait(30)
    self.login()
```

最终一个利用了定制框架功能的测试用例，是不是很简单？其实软件设计的艺术在于它的简单和美，设计复杂、难以理解的软件通常也是非常失败的产品。

5. Selenium 测试在云端

Selenium 在云端进行测试最好的方式是将 Selenium 所有的依赖封装在 Docker 的镜像文件中，当需要使用的时候，直接启动容器，就可以得到一个完整的测试环境。Docker 部署在云端时，无法提供自己的图形用户界面，那么如何在没有图形界面输出的情况下实现 Selenium 的图形用户界面测试呢？实际上有两种方法： Chrome 无头方式（headless）和 vxfb 虚拟屏幕方式。下面将分别讨论这两种方法。

方法 1：Chrome 无头方式（用于入门学习阶段）

最新发布的 Chrome 支持以无头方式运行图形用户界面程序，为了在云端实现 Chrome 无头方式的测试，我们需要准备一个测试环境，步骤如下。

步骤 1：首先准备一个 DockerFile 来将必要的测试环境封装在一个镜像中，下面是完整的 Dockerfile。

```
FROM centos
RUN yum -y install epel-release && \
   yum -y install which && \
   yum -y install wget && \
   yum -y install sudo && \
   yum -y install unzip && \
   yum -y install python-pip && \
   yum -y install net-tools && \
   yum -y install openssh-server
RUN pip install --upgrade pip
RUN pip install Django && \
   pip install selenium
RUN yum -y install https://dl.google.com/linux/direct/google-chrome-stable_current_x86_64.rpm
RUN wget https://chromedriver.storage.googleapis.com/2.45/chromedriver_linux64.zip
RUN unzip chromedriver_linux64.zip
RUN chmod u+w /usr/bin
RUN cp chromedriver /usr/bin
RUN ssh-keygen -t dsa  -P "" -f  /etc/ssh/ssh_host_dsa_key
RUN ssh-keygen -t rsa  -P "" -f  /etc/ssh/ssh_host_rsa_key
RUN ssh-keygen -t ecdsa -P "" -f  /etc/ssh/ssh_host_ecdsa_key
RUN ssh-keygen -t ed25519  -P "" -f  /etc/ssh/ssh_host_ed25519_key
# password is test
RUN useradd -m test -p "VJdx0yi1Y3LKc"
```

下面对 Dockerfile 文件进行一些解释：

1）为什么需要安装openssh-server？原因是我们的测试环境首先是一个服务器环境，容器其实是一个特殊的进程，当容器内的应用运行结束后，容器也就退出了。但是我们希望容器运行起来以后不退出，同时，我们可以通过隧道技术从笔记本电脑连接到容器，这就需要安装openssh-server服务程序。

2）读者可能会疑惑，为什么会调用 ssh-keygen 来生成密钥？这是因为在安装openssh-server后，启动sshd进程时，sshd进程需要这些密钥，如果这些密钥在最初的操作系统中不存在，就会导致启动sshd失败。

3）我们通过 useradd 命令新建了一个 test 用户，原因是默认情况下容器使用的是根（root）用户，但是Chrome浏览器在根用户下无法工作，所以必须创建一个新用户test。

4）在创建新用户时，我们指定了密码，但是该密码是加密密码（test），如果你的系统安装了openssl库，可以用下面的命令获取特定明文的加密密码。

```
$ openssl passwd -stdin
test
nVjYLgpiKZ89s
```

步骤2：构建镜像。

这里我们提供一个脚本来构建镜像，主要原因是，我们需要将一些测试相关的程序复制到镜像中，但是Dockerfile的COPY命令有一些限制，它只能将当前工作路径下的文件复制到镜像中，如果我们的文件没有在当前的工作路径下，就需要一个脚本将文件先复制到当前工作路径，然后构建，最后删除文件。下面是脚本的内容。

```
#!/bin/bash
if [ "$1" ==  "" ] ; then
echo "usage build.sh <tag>"
exit 1
fi
echo "tag: $1"
cp -pr ../../DjangoTest/tests tests
cp -pr ../../toDoListPro toDoListPro
docker build . -t $1
rm -rf tests
rm -rf toDoListPro
```

调用脚本构建镜像：

```
# ./build.sh headlessimage
```

步骤3：启动容器。

```
# docker run -d --privileged=true --name=node3 -p 2222:22 headlessimage
/usr/sbin/sshd -D
```

步骤 4：检查 Python 调用 Chrome 无头方式能够正常工作。
可以直接运行下面的代码。

```
from selenium import webdriver
import time
from selenium.webdriver.chrome.options import Options
chrome_options = Options()
chrome_options.set_headless()
driver = webdriver.Chrome(chrome_options=chrome_options)
driver.get("http://www.microsoft.com/")
print driver.title
driver.quit()
```

如果输出是

```
$ python test.py
Microsoft - Official Home Page
```

说明测试环境正常。

小经验

注意：检查 Chrome 浏览器是否能正常工作时一定不要在根用户下进行，因为出于安全性的考虑，Chrome 浏览器不允许在根用户下运行。

就这样，Selenium+Chrome（headless）+Python 的实验环境就准备好了。

小贴士

在初次接触在容器中使用无头方式的 Chrome 浏览器时，我们可能会遇到下面的问题。

问题 1：Chrome 在容器中启动失败。

```
    Failed to move to new namespace: PID namespaces supported, Network
namespace supported, but failed: errno = Operation not permitted
    Trace/breakpoint trap   google-chrome --headles http://www.microsoft.com
```

这是因为 Chrome 在沙盒模式下运行，它需要获得和宿主机上其他进程相同的权限来运行，所以在启动容器时需要增加参数“--privileged=true”。

问题 2：需要调试。

在无头方式下我们是看不到屏幕输出的，那么如果在测试程序中遇到问题，需要调试怎么办？实际上它需要 Chrome 远程调试器的支持，原理是将另外一个 Chrome 作为屏幕输出。

问题 3：如何从台式电脑连接到云端的容器（以 Putty 为例）。

因为运行在宿主机的容器通常采用 NAT 的网络链接方式，也就是说，对于宿主机外部的用户而言，他们只能看到宿主机的网络地址，而无法看到容器的网络地址，那么如何才能从宿主机外部访问到容器呢？方法是将 ssh 的端口映射到宿主机，具体步骤如下。

步骤 1：首先获取容器内 ssh 服务器的宿主机映射端口，可以用下面的命令。

```
# docker ps|grep sshd
41019c1754d6        seleniumimage          "/usr/sbin/sshd -D"    3
weeks ago       Up 26 minutes       0.0.0.0:2222->22/tcp    node3
```

ssh 服务的默认端口是 22，那 22 前面的那个数字就是宿主机映射端口，这里是 2222。

步骤 2：改变 ssh 客户端的目标端口，这里是 2222。例如，图 5-12 展示了在 Putty 中修改 ssh 默认端口的方法。

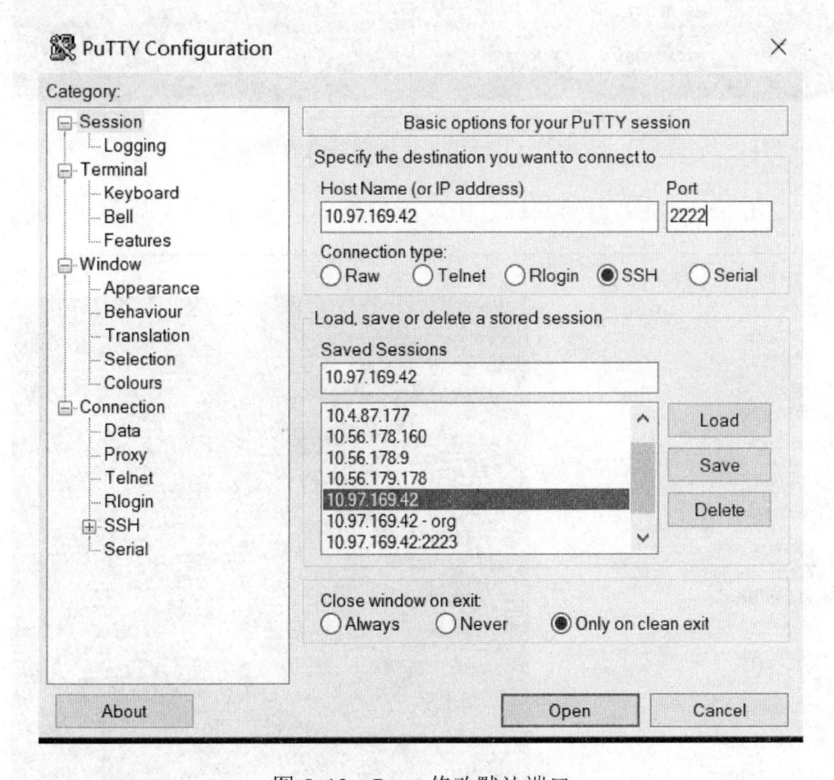

图 5-12 Putty 修改默认端口

步骤 3：打开连接，用 test 用户登录，图 5-13 展示了用 test 用户登录到容器内部的画面。

这时就成功从台式电脑登录到云端的容器内部。

问题 4：如何从台式电脑访问云端容器内的服务。

解决办法是通过 ssh 隧道做端口映射，假设已经成功从台式电脑登录到容器内部，网页服务器绑定在 127.0.0.1:8000 的地址，这时我们可以做如下端口映射。

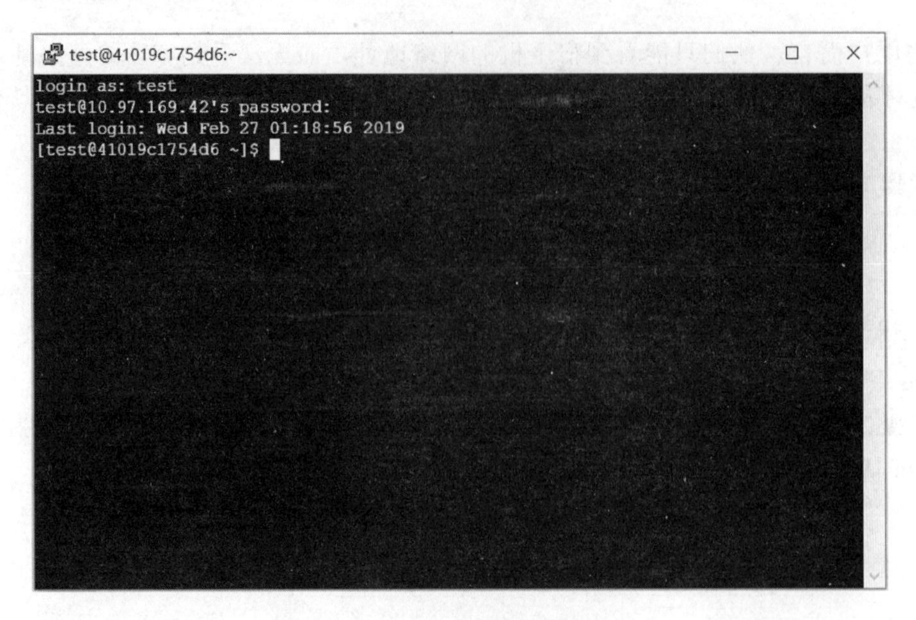

图 5-13　Putty 登录到容器内部

步骤 1：单击 putty 左上角的图标，出现下拉菜单，如图 5-14 所示。

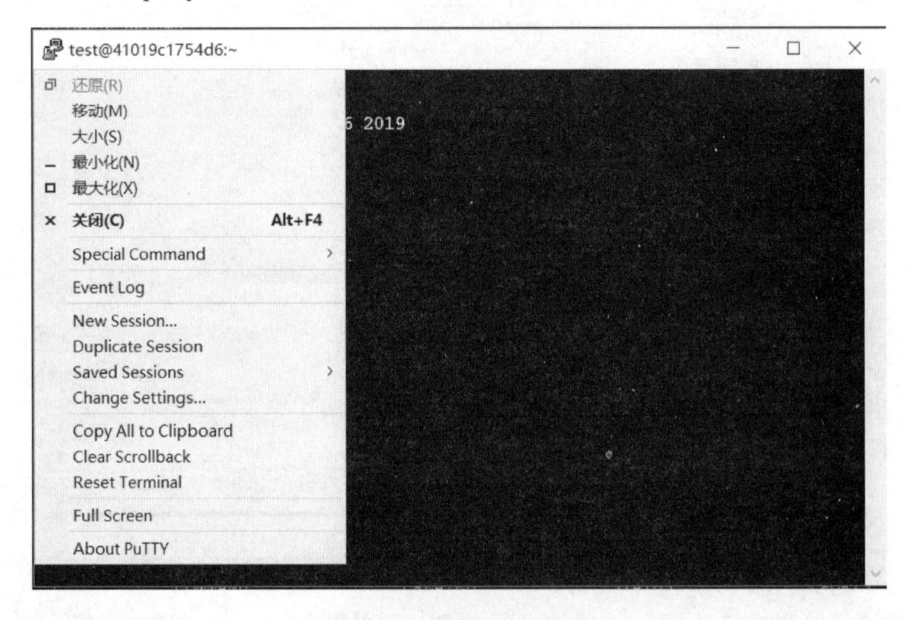

图 5-14　Putty 左上角下拉菜单

步骤 2：选择“Change Settings...”，出现配置菜单，图 5-15 展示了 Putty 的配置修改对话框。

步骤 3：选择 SSH→Tunnels，然后在 Source port 中输入 8000，在 Destination 中输入 localhost:8000。

最后单击 Add 按钮，图 5-16 展示了配置 SSH 端口转发的界面内容。

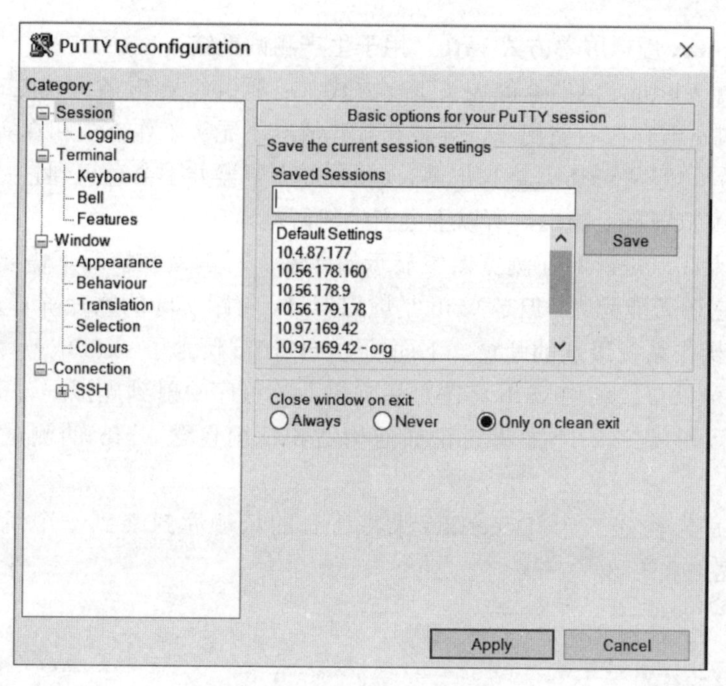

图 5-15　Putty 配置对话框

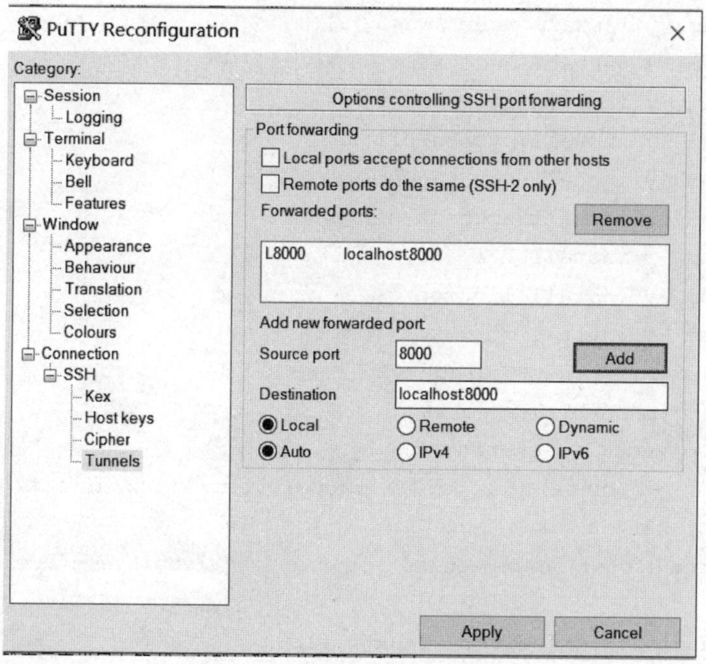

图 5-16　Putty 实现端口转发

步骤 4：单击 Apply 按钮。

步骤 5：完成配置，此时对本机地址 localhost:8000 的访问就被映射成对容器内 localhost:8000 的访问了，利用这样的方法，我们可以在本地台式机上访问容器内的任何服务。

方法 2：Linux 虚拟屏幕方式 vxfb（用于生产测试系统）

为什么有了 Chrome 浏览器的无头工作方式，还要引入 vxfb 的方式呢？原因如下。

Chrome 浏览器存在一些问题，导致在某些情况下无头工作方式和真实的图形用户界面的行为有差异，但是 vxfb 是虚拟屏幕，Chrome 浏览器并不会意识到它是在物理屏幕上输出，还是在虚拟屏幕上输出，所以不会产生任何差异。

无头工作方式只是针对在浏览器中显示的元素，对于某些情况下需要弹出操作系统级别的窗口，它还无能为力，但是 vxfb 是虚拟屏幕，它跟实际的物理屏幕显示没有区别，所以可以处理操作系统级别的弹窗。下面的 Dockerfile 包含了 vxfb 依赖库的安装，这样生成的镜像就可以直接利用 vxfb 将图形用户界面的程序映射到虚拟屏幕上，从而实现没有监视器环境下的测试。下面将讨论如何构造和使用包含 vxfb 的测试环境，具体步骤如下。

步骤 1：首先构建一个 Docerfile 来将所有的依赖库封装到一个镜像中，下面是 Dockerfile 的完整代码。

```
FROM centos
RUN yum -y install epel-release && \
    yum -y install which && \
    yum -y install wget && \
    yum -y install sudo && \
    yum -y install unzip && \
    yum -y install python-pip && \
    yum -y install net-tools && \
    yum -y install openssh-server  && \
    yum -y install Xvfb && \
    yum -y install libXfont && \
    yum -y install xorg-x11-fonts*
RUN pip install --upgrade pip
RUN pip install Django && \
    pip install selenium
RUN yum -y install https://dl.google.com/linux/direct/google-chrome-
stable_current_x86_64.rpm
RUN wget https://chromedriver.storage.googleapis.com/2.45/chromedriver_
linux64.zip
RUN unzip chromedriver_linux64.zip
RUN chmod u+w /usr/bin
RUN cp chromedriver /usr/bin
RUN ssh-keygen -t dsa  -P "" -f  /etc/ssh/ssh_host_dsa_key
RUN ssh-keygen -t rsa  -P "" -f  /etc/ssh/ssh_host_rsa_key
RUN ssh-keygen -t ecdsa -P "" -f  /etc/ssh/ssh_host_ecdsa_key
RUN ssh-keygen -t ed25519  -P "" -f  /etc/ssh/ssh_host_ed25519_key
```

```
# password is test
RUN useradd -m test -p "VJdx0yi1Y3LKc"
```

步骤 2：构建镜像。

这里我们提供一个脚本来构建镜像，主要原因是，我们需要将一些测试相关的程序复制到镜像中，但是Dockerfile的COPY命令有一些限制，它只能将当前工作路径下的文件复制到镜像中，如果文件没有在当前的工作路径下，就需要一个脚本将文件先复制到当前工作路径下，然后构建镜像，最后删除文件，该脚本被命名为build.sh，下面是脚本的内容。

```
#!/bin/bash
if [ "$1" ==  "" ] ; then
echo "usage build.sh <tag>"
exit 1
fi
echo "tag: $1"
cp -pr ../../DjangoTest/tests tests
cp -pr ../../toDoListPro toDoListPro
docker build . -t $1
rm -rf tests
rm -rf toDoListPro
```

调用脚本构建镜像：

```
# ./build.sh xvfbimage
```

步骤 3：启动容器。

```
# docker run -d --privileged=true --name=node4 -p 2222:22 xvfbimage
/usr/sbin/sshd -D
```

容器一旦启动，测试环境就已经就绪，但是如何才能验证测试环境没有问题呢？

步骤 4：验证环境。

为了验证xvfb是否能够正常工作，可以使用下面的测试程序。

```
$ cat test1.py
from selenium import webdriver
from pyvirtualdisplay import Display

display = Display(visible=0, size=(800,600))
display.start()
path = "/bin/chromedriver"
driver = webdriver.Chrome(path)
driver.get("http://www.baidu.com")
```

```
import pdb; pdb.set_trace()
driver.page_source
driver.quit()
display.stop()
```

如果该程序能够正常返回百度网页的源代码，这说明 xvfb 的测试环境已经就绪。

对于图形用户界面的测试，从开发步骤而言，通常会在有 GUI 的条件下调试好（因为比较直观），然后直接部署到 Docker 中运行，但是如果在 docker 运行中出现问题，而在 GUI 环境下没有问题，就只能通过输出屏幕的方式进行调试。

小技巧

在使用 xvfb 时，有时会遇到下面的错误。

```
ERROR: setUpClass (__main__.TestCreateCapacityAlert)
----------------------------------------------------------------------
Traceback (most recent call last):
  File "createCapacityAlert.py", line 73, in setUpClass
    self.driver = webdriver.Chrome(chrome_options=chrome_options)
  File "/usr/lib/python2.7/site-packages/selenium/webdriver/chrome/
webdriver.py", line 81, in __init__
    desired_capabilities=desired_capabilities)
  File "/usr/lib/python2.7/site-packages/selenium/webdriver/remote/
webdriver.py", line 157, in __init__
    self.start_session(capabilities, browser_profile)
  File "/usr/lib/python2.7/site-packages/selenium/webdriver/remote/
webdriver.py", line 252, in start_session
    response = self.execute(Command.NEW_SESSION, parameters)
  File "/usr/lib/python2.7/site-packages/selenium/webdriver/remote/
webdriver.py", line 321, in execute
    self.error_handler.check_response(response)
  File "/usr/lib/python2.7/site-packages/selenium/webdriver/remote/
errorhandler.py", line 242, in check_response
    raise exception_class(message, screen, stacktrace)
WebDriverException: Message: unknown error: DevToolsActivePort file
doesn't exist
  (Driver info: chromedriver=2.40.565383 (76257d1ab79276b2d53ee976b
2c3e3b9f335cde7),platform=Linux 4.4.162-94.72-default x86_64)
```

这通常是由指定的虚拟解析度在系统中不支持造成的，可以用下面的命令来确认。

```
$ xvfb-run -a -s "-screen 0 1280x760x24" google-chrome http://www.china.com
```

如果返回下面的内容，并且进程不退出，说明浏览器正常启动。

```
Fontconfig warning: "/etc/fonts/fonts.conf", line 86: unknown element "blank"
[159753:159820:0126/153759.051628:ERROR:bus.cc(396)] Failed to connect to the bus: Could not parse server address: Unknown address type (examples of valid types are "tcp" and on UNIX "unix")
ATTENTION: default value of option force_s3tc_enable overridden by environment.
[159805:159805:0126/153759.082163:ERROR:sandbox_linux.cc(364)] InitializeSandbox() called with multiple threads in process gpu-process.
[159753:159753:0126/153759.090202:ERROR:gpu_process_transport_factory.cc(967)] Lost UI shared context.
```

如果本机不支持指定的解析度，那么下面的命令就会导致程序崩溃。

```
$ xvfb-run -a -s "-screen 0 1920x1600x8" google-chrome http://www.china.com
/usr/bin/xvfb-run: line 168: 159296 Segmentation fault (core dumped) DISPLAY=:$SERVERNUM XAUTHORITY=$AUTHFILE "$@" 2>&1
```

如何获取本机支持的解析度呢？在 Linux 下通常使用 xrandr“

```
# xrandr
xrandr: Failed to get size of gamma for output default
Screen 0: minimum 1536 x 864, current 1536 x 864, maximum 1536 x 864
default connected 1536x864+0+0 0mm x 0mm
   1536x864      0.00*
```

小贴士

对于图形用户界面测试，推荐读者在 Linux 下运行，原因如下。

在 Windows 下，图形用户界面的测试程序会获得所有设备的控制权，如果测试者想使用鼠标键盘操作，会影响其他测试程序的执行，同时，测试程序也会影响测试者对测试机器的使用，这就意味着测试程序需要独占测试机。Linux 的图形用户界面采用 C/S 结构设计，测试程序相当于一个客户端，它可以连接到不同的图形服务器，包括本机的（默认的）。远程的（如 Windows 上的 xming），也可以连接到没有实际物理屏幕的虚拟服务器，也就是说在 Linux 下可以创建多个虚拟屏幕，而这多个虚拟屏幕上的测试将不会相互影响，这就是说，在 Linux 下图形用户界面的压力测试是可行的，但在 Windows 下这是不可能的。

Windows 下测试程序会获得所有设备的控制权，如果想通过基本测试程序扩展成压力测试是非常困难的，因为不同的测试进程或测试线程会相互影响，所以必须采用其他技术单独构造压力测试程序。

在实际测试过程中，经常会遇到 GUI 测试与非 GUI 测试混合部署的情况，混合测试环境下 Linux 比较方便。

5.3.2 面向系统互联接口（RESTAPI）的功能测试

本小节我们主要讨论如何测试 RESTAPI，而不是如何实现一个 RESTAPI。有关如何用 Python 来实现 RESTAPI 接口，可以参阅相关文献，我们正在使用它所提供的例子作为测试对象。它已经实现了一个功能相对完整的 TODO List 的 RESTAPI 接口功能，而且代码只有大约 100 行。

RESTAPI server 下载地址：https://gist.github.com/miguelgrinberg/5614326。

API 接口列表见表 5-1。

表 5-1 API 接口列表

HTTP 方法	URI	动　　作
GET	http://[hostname]/todo/api/v1.0/tasks	检索任务清单
GET	http://[hostname]/todo/api/v1.0/tasks/[task_id]	检索一个任务
POST	http://[hostname]/todo/api/v1.0/tasks	创建一个新任务
PUT	http://[hostname]/todo/api/v1.0/tasks/[task_id]	更新一个已存在的任务
DELETE	http://[hostname]/todo/api/v1.0/tasks/[task_id]	删除一个任务

1. REST 手工验证的利器——Postman

（1）如何安装 Postman

步骤 1：打开下载网页 https://www.getpostman.com/downloads/，图 5-17 展示了 Postman 下载网页的内容。

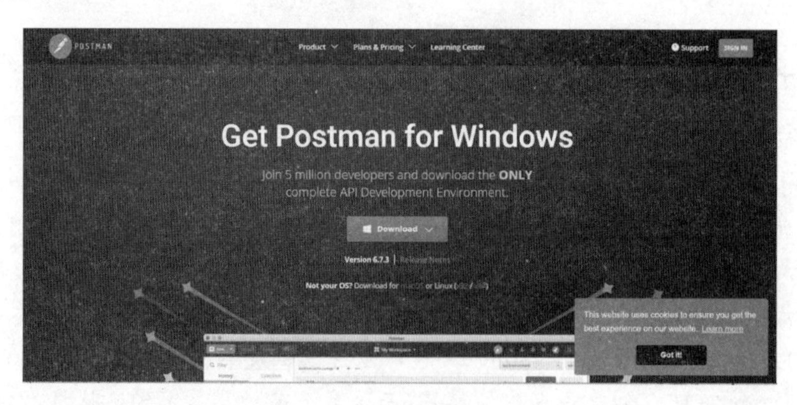

图 5-17　Postman 下载界面

步骤 2：单击“Download”按钮，下载 Postman。

步骤 3：双击下载好的文件 Postman-win64-6.7.3-Setup.exe，安装 Postman。

（2）如何使用 Postman

利用 Postman 可以手工构造 HTTP 协议，仿真整个 HTTP 协议交互的过程。Postman

支持所有的 HTTP 协议包以及相应的 payload 的编辑和构造，这对于手工验证来说非常方便。

下面以 TODO LIST API 为例，讲解如何使用 Postman 做基本的手工测试，图 5-18 展示了 Postman 主界面的右侧部分。

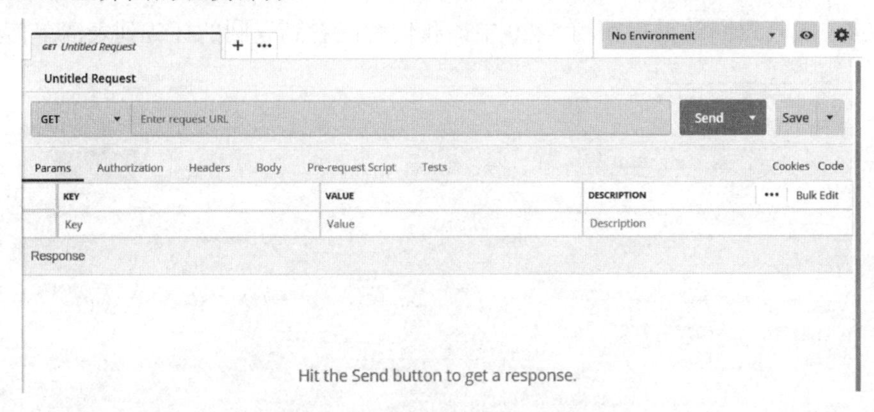

图 5-18 Postman 主界面右侧

测试场景 1：设置授权信息

在 RESTAPI 设计中，为了保护数据免受非授权访问的攻击，往往需要在服务器端实现认证授权机制，这样，在测试过程中，我们就需要首先完成认证授权，然后才能访问到所需要的数据。

Postman 已经内置了很多种认证授权协议，可以根据服务端的要求选择配置相应的授权协议，如在本例中，我们使用的是 BasicAuth 协议，首先选择 BasicAuth 协议类型，然后提供认证授权所需要的信息，这里需要提供用户名和密码。图 5-19 展示了如何在 Postman 中选择并设置授权信息。

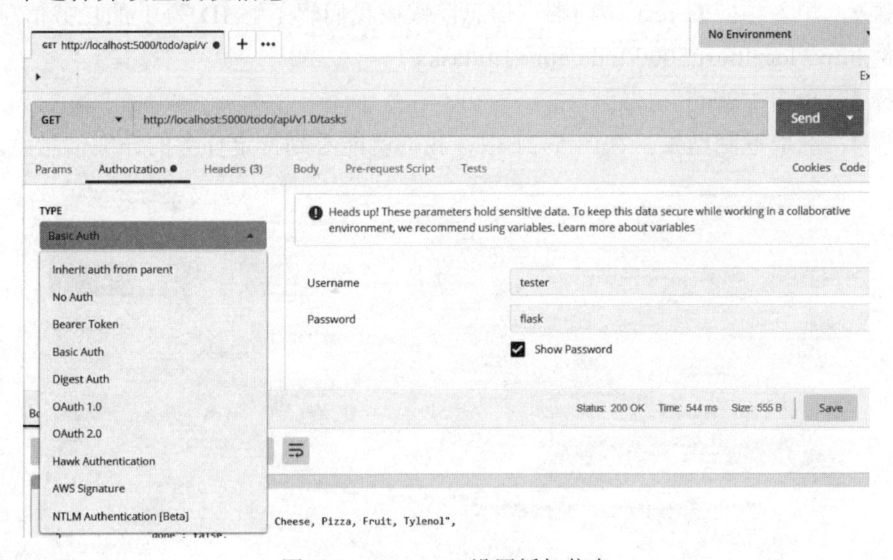

图 5-19 Postman 设置授权信息

测试场景 2：检索任务清单

下面的步骤展示了如何利用 Postman 发送请求信息，并获取任务清单列表。

步骤 1：选择动作类型为 GET。

步骤 2：填入相应的 rest 访问端点信息，这里是 http://localhost:5000/todo/api/v1.0/tasks。

步骤 3：单击 Send 按钮。

步骤 4：检查返回结果，在图 5-20 中，我们就能看到返回的任务列表清单信息。

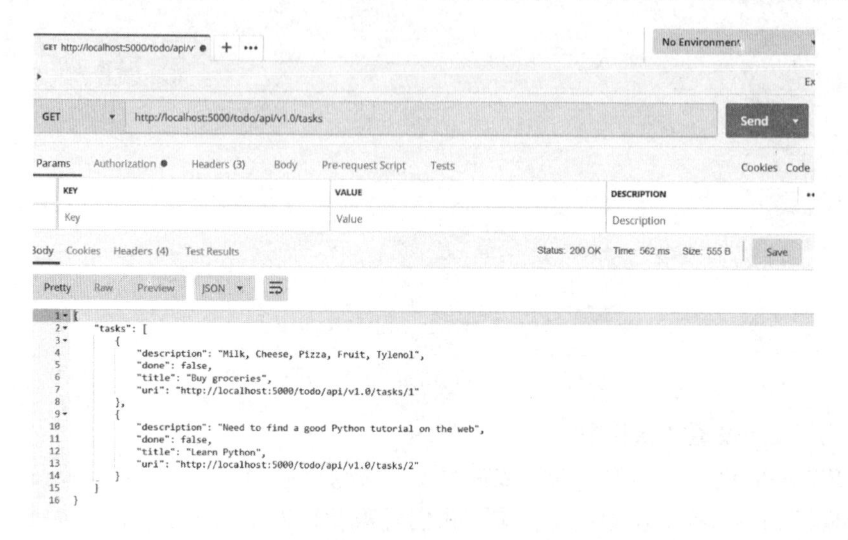

图 5-20　Postman 检索任务清单返回结果

测试场景 3：检索一个特定的任务

下面的步骤展示了如何利用 Postman 发送请求信息，并获取特定任务的详细信息。

步骤 1：选择动作类型为 GET。

步骤 2：填入相应的 rest 访问端点信息，假设我们想了解 ID 为 1 的任务信息，访问端点就是 http://localhost:5000/todo/api/v1.0/tasks/1。

步骤 3：单击“Send”按钮。

步骤 4：获取返回结果，在图 5-21 中，我们就能看到特定任务的详细信息。

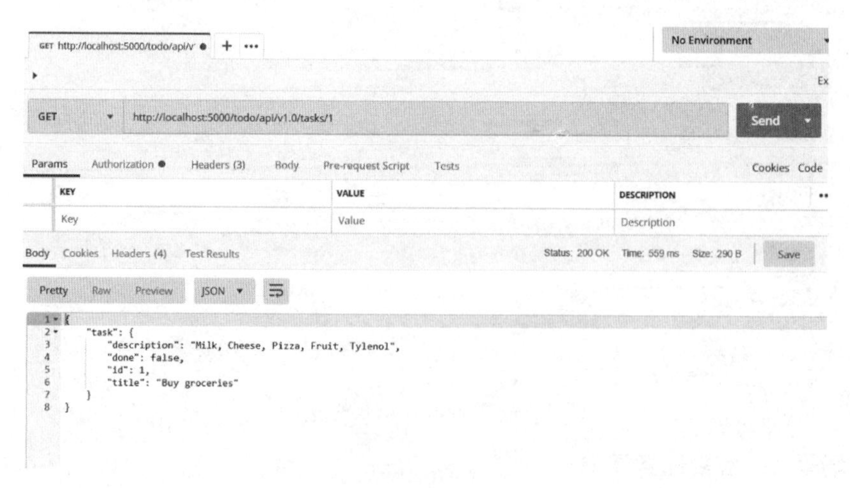

图 5-21　Postman 检索特定任务的返回结果

测试场景4：创建一个新任务

下面的步骤展示了如何利用Postman发送请求信息，创建一个新的任务。

步骤1：选择动作类型为POST。

步骤2：填入相应的rest访问端点信息，这里是http://localhost:5000/todo/api/v1.0/tasks/。

步骤3：在“Headers”部分确认包含Content-Type"="application/json，如果没有就添加。

步骤4：在“Body”部分确认选择的类型为raw，并且包含如下内容，如果没有就添加。

```
{
    "title":"Read a book"
}
```

步骤5：单击“Send”按钮，发送请求。

步骤6：获取返回结果，在图5-22中能看到新创建的任务的细节。

步骤7：再次调用GET方法，就可以验证新的任务确实已经创建出来了。

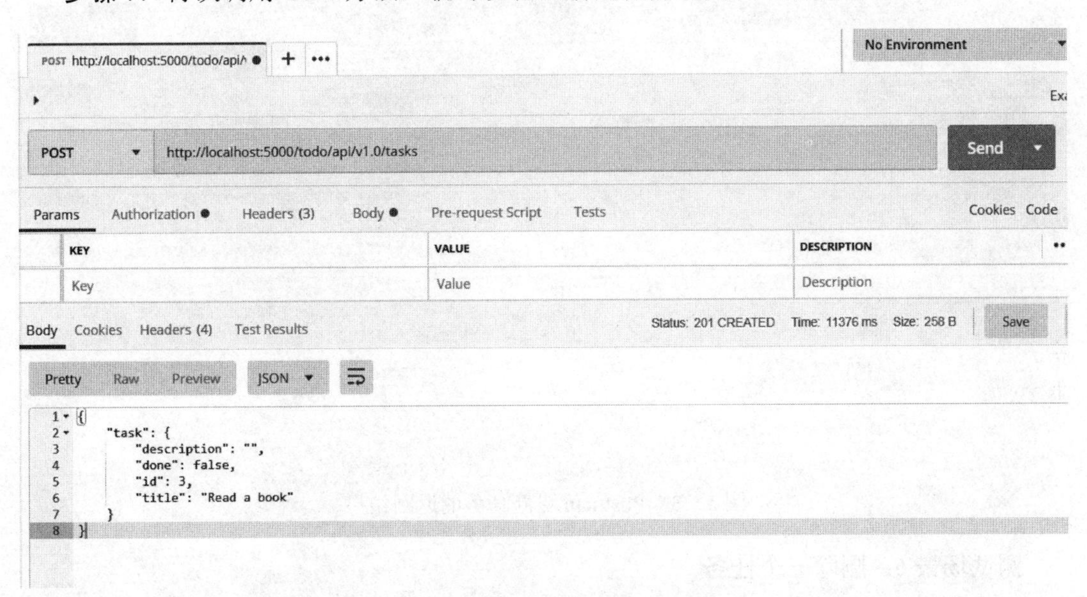

图5-22 Postman创建新任务的返回结果

测试场景5：更新一个已经存在的任务

下面的步骤展示了如何利用Postman发送请求信息，更新一个现有任务的信息。

步骤1：选择动作类型为POST。

步骤2：填入相应的rest端点信息，因为我们想更新的是ID为2的任务，所以相应的端点信息是http://localhost:5000/todo/api/v1.0/tasks/2。

步骤 3：在“Headers”部分确认包含 Content-Type"="application/json 信息，如果没有就添加。

步骤 4：在“Body”部分确认选择的类型为 raw，这里需要包含更新的内容，实际上是更新的内容是以 json 格式提供的，我们这里是将原来任务中的 done 字段的内容更新为"true"。

```
{
    "done": true
}
```

步骤 5：单击“Send”按钮，发送请求。

步骤 6：检查返回结果，在图 5-23 中能看到更新任务返回的返回信息，可以注意到，done 的值已经变成 true 了。

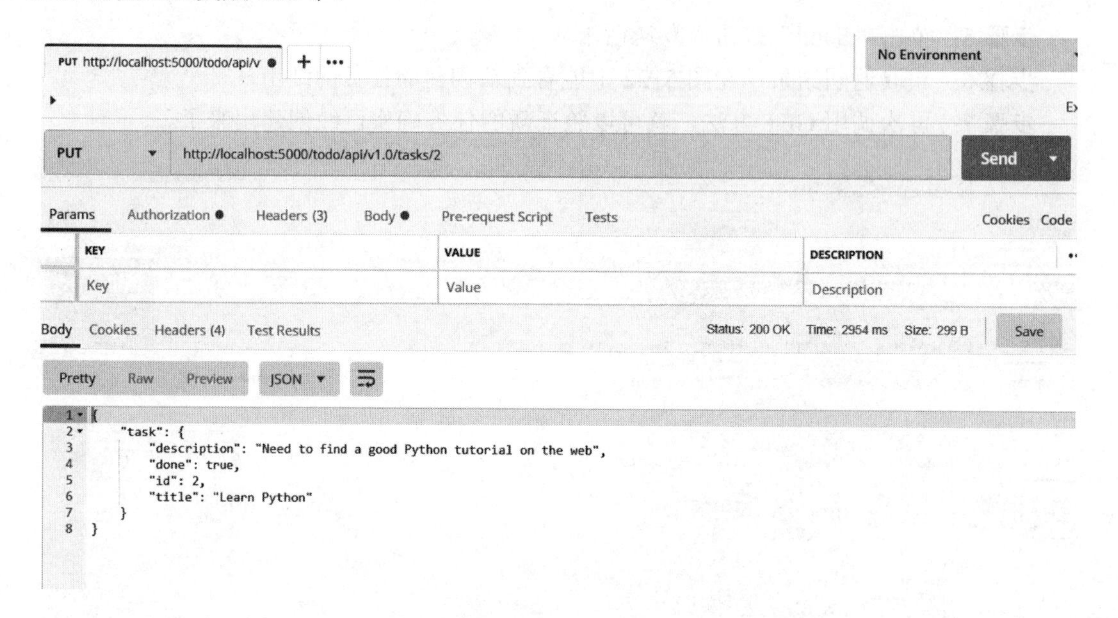

图 5-23　Postman 更新任务的返回结果

测试场景 6：删除一个任务

下面的步骤展示了如何利用 Postman 发送请求信息，删除一个现有任务。

步骤 1：选择动作类型为 DELETE。

步骤 2：填入相应的 rest 端点信息，这里我们要删除 ID 为 2 的任务，所以端点信息为 http://localhost:5000/todo/api/v1.0/tasks/2。

步骤 3：单击“Send”按钮，发送请求。

步骤 4：检查返回结果，在图 5-24 中能看到删除命令的返回结果。

步骤 5：重新查询任务列表，从图 5-25 中可以看到 ID 为 2 的任务已经不存在了。

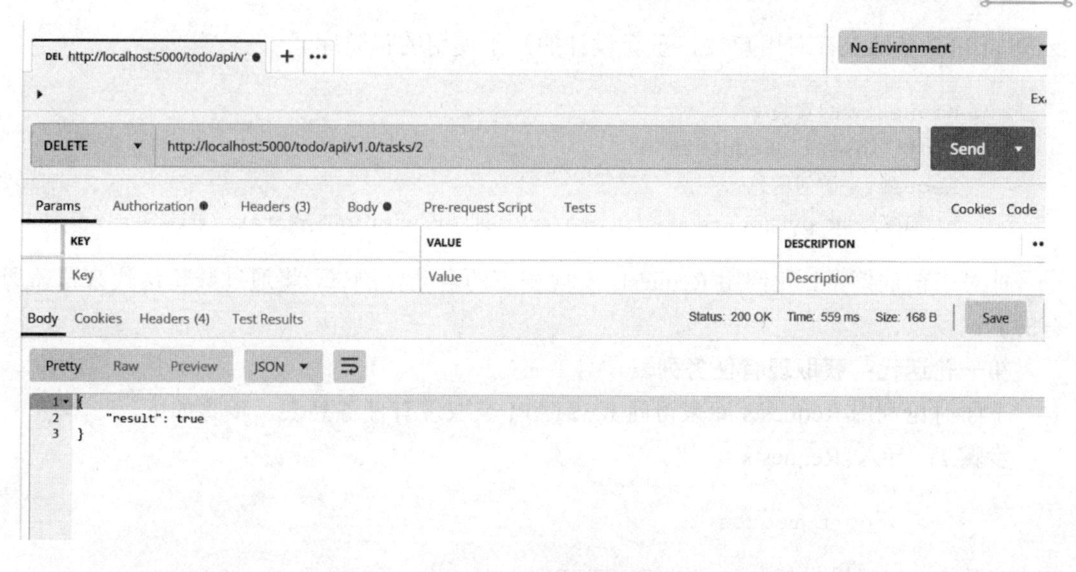

图 5-24　Postman 删除任务的返回结果

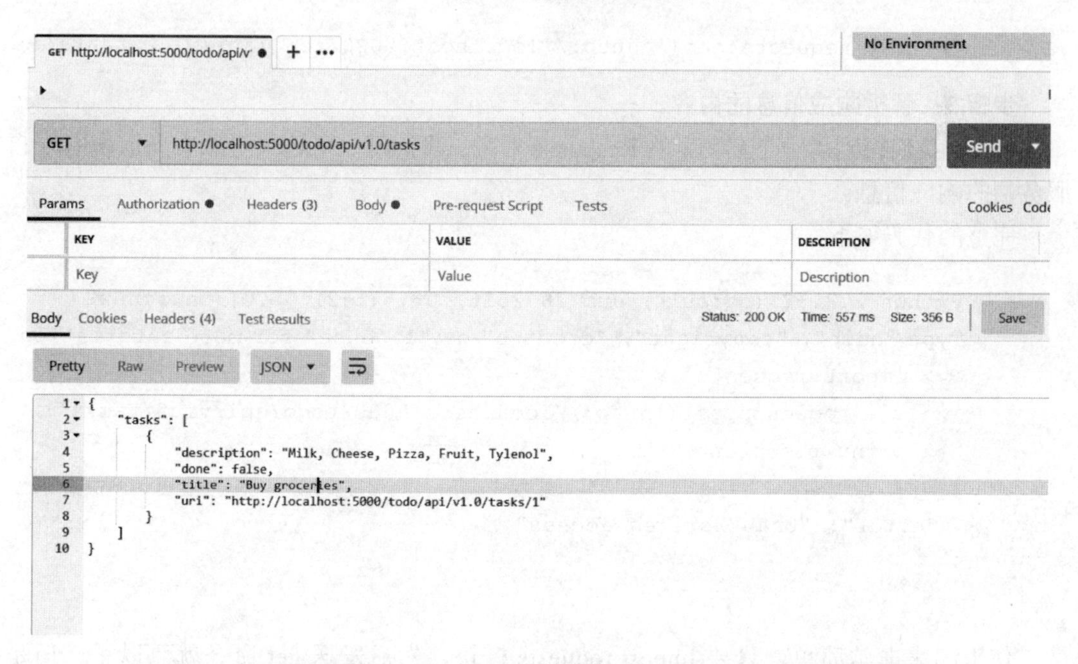

图 5-25　Postman 检索任务清单的返回结果（删除任务后）

Postman 也提供了相应的工具，可以将手工操作的过程录制下来，并保存为可以回放的脚本，但是它只支持 Javascript 语言，而 Javascript 方式的自动化测试的讨论已经超出了本书的范围，有兴趣的读者可以参阅 Postman 官方文档（https://www.getpostman.com/）。

本文讨论的重点是用 Python 实现 RESTAPI 自动化测试。

2. RESTAPI 测试自动化——Requests

Requests 是 Python 对 HTTP 协议的一个易于使用的封装，它实际上是建立在

urllib/urllib2 基础上针对用户接口重新设计的易于使用的包装库。

```
Requests 的安装
# pip install Requests
Requests 访问信息
http://www.python-requests.org/en/master/user/quickstart/#make-a-request
```

针对当前的例子，我们用 Requests 实现相应的自动化测试，将通过数轮迭代来覆盖所有的测试场景。

第一轮迭代：获取现有任务列表

下面讨论利用 Requests 库来访问 RESTAPI 获取现有任务列表，步骤如下。

步骤 1：导入 Requests 模块。

```
>>> import requests
```

步骤 2：访问提供任务列表的 RESTAPI 端点。

```
>>> r = requests.get(''http://localhost:5000/todo/api/v1.0/tasks'')
```

步骤 3：解析响应信息的内容。

现在，我们得到了一个名为 r 的 Response 对象。我们可以从这个对象中获取所有来自服务端的响应信息。

完整的代码如下。

```
Python 2.7.12 (default, Jun 28 2016, 06:57:42) [GCC] on linux2
Type "help", "copyright", "credits" or "license" for more information.
>>> import requests
>>> r = requests.get('http://localhost:5000/todo/api/v1.0/tasks')
>>> print r.content
{
  "error": "Unauthorized access"
}
>>>
```

使用起来非常简单，只要 import requests 模块，然后发送 get 命令就可以了，但是为什么返回的内容是“Unauthorized access”呢？这是因为我们发送的命令是没有提供认证授权的信息。

因为在服务端使用的是基本的认证授权协议，我们直接使用 requests 模块提供的函数库来提供基本的认证授权信息。

```
Python 2.7.12 (default, Jun 28 2016, 06:57:42) [GCC] on linux2
Type "help", "copyright", "credits" or "license" for more information.
>>> import requests
>>> from requests.auth import HTTPBasicAuth
```

```
>>> r = requests.get('http://localhost:5000/todo/api/v1.0/tasks',
auth=HTTPBasicAuth('tester', 'flask'))
>>> print r.content
{
  "tasks": [
    {
      "description": "Milk, Cheese, Pizza, Fruit, Tylenol",
      "done": false,
      "title": "Buy groceries",
      "uri": "http://localhost:5000/todo/api/v1.0/tasks/1"
    },
    {
      "description": "Need to find a good Python tutorial on the web",
      "done": false,
      "title": "Learn Python",
      "uri": "http://localhost:5000/todo/api/v1.0/tasks/2"
    }
  ]
}

>>> print r.text
{
  "tasks": [
    {
      "description": "Milk, Cheese, Pizza, Fruit, Tylenol",
      "done": false,
      "title": "Buy groceries",
      "uri": "http://localhost:5000/todo/api/v1.0/tasks/1"
    },
    {
      "description": "Need to find a good Python tutorial on the web",
      "done": false,
      "title": "Learn Python",
      "uri": "http://localhost:5000/todo/api/v1.0/tasks/2"
    }
  ]
}
```

步骤4：解析JSON数据。

按照设计，服务器端返回的是JSON格式的数据，但是r.content返回的是标准字符串输出，为了使用方便，Requests也提供了JSON格式的输出，也就是说Requests 中提供一个内置的 JSON 解码器，帮忙处理 JSON 数据。

```
Python 2.7.12 (default, Jun 28 2016, 06:57:42) [GCC] on linux2
Type "help", "copyright", "credits" or "license" for more information.
>>> import requests
>>> from requests.auth import HTTPBasicAuth
>>> r = requests.get('http://localhost:5000/todo/api/v1.0/tasks',auth=
HTTPBasicAuth('tester', 'flask'))
>>> r.json()
{u'tasks': [{u'uri': u'http://localhost:5000/todo/api/v1.0/tasks/1',
u'done':False,u'description':u'Milk,Cheese,Pizza,Fruit,Tylenol',u'title':
u'Buy groceries'}]}
```

如果 JSON 解码失败，r.json() 会抛出一个异常。例如，响应内容是 401 (Unauthorized)，尝试访问 r.json() 将会抛出 ValueError: No JSON object could be decoded 异常。

需要注意的是，成功调用 r.json() 并不意味着响应的成功。有的服务器会在失败的响应中返回一个 JSON 对象（比如 "error": "Unauthorized access"）。这种 JSON 会被解码返回。要检查请求是否成功，需要检查 r.raise_for_status() 或者检查 r.status_code 是否和期望相同。

小贴士

在本例中，响应结果是 JSON 格式的数据，但是在实际工作中，我们可能需要处理其他格式的响应内容，例如二进制响应内容，原始响应内容等，请参阅自 Requests 官方文档。

第二轮迭代：检索一个特定的任务

实际上与检索所有的任务列表的步骤没有差异，只是需要提供具体任务的 REST 访问端点，这样就能检索到特定任务的详细信息了。

```
Python 2.7.12 (default, Jun 28 2016, 06:57:42) [GCC] on linux2
Type "help", "copyright", "credits" or "license" for more information.
>>> import requests
>>> from requests.auth import HTTPBasicAuth
>>> r = requests.get('http://localhost:5000/todo/api/v1.0/tasks/1',
auth=HTTPBasicAuth('tester', 'flask'))
>>> print r.content
{
  "task": {
    "description": "Milk, Cheese, Pizza, Fruit, Tylenol",
    "done": false,
    "id": 1,
    "title": "Buy groceries"
  }
}
```

第三轮迭代：创建一个新任务

下面的代码展示了如何利用 Requests 通过 RESTAPI 创建一个新的任务：

```
Python 2.7.12 (default, Jun 28 2016, 06:57:42) [GCC] on linux2
Type "help", "copyright", "credits" or "license" for more information.
>>> import requests
>>> from requests.auth import HTTPBasicAuth
>>> url="http://localhost:5000/todo/api/v1.0/tasks"
>>> headers = {"Content-Type":"application/json"}
>>> data={"title":"Read a new Book"}
>>> r = requests.post(url, headers=headers, json=data)
>>> r = requests.post(url, headers=headers, json=data, auth=HTTPBasicAuth
('tester', 'flask'))
>>> print r.content
{
  "task": {
    "description": "",
    "done": false,
    "id": 3,
    "title": "Read a new Book"
  }
}

>>>
```

从上面的代码中，大家可以看到，创建新任务的代码与之前检索任务列表的代码有很大差异，这里主要有两个差异：

（1）需要定制 HTTP 请求头来指定 HTTP 请求体的编码格式

如果想为请求添加额外的 HTTP 请求头部，只需传递一个字典给 headers 参数就可以了。

例如，下面的例子中需要在请求头中指定数据的编码方式为 JSON。

```
Python 2.7.12 (default, Jun 28 2016, 06:57:42) [GCC] on linux2
Type "help", "copyright", "credits" or "license" for more information.
>>> url="http://localhost:5000/todo/api/v1.0/tasks"
>>> headers = {"Content-Type":"application/json"}
```

（2）构造和传递 JSON 格式的数据包

这里有两种方式可以满足目标，一种方式是进行显式转换，代码如下。

```
Python 2.7.12 (default, Jun 28 2016, 06:57:42) [GCC] on linux2
Type "help", "copyright", "credits" or "license" for more information.
>>> Import json
>>> data={"title":"Read a new Book"}
>>> requests.post(url, data=json.dumps(data))
```

第二种方式是将数据传送给 JSON 参数，该调用会隐式调用数据格式转换，也就是说 JSON 参数会自动将字典类型的对象转换为 JSON 格式，代码如下。

```
Python 2.7.12 (default, Jun 28 2016, 06:57:42) [GCC] on linux2
Type "help", "copyright", "credits" or "license" for more information.
>>> data={"title":"Read a new Book"}
>>> requests.post(url, json=data)
```

小贴士

上述例子中使用的是 JSON 的数据格式，但是在实际使用过程中，我们可能会碰到很多其他的数据格式，如表单形式的数据、多部分编码文件，详细信息请参阅 Request 官方文档。

第四轮迭代：更新一个已经存在的任务

下面的代码展示了如何利用 RESTAPI 更新一个任务的状态：

```
Python 2.7.12 (default, Jun 28 2016, 06:57:42) [GCC] on linux2
Type "help", "copyright", "credits" or "license" for more information.
>>> import requests
>>> from requests.auth import HTTPBasicAuth
>>> url="http://localhost:5000/todo/api/v1.0/tasks/2"
>>> headers = {"Content-Type":"application/json"}
>>> data={"done":True}
>>> r=requests.put(url,headers=headers,json=data,auth=HTTPBasicAuth
('tester', 'flask'))
>>> print r.content
{
  "task": {
    "description": "Need to find a good Python tutorial on the web",
    "done": true,
    "id": 2,
    "title": "Learn Python"
  }
}
```

代码与创建一个新的任务没有什么区别，主要的区别在于，这里使用了 HTTP 中的 put 的动词来完成更新内容。

小贴士

本文的内容主要是起抛砖引玉的作用，有关更精细的功能描述，如响应状态码、Cookie、重定向与历史请求、超时、错误与异常处理，具体请参阅 Requests 官方文档。

步骤 5：删除一个存在的任务，代码如下。

```
Python 2.7.12 (default, Jun 28 2016, 06:57:42) [GCC] on linux2
Type "help", "copyright", "credits" or "license" for more information.
>>> import requests
>>> url="http://localhost:5000/todo/api/v1.0/tasks/2"
>>> r = requests.delete(url, auth=HTTPBasicAuth('tester', 'flask'))
>>> print r.content
{
  "result": true
}
```

第五轮迭代：自动化验证

通过前面的四轮迭代，我们已经搞清楚了在使用 RESTAPI 中的基本动作，例如，如何检索任务信息、如何创建新任务、如何更新任务，但是作为一个自动化程序而言，还有最后一个关键步骤，那就是数据验证的自动化，这个时候我们需要利用 pyunit 测试框架提供一组断言函数来实现自动化的数据验证，完整的代码如下。

```
import unittest
import requests
import os, sys, time, datetime, json, random
import pdb
import requests
from requests.auth import HTTPBasicAuth
import json_tools
class FlaskRestApiTestCase(unittest.TestCase):
    def setUp(self):
        self.base_url = "http://localhost:5000/todo/api/v1.0/tasks"
        self.basic_auth = HTTPBasicAuth('tester', 'flask')
        print '\nEnter setUp of %s\n' % self._testMethodName
        sys.stdout.flush()
    def tearDown(self):
        print "\nEnter tearDown of %s\n" % self._testMethodName
    def test00Tasklist(self):
        rest_url = self.base_url
        r = requests.get(rest_url,auth=self.basic_auth)
        target_result = {
 "tasks":
 [
    {
        'uri': u"http://localhost:5000/todo/api/v1.0/tasks/1",
        'title': u'Buy groceries',
        'description': u'Milk, Cheese, Pizza, Fruit, Tylenol',
        'done': False
    },
```

```
            {
                'uri': u"http://localhost:5000/todo/api/v1.0/tasks/2",
                'title': u'Learn Python',
                'description': u'Need to find a good Python tutorial on the web',
                'done': False
            }
        ]
        }
                real_result = r.json()
                diff_result = json_tools.diff(target_result, real_result)
                self.assertEquals([], diff_result)
            def test10TaskSpecific(self):
                rest_url = self.base_url + "/2"
                r = requests.get(rest_url,auth=self.basic_auth)
                target_result =  {
        "task": {
                'id': 2,
                'title': u'Learn Python',
                'description': u'Need to find a good Python tutorial on the web',
                'done': False
            }
        }
                print r.content
                real_result = r.json()
                diff_result = json_tools.diff(target_result, real_result)
                self.assertEquals([], diff_result)
            def test20CreateTask(self):
                rest_url = self.base_url
                headers = {"Content-Type":"application/json"}
                data={"title":"Read a new Book"}
                r = requests.post(rest_url, headers=headers, json=data, auth=self.
basic_auth)
                target_result = {
          "task": {
            "description": u"",
            "done": False,
            "id": 3,
            "title": u"Read a new Book"
          }
        }
                print r.content
                real_result = r.json()
                diff_result = json_tools.diff(target_result, real_result)
```

```
            self.assertEquals([], diff_result)
        def test30UpdateTask(self):
            rest_url = self.base_url + "/2"
            headers = {"Content-Type":"application/json"}
            data ={"done":True}
            r = requests.put(rest_url, headers=headers, json=data, auth=self.
basic_auth)
            target_result = {
      "task": {
        "description": u"Need to find a good Python tutorial on the web",
        "done": True,
        "id": 2,
        "title": u"Learn Python"
      }
    }
            print r.content
            real_result = r.json()
            diff_result = json_tools.diff(target_result, real_result)
            self.assertEquals([], diff_result)
            data = {"done":False}
            r = requests.put(rest_url, headers=headers, json=data, auth=self.
basic_auth)
        def test40DeleteTask(self):
            rest_url = self.base_url + "/3"
            r = requests.delete(rest_url, auth=self.basic_auth)
            target_result = {
      "result": True
    }
            real_result = r.json()
            diff_result = json_tools.diff(target_result, real_result)
            self.assertEquals([], diff_result)
    if __name__ == "__main__":
        unittest.main()
```

请大家注意，在代码中可以看到如下语句。

```
    self.assertEquals([], diff_result)
```

实际上，这就是断言语句，它能够将实际返回的结果和预期的结果进行比较，从而确定特定的功能是否正常，这是自动化的测试样例能够自动进行的基础。

3. RESTAPI 测试在云端

RESTAPI 在云端进行测试最好的方式是将 Requests 测试样例和 RESTAPI 服务器以及

相关的所有依赖封装在 Docker 的镜像文件中，当需要使用的时候，我们直接启动容器，就可以得到一个完整的测试环境，下面是在云端搭建基于 Requests 的 RESTAPI 测试环境的步骤。

步骤 1：创建 Dockerfile，搭建一个 RESTAPI 服务器。

```
FROM centos
# MAINTAINER
MAINTAINER yuwang1974@hotmail.com
RUN yum -y install epel-release && \
    yum -y install which && \
    yum -y install wget && \
    yum -y install sudo && \
    yum -y install unzip && \
    yum -y install python-pip && \
    yum -y install net-tools && \
    yum -y install openssh-server
RUN pip install --upgrade pip
RUN pip install Flask && \
    pip install flask_httpauth && \
    pip install Requests && \
    pip install json_tools
RUN ssh-keygen -t dsa  -P "" -f  /etc/ssh/ssh_host_dsa_key
RUN ssh-keygen -t rsa  -P "" -f  /etc/ssh/ssh_host_rsa_key
RUN ssh-keygen -t ecdsa -P "" -f  /etc/ssh/ssh_host_ecdsa_key
RUN ssh-keygen -t ed25519  -P "" -f  /etc/ssh/ssh_host_ed25519_key
# password is test
RUN useradd -m test -p "VJdx0yi1Y3LKc"
COPY --chown=test:test ./restserver.py /work/restserver.py
COPY --chown=test:test ./testRESTAPI.py /work/testRESTAPI.py
COPY startup.sh /
EXPOSE 22 5000
ENTRYPOINT "/startup.sh"
```

步骤 2：构建 Docker 镜像。

```
# docker build . -t  restimage
```

步骤 3：启动 Docker 镜像。

```
# docker run -d --privileged=true --name=node10 -p 9999:22 restimage
```

步骤 4：运行测试。

```
# docker exec -ti cc086b9abdae bash
[root@cc086b9abdae /]# python testRESTAPI.py
```

Docker环境下准备测试环境和运行测试都非常简单。

5.4 可以做到足够好——定义性能测试

5.4.1 预先准备——Web性能KPI定义

通常情况下，对最终用户而言最重要的性能指标是响应时间和每秒钟完成的请求数，其中响应时间更为重要，它是影响用户体验的重要指标。

根据著名的“2-5-8 原则”，用户访问一个页面会有不同的感受：当用户能够在2秒以内得到响应时，会感觉系统的响应很快；当用户在2～5秒之间得到响应时，会感觉系统的响应速度还可以；当用户在5～8秒以内得到响应时，会感觉系统的响应速度很慢，但是还可以接受；而当用户在超过8秒后仍然无法得到响应时，会感觉系统糟透了，或者认为系统已经失去响应，从而选择离开这个Web站点，或者发起第二次请求。

一个网站如果希望抓住用户，网站的速度以及稳定性是最重要的因素。目前性能已经被列入Google的网站的排名规则中。

这个响应时间可以进一步细化为三个部分，一部分是服务器的实际响应时间，假设是st，另外一部分是网络延迟时间，假设是nt，第三部分是浏览器的加载时间，假设是bt。对于第三部分，如果开发团队选择的是非常复杂的前端技术，如Javascript的控件，这个部分的内容是必须考虑在内的。可以用下面的公式来表示用户感觉上的响应时间rt：

$$rt = st + nt + bt$$

下面将进一步简化我们的测试KPI，首先是简化浏览器的载入时间，Django TODO List是个非常简单的应用，这部分内容可以忽略不计。然后需要想办法优化网络延迟，这部分时间是一个变化的值，它取决于客户端到云端服务器的网络负荷情况，例如，白天使用的人多，这个时间就会变长，晚上使用的人少，这个时间就会变短。同时这个因素是没有办法控制的，所以在性能测试时应该想办法把这部分的影响消除。那么怎么才能消除这部分的影响呢？只要将服务器端程序和测试程序部署在同一个局域网中，这个问题就可以解决。因为局域网的服务质量是可以保证的，极端情况下，如果服务器的计算能力足够强，我们可以将服务程序与测试程序部署在同一个物理服务器。在我们的示例中，我们将服务程序和测试程序部署在同一个容器网络内，在这种情况下，服务程序与测试程序之间的交互是通过虚拟网桥进行的，它的延迟完全可以忽略不计，这样就能检测到我们所关心的KPI，即服务器实际的响应时间。

这样，就可以把公式简化为rt=st。

也就是说，从端到端的角度来看，我们所关心的首要性能指标是在重负荷的情况下网站服务器的实际响应时间和稳定性。也就是说网站服务器的实际响应时间越短越好（考虑到实际的用户体验，这个时间应该小于 1 秒），同时随着测试负荷的增加，这个时间的波动越小越好（小于 20%）。

因为我们不关心浏览器的载入时间，所以可以选用非浏览器压力测试工具，这里选择LOCUST 作为压力测试工具。

读者也可以选择 JMeter 做为压力测试的工具。JMeter 非常流行，网上教程非常多。在这里之所以选择 Locust，主要原因如下。

- 它是一款基于 Python 的性能测试工具，我们不需要在测试中切换所使用的编程语言，因为 JMeter 是基于 Java 的，如果读者的项目是基于 Java 的， JMeter 应该是更好的选择。
- 功能相对完善。一般情况，性能测试工具应该包含 3 部分内容：压力产生器，可以用参数控制并发度；数据统计，自动统计响应时间等；支持负荷分布和可伸缩特性，支持数万仿真用户，也就是说一台机器产生的负荷可能无法满足要求，工具可以将客户端分布在不同的机器上，然后由控制协调同时产生压力。
- 充分支持命令行接口，这是现有的工具集成所必需的。
- 学习简单。
- 框架比较简单，读者完全可以根据自己的需要定制其功能，根据需要形成完全可控的性能测试框架。

下面的章节将讨论如何安装和使用 LOCUST 来实现性能测试。

5.4.2 LOCUST 的安装和配置

直接用 Python 的包管理工具安装，命令如下。

```
# pip install locust
```

5.4.3 LOCUST 测试代码

首先我们来看一个完整的测试代码，该代码的测试场景是构造一个大量用户并发读取 Django TODO list 任务报告的场景，测试代码非常简单，列表如下。

```
from locust import HttpLocust, TaskSet, task
class UserTasks(TaskSet):
    @task
    def getreport(self):
        self.client.get("/report")
```

```
    class WebsiteUser(HttpLocust):
        """
        Locust user class that does requests to the locust web server running
on localhost
        """
        host = "http://127.0.0.1:8089"
        min_wait = 2000
        max_wait = 5000
        task_set = UserTasks
```

实际上，LOCUST 提供了一个 Python 基础上的领域特定语言，LOCUST 实现了一组装饰器，用户的压力测试程序通过装饰器与 LOCUST 所实现的基础框架交互，例如：

@task 装饰器：说明下面的方法是一个事务，需要在并发的测试中调用，Websiteuser 类是性能测试的入口。

task_set：定义一个用户行为类，该类负责定制单个虚拟用户的行为。

host：指定 LOCUST 测试工具的监控地址。

min_wait：执行事务之间用户等待时间的下界（ms）。

max_wait：用户等待时间的上界。

程序很简单，但是 LOCUST 框架在后台默默地做了很多事情，使得测试的开发者可以着重开发性能测试相关的测试逻辑，而不需要关心一些基础性功能，例如，如何构造高并发的测试环境、如何收集诸如响应时间和吞吐率的性能数据、如何生成报告等一般性问题，从而使得测试代码异常简单。

5.4.4 运行 LOCUST 进行性能测试

可以采用两种方式来运行测试，一种方式是 GUI 方式。

下面的命令会启动 GUI 方式的 LOCUST：

```
    # locust -H http://127.0.0.1:8000 -f djangoperftest
```

运行输出如下。

```
    # locust -H http://127.0.0.1:8000 -f djangoperftest
    [2019-02-28 02:30:28,394] e66794220ad7/INFO/locust.main: Starting web
monitor at *:8089
    [2019-02-28  02:30:28,394]  e66794220ad7/INFO/locust.main:  Starting
Locust 0.9.0
```

用下面的地址连接到 LOCUST 的监控网页：http://localhost:8089。图 5-26 展示了 LOCUST 的初始化界面。

填入需要仿真的用户数量以及每秒钟启动的用户数，单击“Start swarming”，这里输入的都是 100，说明想将 100 个用户直接加载进来，而没有热身的过程，测试就启动了，通常用户数量是逐步加大的，图 5-27 展示了 LOCUST 测试状态监控界面。

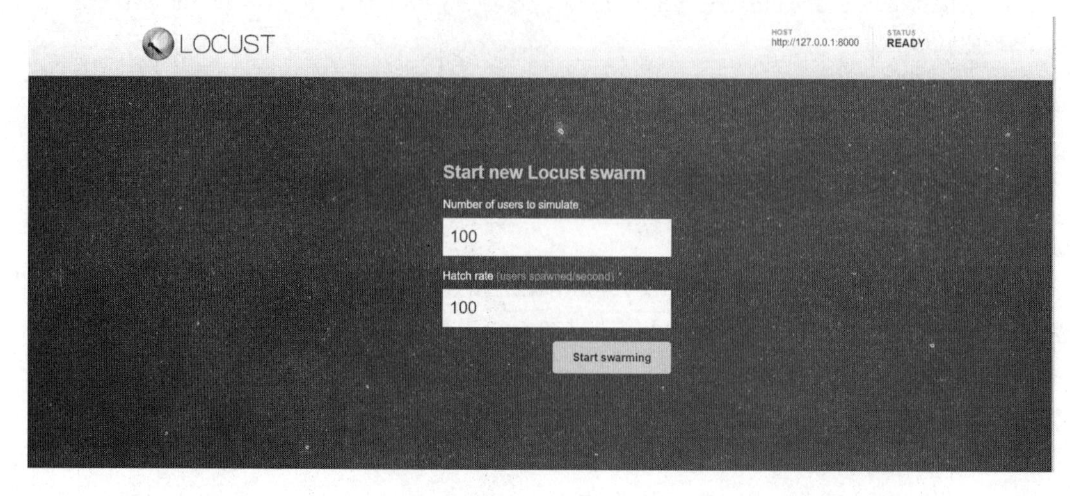

图 5-26　LOCUST 参数配置界面

LOCUST
HOST http://127.0.0.1:8000 | STATUS HATCHING 55 users Edit | RPS 13 | FAILURES 0% | STOP | Reset Stats

Statistics　Charts　Failures　Exceptions　Download Data

Type	Name	# requests	# fails	Median (ms)	Average (ms)	Min (ms)	Max (ms)	Content Size (bytes)	# reqs/sec
GET	/report	55	0	26	28	22.55988121032715	85.44087409973145	1049	13
	Total	55	0	26	28	22.55988121032715	85.44087409973145	1049	13

图 5-27　LOCUST 测试状态监控界面

LOCUST 可以帮忙绘制出当前并发度下的响应时间与时间的关系图表，它是系统稳定性的重要参考，图 5-28 展示了 LOCUST 响应时间统计界面。

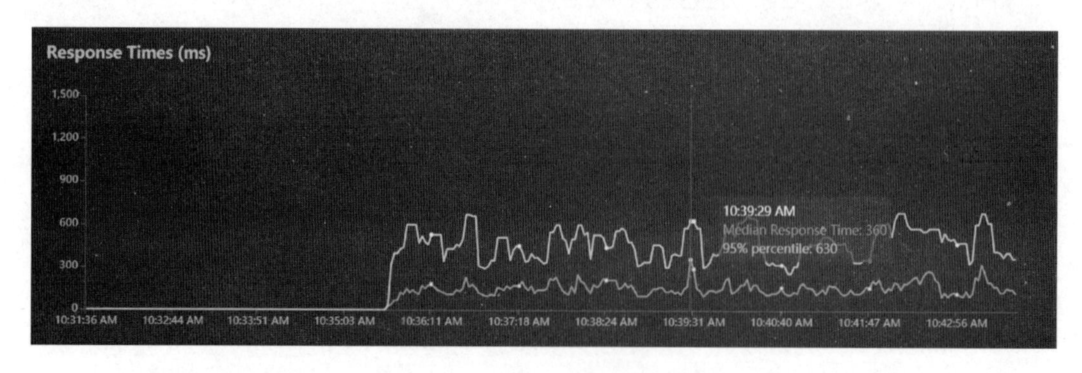

图 5-28　LOCUST 响应时间统计界面

LOCUST 无法绘制不同的并发度下响应时间的变化关系，读者可能需要自己运行多次，分别仿真 1 个用户、10 个用户、100 个用户、500 个用户、1000 个用户，分别记录它们的平均响应时间，然后就能根据数据绘制出图表来显示平均响应时间与并发度的变化趋势。

小经验

在GUI方式下，测试不会自动停止，需要手工单击右上角的“Stop”按钮来停止。

按〈Ctrl+C〉组合键可以退出当前的运行，LOCUST会提供一些统计信息：

```
# locust -H http://127.0.0.1:8000 -f djangoperftest
[2019-02-28 02:30:28,394] e66794220ad7/INFO/locust.main: Starting web monitor at *:8089
[2019-02-28 02:30:28,394] e66794220ad7/INFO/locust.main: Starting Locust 0.9.0
[2019-02-28 02:35:34,317] e66794220ad7/INFO/locust.runners: Hatching and swarming 100 clients at the rate 20 clients/s...
[2019-02-28 02:35:39,391] e66794220ad7/INFO/locust.runners: All locusts hatched: WebsiteUser: 100
^C[2019-02-28 02:49:21,432] e66794220ad7/ERROR/stderr: KeyboardInterrupt
[2019-02-28 02:49:21,433] e66794220ad7/ERROR/stderr: 2019-02-28T02:49:21Z
[2019-02-28 02:49:21,433] e66794220ad7/ERROR/stderr:
[2019-02-28 02:49:21,434] e66794220ad7/INFO/locust.main: Shutting down (exit code 0), bye.
[2019-02-28 02:49:21,434] e66794220ad7/INFO/locust.main: Cleaning up runner...
[2019-02-28 02:49:21,434] e66794220ad7/INFO/locust.main: Running teardowns...
Name                                                    # reqs      # fails
Avg    Min    Max  |  Median   req/s
----------------------------------------------------------------------------
--------------------------------------------------------------------
GET /report                                              13209     0(0.00%)
192    22    825  |    150   27.20
----------------------------------------------------------------------------
--------------------------------------------------------------------
Total                                                    13209     0(0.00%)
27.20

Percentage of the requests completed within given times
Name                                                    # reqs    50%    66%
75%    80%    90%    95%    98%    99%   100%
----------------------------------------------------------------------------
--------------------------------------------------------------------
GET /report                                              13209    150    220
```

```
280   320   430   520   600   640   830
        ------------------------------------------------------------------------
---------------------------------------------------------------------
        Total                                                    13209   150   220
280   320   430   520   600   640   830
```

还有一种方式是命令行启动：

```
# locust -H http://127.0.0.1:8000 --no-web -t 100 -c 100 -r 20  -f djangoperftest
```

LOCUST 每隔两秒输出一下当前的统计数据，格式如下。

```
# locust -H http://127.0.0.1:8000 --no-web -t 100 -c 100 -r 20  -f djangoperftest
[2019-02-28 02:53:03,891] e66794220ad7/INFO/locust.main: Run time limit set to 100 seconds
[2019-02-28 02:53:03,891] e66794220ad7/INFO/locust.main: Starting Locust 0.9.0
[2019-02-28 02:53:03,892] e66794220ad7/INFO/locust.runners: Hatching and swarming 100 clients at the rate 20 clients/s...
 Name           # reqs     # fails     Avg     Min     Max  |  Median   req/s
--------------------------------------------------------------------------
--------------------------------------------------------------------------
 Total          0     0(0.00%)                                        0.00

 Name           # reqs     # fails     Avg     Min     Max  |  Median   req/s
--------------------------------------------------------------------------
 GET /report    39     0(0.00%)      24      22      39  |     23    0.00
--------------------------------------------------------------------------
 Total          39     0(0.00%)                                    0.00

 Name           # reqs     # fails     Avg     Min     Max  |  Median   req/s
--------------------------------------------------------------------------
 GET /report    87     0(0.00%)      33      22     150  |     24   11.00
--------------------------------------------------------------------------
 Total           87     0(0.00%)                                   11.00

[2019-02-28 02:53:08,971] e66794220ad7/INFO/locust.runners: All locusts hatched: WebsiteUser: 100
```

注意，总的仿真用户数是 100，每秒钟启动 20 个用户，Avg 为平均响应时间（毫秒），Min 为最小响应时间（毫秒），Max 为最大响应时间（毫秒），Median 为响应时间中值，req/s 为每秒钟的请求数量。

到达设定的测试时间后，LOCUST 会输出统计信息：

```
[2019-02-28 02:54:43,717] e66794220ad7/INFO/locust.main: Time limit reached. Stopping Locust.
[2019-02-28 02:54:43,719] e66794220ad7/INFO/locust.main: Shutting down (exit code 0), bye.
[2019-02-28 02:54:43,719] e66794220ad7/INFO/locust.main: Cleaning up runner...
[2019-02-28 02:54:43,735] e66794220ad7/INFO/locust.main: Running teardowns...
 Name              # reqs     # fails     Avg     Min     Max | Median   req/s
--------------------------------------------------------------------------------
 GET /report       2684    0(0.00%)      155      22     616  |    130  26.70
--------------------------------------------------------------------------------
 Total             2684    0(0.00%)                                     26.70

Percentage of the requests completed within given times
 Name              # reqs    50%   66%   75%   80%   90%   95%   98%   99%  100%
--------------------------------------------------------------------------------
 GET /report       2684    130   190   230   250   320   380   460   500   620
--------------------------------------------------------------------------------
 Total             2684    130   190   230   250   320   380   460   500   620
```

Percentage of the requests completed within given times 实际上是请求在小于给定的时间内完成的百分比，例如，50%的请求会在 130 毫秒内完成，66%的请求会在 190 毫秒内完成，依次类推。

5.4.5 LOCUST 测试在云端

下面的步骤讨论如何在云端搭建 LOCUST 测试环境。

步骤 1：构建包含 LUCUST 的 Dockerfile。

方法是在 5.3.2 小节讨论的 Dockerfile 的基础上，利用 Python 的包管理工具 pip 来安装 LOCUST。下面是完整的 Dockerfile 的内容。

```
FROM centos
# MAINTAINER
MAINTAINER yuwang1974@hotmail.com
RUN yum -y install epel-release && \
    yum -y install which && \
    yum -y install wget && \
    yum -y install sudo && \
    yum -y install unzip && \
```

```
    yum -y install python-pip && \
    yum -y install net-tools && \
    yum -y install openssh-server
RUN pip install --upgrade pip
RUN pip install locust
RUN ssh-keygen -t dsa  -P "" -f  /etc/ssh/ssh_host_dsa_key
RUN ssh-keygen -t rsa  -P "" -f  /etc/ssh/ssh_host_rsa_key
RUN ssh-keygen -t ecdsa -P "" -f  /etc/ssh/ssh_host_ecdsa_key
RUN ssh-keygen -t ed25519  -P "" -f  /etc/ssh/ssh_host_ed25519_key
# password is test
RUN useradd -m test -p "VJdx0yi1Y3LKc"
COPY --chown=test:test ./toDoListPro/ /work/toDoListPro
COPY startup.sh /
EXPOSE 22 8000
ENTRYPOINT "/startup.sh"
```

步骤 2：构建镜像。

```
# ./build.sh locustimage
```

步骤 3：运行容器。

```
# docker run -d --privileged=true --name=node20  locustimage
```

步骤 4：进入容器后直接运行 LOCUST 相关的测试。

```
# docker exec -ti 8c844b13c8e9 bash
 [root@8c844b13c8e9 /]# su - test
 [test@8c844b13c8e9 ~]$ cd /work
 [test@8c844b13c8e9 bin]$ locust -H http://127.0.0.1:8000 --no-web -t
100 -c 100 -r 20  -f djangoperftest
```

5.5 预防可能出现的安全问题——定义安全性测试

云原生应用都部署在云端，通常是暴露在公网上的，安全性问题就显得尤为重要。如果在没有任何防护措施的情况下，冒然发布在网上，最终的结果可能要么是应用本身受到攻击无法使用，要么是敏感信息丢失，这都是非常严重的安全性事故。那么如何判断云原生的自我防护能力呢？这就涉及一个新的话题：渗透性测试。由此我们引入大名鼎鼎的渗透性测试框架：Metasploit。Metasploit 主要有两个特点：

1）该软件已经内置了大量的软件漏洞数据库，并能自动扫描漏洞。

2）该软件是一个框架，用户可以自己编写模块来攻击漏洞。

对于云原生应用，下面的章节将探讨如何利用 Metasploit 来防止潜在的安全性攻击。

首先可以利用 Metasploit 自带的大量漏洞数据扫描软件系统，确保软件系统不存在严重的已知漏洞，如果存在必须马上修复，这一点很重要。在很多重要的攻击中，黑客利用的并不是新漏洞，而是利用了使用者的侥幸心理，没有及时升级系统，导致老的漏洞被黑客利用，其实这样的问题是流程问题，应该可以从开发部署流程的强制性定义来解决。另外，我们应该经常更新漏洞数据库，如一个星期更新一次，保证漏洞数据库总是处于最新的状态，这样就能避免在扫描中漏掉相对比较新的漏洞的问题。最后才是如何发现新漏洞的问题，通常发现新漏洞是非常专业的问题，它实际上是开发者和攻击者的对垒。一般情况下，我们应该与专业的安全公司和安全社区保持良好的合作关系，保证他们能够在第一时间将发现的新漏洞提供给我们，然后将它们合并进我们的漏洞数据库中。如果能切实地在开发部署流程中落实这些步骤，就可以避免大部分的黑客攻击事件。下面我们将讨论 Metasploit 的使用方法。

5.5.1 如何安装 Metasploit

安装链接：https://github.com/rapid7/metasploit-framework/wiki/Nightly-Installers。

安装命令：

```
    # curl https://raw.githubusercontent.com/rapid7/metasploit-omnibus/
master/config/templates/metasploit-framework-wrappers/msfupdate.erb >
msfinstall && \
     chmod 755 msfinstall && \
    # ./msfinstall
```

5.5.2 如何使用 Metasploit

步骤 1：首先从根用户切换到一个普通用户，如 test。

```
# su - test
```

步骤 2：运行。

```
/opt/metasploit-framework/bin/msfconsole
```

这时，msfconsole 将会帮忙初始化数据库，然后进入等待命令状态。

```
$ ./msfconsole
 ** Welcome to Metasploit Framework Initial Setup **
    Please answer a few questions to get started.
Would you like to use and setup a new database (recommended)? yes
Creating database at /home/test/.msf4/db
Starting database at /home/test/.msf4/db...success
```

```
Creating database users
Writing client authentication configuration file /home/test/.msf4/db/pg_hba.conf
Stopping database at /home/test/.msf4/db
Starting database at /home/test/.msf4/db...success
Creating initial database schema
[?] Initial MSF web service account username? [test]: test
[?] Initial MSF web service account password? (Leave blank for random password):
Generating SSL key and certificate for MSF web service
Attempting to start MSF web service...failed
[!] MSF web service appears to be started, but may not operate as expected.
Please see /home/test/.msf4/logs/msf-ws.log for additional details.
 ** Metasploit Framework Initial Setup Complete **
MMMMMMMMMMMMMMMMMMMMMMMMMMMMMMMMMMMMMMMM
MMMMMMMMMMM                MMMMMMMMMM
MMMN$                           vMMMM
MMMNl  MMMMM             MMMMM  JMMMM
MMMNl  MMMMMMMN       NMMMMMMM  JMMMM
MMMNl  MMMMMMMMMNmmmNMMMMMMMMM  JMMMM
MMMNI  MMMMMMMMMMMMMMMMMMMMMMM  jMMMM
MMMNI  MMMMMMMMMMMMMMMMMMMMMMM  jMMMM
MMMNI  MMMMM   MMMMMMM   MMMMM  jMMMM
MMMNI  MMMMM   MMMMMMM   MMMMM  jMMMM
MMMNI  MMMNM   MMMMMMM   MMMMM  jMMMM
MMMNI  WMMMM   MMMMMMM   MMMM#  JMMMM
MMMMR  ?MMNM             MMMMM .dMMMM
MMMMNm `?MMM             MMMM` dMMMMM
MMMMMMN  ?MM             MM?  NMMMMMN
MMMMMMMMNe                 JMMMMMNMMM
MMMMMMMMMMNm,            eMMMMMNMMNMM
MMMMNNMNMMMMMNx        MMMMMMNMMNMMNM
MMMMMMMMNMMNMMMMm+..+MMNMMNMNMMNMMNMM
        https://metasploit.com
        =[ metasploit v5.0.9-dev-                          ]
+ -- --=[ 1859 exploits - 1057 auxiliary - 327 post        ]
+ -- --=[ 546 payloads - 44 encoders - 10 nops             ]
+ -- --=[ 2 evasion                                        ]
```

步骤 3：确认数据库链接是否正常。

```
msf5 > db_status
[*] Connected to msf. Connection type: postgresql.
```

步骤4：查找端口扫描工具。

```
msf5 > search portscan

Matching Modules
================

    Name                          Disclosure Date  Rank    Check  Description
    ----                          ---------------  ----    -----  -----------
    auxiliary/scanner/http/wordpress_pingback_access   normal  Yes
Wordpress Pingback Locator
    auxiliary/scanner/natpmp/natpmp_portscan           normal  Yes
NAT-PMP External Port Scanner
    auxiliary/scanner/portscan/ack                     normal  Yes    TCP
ACK Firewall Scanner
    auxiliary/scanner/portscan/ftpbounce               normal  Yes    FTP
Bounce Port Scanner
    auxiliary/scanner/portscan/syn                     normal  Yes    TCP
SYN Port Scanner
    auxiliary/scanner/portscan/tcp                     normal  Yes    TCP
Port Scanner
    auxiliary/scanner/portscan/xmas                    normal  Yes    TCP
"XMas" Port Scanner
    auxiliary/scanner/sap/sap_router_portscanner       normal  No
SAPRouter Port Scanner
```

步骤5：利用端口扫描工具进行扫描，查看所有选项。

```
msf5 > use auxiliary/scanner/portscan/tcp
msf5 auxiliary(scanner/portscan/tcp) > show options

Module options (auxiliary/scanner/portscan/tcp):

    Name         Current Setting  Required  Description
    ----         ---------------  --------  -----------
    CONCURRENCY  10       yes      The number of concurrent ports to check
per host
    DELAY        0        yes      The delay between connections, per
thread, in milliseconds
    JITTER       0        yes      The delay jitter factor (maximum value
by which to +/- DELAY) in milliseconds.
    PORTS        1-10000  yes      Ports to scan (e.g. 22-25,80,110-900)
    RHOSTS                yes      The target address range or CIDR identifier
    THREADS      1        yes      The number of concurrent threads
```

```
TIMEOUT     1000     yes     The socket connect timeout in milliseconds
```

步骤 6：设置参数，开始扫描。

```
msf5 auxiliary(scanner/portscan/tcp) > set RHOSTS 127.0.0.1
RHOSTS => 127.0.0.1
msf5 auxiliary(scanner/portscan/tcp) > run

[+] 127.0.0.1:          - 127.0.0.1:22 - TCP OPEN
[+] 127.0.0.1:          - 127.0.0.1:5433 - TCP OPEN
[+] 127.0.0.1:          - 127.0.0.1:5443 - TCP OPEN
[+] 127.0.0.1:          - 127.0.0.1:8000 - TCP OPEN
[*] 127.0.0.1:          - Scanned 1 of 1 hosts (100% complete)
[*] Auxiliary module execution completed
```

这样我们就获得了哪些端口处于开放状态的信息，如 8000 端口，通常这是一个网页的端口，然后我们可以进一步搜索对于网页应用有哪些攻击模块。

```
msf5 > search web
```

接下来可以利用找到的攻击模块进行尝试性攻击，如获取 Jenkins 相关的漏洞信息：

```
msf5 > use exploit/linux/misc/jenkins_java_deserialize
msf5 exploit(linux/misc/jenkins_java_deserialize) > show options
Module options (exploit/linux/misc/jenkins_java_deserialize):
  Name      Current Setting  Required  Description
  ----      ---------------  --------  -----------
  RHOSTS                     yes       The target address range or CIDR
identifier
  RPORT     8080             yes       The target port (TCP)
  TARGETURI /                yes       The base path to Jenkins in order to find
X-Jenkins-CLI-Port
  TEMP      /tmp             yes       Folder to write the payload to
Exploit target:
  Id  Name
  --  ----
  0   Jenkins 1.637
msf5 exploit(linux/misc/jenkins_java_deserialize) > set RHOSTS
127.0.0.1
RHOSTS => 127.0.0.1
msf5 exploit(linux/misc/jenkins_java_deserialize) > set RPORT 8000
RPORT => 8000
msf5 exploit(linux/misc/jenkins_java_deserialize) > run
[!] You are binding to a loopback address by setting LHOST to 127.0.0.1.
Did you want ReverseListenerBindAddress?
```

```
[*] Started reverse TCP handler on 127.0.0.1:4444
[*] 127.0.0.1:8000 - 127.0.0.1:8000 - Sending headers...
```

最好用脚本的方式可以遍历所有可能的攻击模块，保证所有可能的攻击模块都无法完成攻击，这样就能保证软件不会受到已知漏洞的影响。

5.5.3 基于 Metasploit 的自动化测试

下面重点讲解如何利用 Python 编写一个自动程序来控制 Metasploit，其原理很简单，就是构造一个 Metasploit 能够识别的配置文件，然后通过进程间通信操纵 Metasploit 运行配置文件，并解析返回结果。如果想遍历所有的攻击模块，并获得所有的测试结果，只要将该自动程序放在一个循环中就可以了，如果读者有兴趣，可以自行完成该程序。

实际上，Metasploit 能够用脚本编写程序，这就是所谓的资源文件，我们可以构造脚本如下。

```
msf5 > use auxiliary/scanner/portscan/tcp
msf5 > set RHOSTS 127.0.0.1
msf5 > run
msf5 > exit
```

这个配置文件的功能就是用 Metasploit 在 127.0.0.1 的地址上扫描所有开放的端口。

然后编写 Python 脚本，其主要功能是生成资源文件，并通过进程间通信调用 msfconsole 来执行这个资源文件，然后解析输出，得到我们所需要的结果。完整的代码如下。

```
import os
import re
class MSFConsole:
    def execRC(self):
        cmd = "msfconsole -r %s " % self.resname
        out = os.popen(cmd).read()
        self.out = out
        return out
class MSFScan(MSFConsole):
    def genScanRC(self):
        self.resname = "portscan.rc"
        with open(self.resname, mode='w') as f:
            f.write("use auxiliary/scanner/portscan/tcp\n")
            f.write("set RHOSTS 127.0.0.1\n")
            f.write("run\n")
            f.write("exit\n")
    def parseOutput(self):
        output = self.out
```

```
        lout = output.split("\n")
        lhostport = []
        for line in lout:
            if line.endswith("TCP OPEN"):
                pattern = ".*\- (.*):(\d+) \- TCP OPEN"
                m = re.match(pattern, line)
                if m != None:
                    ip = m.group(1)
                    port = m.group(2)
                    lhostport.append((ip,port))
        return lhostport
if __name__ == "__main__":
    msfscan = MSFScan()
    msfscan.genScanRC()
    print msfscan.execRC()
    print msfscan.parseOutput()
```

注意，函数 genScanRC 将可在 msfconsole 下运行的资源文件写入特定的文件中，函数 execRC 调用命令行用来执行该资源文件，parseOutput 函数将调用正则表达式解析输出内容，提取出我们需要的网络地址和端口信息并打印出来，其输出结果如下。

```
[('127.0.0.1', '22'), ('127.0.0.1', '5433'), ('127.0.0.1', '5443'),
('127.0.0.1', '8000')]
```

上述结果说明在本机地址上有四个端口开放了，22、5433、5443、8000，其中两个端口很明确，22 是 ssh 的端口，8000 是 Django TODO list 应用程序的端口，另外两个端口 5433 和 5443 就很奇怪，需要调查，可能是潜在的安全漏洞。

检查端口所绑定的应用：

```
# lsof -i:5433
COMMAND    PID USER   FD   TYPE    DEVICE SIZE/OFF NODE NAME
postgres   363 test   8u  IPv4 104867126    0t0  TCP localhost:pyrrho->
localhost:40680 (ESTABLISHED)
postgres   724 test   8u  IPv4 104867129    0t0  TCP localhost:pyrrho->
localhost:40681 (ESTABLISHED)
ruby     28603 test   9u  IPv4 104997160    0t0  TCP localhost:40974->
localhost:pyrrho (ESTABLISHED)
ruby     28603 test  10u  IPv4 104998080    0t0  TCP localhost:40975->
localhost:pyrrho (ESTABLISHED)
postgres 28607 test   8u  IPv4 105001064    0t0  TCP localhost:pyrrho->
localhost:40974 (ESTABLISHED)
postgres 28616 test   8u  IPv4 105001065    0t0  TCP localhost:pyrrho->
localhost:40975 (ESTABLISHED)
```

```
postgres 64821 test  3u  IPv4 104864494   0t0      TCP   localhost:pyrrho
(LISTEN)
ruby    65249 test  9u  IPv4 104867061   0t0  TCP localhost:40671->
localhost:pyrrho (ESTABLISHED)
ruby    65249 test  10u  IPv4 104869295  0t0  TCP localhost:40672->
localhost:pyrrho (ESTABLISHED)
ruby    65249 test  11u  IPv4 104867096  0t0  TCP localhost:40673->
localhost:pyrrho (ESTABLISHED)
ruby    65249 test  12u  IPv4 104868226  0t0  TCP localhost:40674->
localhost:pyrrho (ESTABLISHED)
ruby    65249 test  13u  IPv4 104867099  0t0  TCP localhost:40675->
localhost:pyrrho (ESTABLISHED)
ruby    65249 test  14u  IPv4 104860489  0t0  TCP localhost:40676->
localhost:pyrrho (ESTABLISHED)
ruby    65249 test  15u  IPv4 104868227  0t0  TCP localhost:40677->
localhost:pyrrho (ESTABLISHED)
ruby    65249 test  16u  IPv4 104867103  0t0  TCP localhost:40678->
localhost:pyrrho (ESTABLISHED)
ruby    65249 test  17u  IPv4 104868245  0t0  TCP localhost:40679->
localhost:pyrrho (ESTABLISHED)
ruby    65249 test  18u  IPv4 104869379  0t0  TCP localhost:40680->
localhost:pyrrho (ESTABLISHED)
ruby    65249 test  19u  IPv4 104870178  0t0  TCP localhost:40681->
localhost:pyrrho (ESTABLISHED)
postgres 65254 test  8u  IPv4 104867062   0t0  TCP localhost:pyrrho->
localhost:40671 (ESTABLISHED)
postgres 65269 test  8u  IPv4 104867077   0t0  TCP localhost:pyrrho->
localhost:40672 (ESTABLISHED)
postgres 65311 test  8u  IPv4 104867097   0t0  TCP localhost:pyrrho->
localhost:40673 (ESTABLISHED)
postgres 65312 test  8u  IPv4 104867098   0t0  TCP localhost:pyrrho->
localhost:40674 (ESTABLISHED)
postgres 65313 test  8u  IPv4 104867100   0t0  TCP localhost:pyrrho->
localhost:40675 (ESTABLISHED)
postgres 65314 test  8u  IPv4 104867101   0t0  TCP localhost:pyrrho->
localhost:40676 (ESTABLISHED)
postgres 65315 test  8u  IPv4 104867102   0t0  TCP localhost:pyrrho->
localhost:40677 (ESTABLISHED)
postgres 65316 test  8u  IPv4 104867104   0t0  TCP localhost:pyrrho->
localhost:40678 (ESTABLISHED)
postgres 65398 test  8u  IPv4 104867122   0t0  TCP localhost:pyrrho->
localhost:40679 (ESTABLISHED)
[root@e66794220ad7 work]# lsof -i:5443
```

```
COMMAND  PID USER  FD   TYPE   DEVICE SIZE/OFF NODE NAME
ruby   64840 test  11u  IPv4 104866960  0t0  TCP localhost:spss (LISTEN)
```

上述结果说明 5433 是 postgresql 的端口，5443 是 Metasploit 所依赖的端口。

如果我们需要对整个过程进行更精细的控制，有两个选择，一种是利用 Ruby 编写 Metasploit 脚本及扩展，但是你需要了解 Ruby；另外一种是著名安全研究团队 Spiderlabs 实现的一个 Python 与 Metasploit msgrpc 进行通信的 Python 模块，通过它，你可以利用 Python 更精细地控制 Metasploit。但是相关内容已经超出了本书讨论的范围，读者有兴趣的话，可以参考相关的著作。

5.5.4 Metasploit 在云端

Metasploit 的 Docker 环境就是在基础镜像的基础上，安装 Metasploit 软件, 下面的步骤将讨论如何在云端部署和运行 Metasploit 相关测试。

步骤 1：构建包含 Metasploit 的 Dockefile, 方法是在 5.3.2 小节讨论的 Dockerfile 的基础上增加 Metasploit 的安装步骤。下面是完整的 Dockerfile 的内容。

```
FROM centos
# MAINTAINER
MAINTAINER yuwang1974@hotmail.com
RUN yum -y install epel-release && \
    yum -y install which && \
    yum -y install wget && \
    yum -y install curl && \
    yum -y install sudo && \
    yum -y install unzip && \
    yum -y install python-pip && \
    yum -y install net-tools && \
    yum -y install openssh-server
RUN pip install --upgrade pip
RUN curl https://raw.githubusercontent.com/rapid7/metasploit-omnibus/master/config/templates/metasploit-framework-wrappers/msfupdate.erb > msfinstall
RUN chmod 755 msfinstall
RUN /msfinstall
RUN ssh-keygen -t dsa  -P "" -f  /etc/ssh/ssh_host_dsa_key
RUN ssh-keygen -t rsa  -P "" -f  /etc/ssh/ssh_host_rsa_key
RUN ssh-keygen -t ecdsa -P "" -f  /etc/ssh/ssh_host_ecdsa_key
RUN ssh-keygen -t ed25519  -P "" -f  /etc/ssh/ssh_host_ed25519_key
# password is test
RUN useradd -m test -p "VJdx0yi1Y3LKc"
```

```
COPY --chown=test:test ./toDoListPro/ /work/toDoListPro
COPY --chown=test:test ./MSFScan.py /work/MSFScan.py
COPY --chown=test:test ./portscan.rc /work/portscan.rc
COPY startup.sh /
EXPOSE 22 8000
ENTRYPOINT "/startup.sh"
```

步骤 2：构建镜像。

```
# ./build.sh penetrationimage
```

步骤 3：运行容器。

```
# docker run -d --privileged=true --name=node20  penetrationimage
```

步骤 4：进入容器后就可以直接运行 Metasploit 的相关程序。

```
# docker exec -ti 8c844b13c8e9 bash
 [root@8c844b13c8e9 /]# su - test
 [test@8c844b13c8e9 ~]$ cd /opt/
 [test@8c844b13c8e9 bin]$ msfconsole
```

5.6 小结

本章主要讨论了云原生环境下自动化测试的重要性，并重点讨论了端到端测试在云端如何实现自动化的问题，包括使用 Selenium 实现图形用户界面测试的自动化，使用 Requests 实现 RESTAPI 测试的自动化，使用 LOCUST 实现性能测试的自动化，使用 Python+Metasploit 实现安全性测试的自动化。其讲述方法是首先介绍手工测试的方法，然后讨论自动化的方法，让读者对手工测试和自动化测试的差异一目了然。另外本章力图从简单的例子出发说明其原理，而不是详细讨论每一种框架的具体设计及用户编程接口，其目的是抛砖引玉，希望读者能了解其中的原理，从而在实践中触类旁通，能够灵活地运用本章中描述的原理来解决自己实际的问题，而不是生搬硬套，导致在情况发生变化时出现“事倍功半”的效果。

第6章　尽快让客户看到改进和得到反馈——端到端的交付部署 Kubernetes 和 Ansible

云端应用运维的最大挑战就是速度，为了解决速度问题，必须尽可能地实现自动化，本章所要讨论的是如何实现自动化的端到端部署。

6.1　规划云原生端到端的域部署——流程域的划分

云端的软件开发部署过程通常涉及几个概念：测试区域（Test Landscape）、预生产区域（Staging Landscape）和生产区域（Production Landscape）。在云端进行的软件开发，通常都需要基于集群的部署，每个集群可能包括几十甚至几百个虚拟机。那么当开发人员开发出一个新的特性，如何进行端到端测试呢？一种方案是开发人员自己搭建一个集群，假设所需集群的规模不大（如只有个位数的虚拟机）并且开发人员数量比较少，这种方案是可行的，这种方案跟我们在本地开发软件的测试形式完全一样。但有时为了搭建一个端到端的测试环境，可能需要几十台虚拟机，并且开发人员可能涉及几十甚至上百人，在这种情况下，开发人员自己搭建端到端测试环境就要付出很高的代价，假设每个集群需要 20 个虚拟机，有 20 个开发人员同时进行开发和测试，这就需要 20×20=400 个虚拟机，在云端使用 400 个虚拟机是一笔不小的开销。那么就没有必要让每个开发人员都做端到端的测试，而是可以将集成测试提前进行。事实上每个开发人员自己做端到端测试的主要目的也是为了及早发现在单元测试中无法发现的问题，而集成测试的主要目的是找到该部件与其他部件协作上的问题，我们可以将两件事合二为一，设计这样一个测试区域，它实际上也就是集成测试环境。其基本思想是，如果一个开发人员完成了一个特性的开发，并完成了相应的单元测试和集成测试，那他/她就可以将代码提交到中心的代码仓库，然后有一个自动程序每天定时将最新的代码进行编译，并将代码部署到测试区域，其本质是跳过开发人员自己做的端到端测试，直接进入集成测试。其核心是：

1）将开发人员自行部署代码改变为由独立的部署程序定时实现。

2）所有开发人员共享一套开发测试环境（真实的集成测试环境），这样做的优点是可以大量节省成本，由 400 个虚拟的需求变为 20 个虚拟机；缺点是部署不是实时进行的，而是需要一个延迟，通常最大 24 小时，但是这样的代价是可以接受的。

如果在测试过程中发现有问题，可能不一定是自己的特性引起的问题，而是其他特性的影响，这种情况不是缺点，而是优点，因为我们可以每天做系统规模的集成测试，这时发现集成相关的问题，解决问题的代价只是需要追溯最近 24 小时的代码变化。

另外一个原因是，云端所有的部署动作都是即时生效的，也就是说，如果执行了部署动作，那么该区域的使用者就会在第一时间看到变化。因为我们在开发过程中基本上采用的是敏捷方式，其实就是微迭代的方式，流程中的每个步骤中部署的代码版本是不同的，所以在集群区域的设计上需要将它们完全分离，也就是说需要部署多少个代码版本，就需要多少个区域（集群）。通常情况下有三个：

1）测试区域——用于开发人员开发中的测试，部署的几乎是最新的代码，最多 24 小时延迟。

2）预生产区域——用于测试人员执行接受性测试，部署的是里程碑代码。

3）生产区域——用于为客户提供服务，部署的是经过严格测试的代码。

另外，可能为了发布补丁，而单独有一个补丁的区域。

在微迭代的过程中，每天都向测试区域部署最新的代码，然后做测试、发现问题、提供修复，并进入下一个迭代，也就是说测试区域与开发者迭代密切相关。

当软件开发到达一定的里程碑时，就需要把软件部署到准生产区域，进行接受性测试，测试过程中找到的问题又会反馈到开发者迭代中，也就是说准生产区域与里程碑迭代密切相关。

最后，里程碑软件满足发布的标准，被部署到生产区域，在客户使用过程中，可能会发现一些在测试中没有发现的问题，这些问题又重新汇总到开发者循环中，所以说生产区域与客户问题修复迭代相关。

总的来说，在整个迭代过程中，应该尽可能减少逆向循环，也就是问题修复循环，从而提高工作效率。图 6-1 展示了在整个产品开发迭代过程中不同区域以及工作流程的方向。

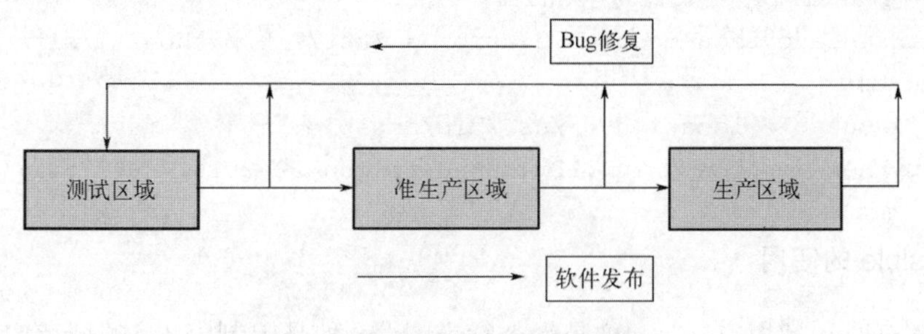

图 6-1　云端软件迭代与流程域划分

6.2　实现部署——使用 Ansible 配置管理

本书并不是 Ansible 的教程，这里只是根据我们在整个云端开发中的需要，以简单的例子介绍 Ansible 在整个云端运维流程中所起的作用。

6.2.1 Ansible 的安装和使用

1．为什么选择 Ansible

1）Ansible 完全基于 Python，对于广大的 Python 用户而言，使用和二次开发都非常方便。

2）具有丰富的内置模块。

3）没有特殊的服务端服务依赖，它只依赖于 SSHD 服务，该服务对于大多数服务器都是默认使能的。

2．Ansible 的安装

```
# pip install ansible
```

Ansible 的安装非常简单，直接使用 Python 的包管理器就可以完成。当然，还有一些其他的安装方式，例如利用特定操作系统平台的包管理工具进行安装，而 pip 的安装方式是在所有系统平台上通用的一种方式。

如果安装过程中没有出现任何错误，我们可以执行下面的命令确认 Ansible 是可以运行的。

```
$ ansible --version
ansible 2.6.5
  config file = None
  configured module search path = [u'/root/.ansible/plugins/modules', u'/usr/share/ansible/plugins/modules']
  ansible python module location = /usr/lib/python2.7/site-packages/ansible
  executable location = /usr/bin/ansible
  python version = 2.7.12 (default, Jun 28 2016, 06:57:42) [GCC]
```

3．Ansible 的使用

Ansible 有两种使用方式，一种是命令行方式，一种是定制脚本（领域特定语言 DSL）方式。下面我们以安装 Django TODO List 应用程序为例来讲述 Ansible 的这两种使用方式。

（1）实验环境的构建

构建实验环境的基本思想是在最小的环境中阐述原理，所以我们将以一个容器作为目标主机，这样就可以在一台主机上完成实验。因为我们要演示的是如何实现软件的部署，所以提供的基础容器将只包含 sshd 服务器，下面是构建一个 Ansible 实验环境的步骤。

步骤 1：创建一个 Dockerfile，该 Dockerfile 只包含基本的 ssh 服务，完整的 Dockerfile

文件如下。

```
# 从基础镜像 centos 继承
FROM centos
# 维护者的邮件地址
MAINTAINER yuwang1974@hotmail.com
# 安装基本的工具和 sshd
RUN yum -y install epel-release && \
    yum -y install which && \
    yum -y install wget && \
    yum -y install sudo && \
    yum -y install unzip && \
    yum -y install net-tools && \
    yum -y install openssh-server
# 为 sshd 产生 key
RUN ssh-keygen -t dsa  -P "" -f  /etc/ssh/ssh_host_dsa_key
RUN ssh-keygen -t rsa  -P "" -f  /etc/ssh/ssh_host_rsa_key
RUN ssh-keygen -t ecdsa -P "" -f  /etc/ssh/ssh_host_ecdsa_key
RUN ssh-keygen -t ed25519  -P "" -f  /etc/ssh/ssh_host_ed25519_key
# 添加用户 test，并将密码设置为 test
RUN useradd -m test -p "VJdx0yi1Y3LKc"
# 将用户 test 增加到组 wheel 中
RUN usermod -a -G wheel test
# 改变组 wheel 的属性，使其支持免密码 sudo
RUN sed -i 's/# %wheel/%wheel/' /etc/sudoers
# 复制启动脚本到容器
COPY startup.sh /
# 修改脚本为可执行权限
RUN chmod u+x /startup.sh
# 设置容器启动时的命令
ENTRYPOINT "/startup.sh"
```

注意：

1）我们在 Docker 内的运行用户是 test，所以需要创建这个用户。

2）因为 Ansible 要求在目标主机使用 sudo 命令时不能输入密码，所以首先需要将用 test 加入组 wheel 当中，可以用命令 usermod -a -G wheel test，这样 test 用户就拥有 wheel 组的所有权限，然后需要修改/etc/sudoers，将下面一行的注释去掉，意思是组 wheel 中的用户切换 sudo 时不需要输入密码，可以用 sed 命令完成这样的修改。

```
# %wheel ALL=(ALL)      NOPASSWD: ALL
```

步骤 2：构建镜像。

```
# ./build.sh ansiableimage
```

构建脚本的内容。

```
#!/bin/bash
if [ "$1" ==  "" ] ; then
echo "usage build.sh <tag>"
exit 1
fi
echo "tag: $1"
docker build . -t $1
```

步骤 3：启动容器。

```
# docker run -d --privileged=true --name=node30 ansibleimage
```

现在服务器端的环境就已经准备就绪了，我们可以开始 Ansible 的部署了。

（2）Ansible 命令行方式安装 Django TODO List 应用程序

有关 Ansible 命令行的使用方式，可以通过命令方式获得：

```
$ ansible --help
Usage: ansible <host-pattern> [options]
```

通常 Ansible 命令行是下面这个样子：

```
$ ansible all -m yum -a "name=python-pip state=latest" -u test --sudo
-i inverntory.ini
```

其中，

m 参数表示 ansible 的模块名称，如 yum；a 参数提供模块所需要的参数；u 参数提供远程主机的运行命令的用户；sudo 参数表示该命令在 sudo 方式下运行；i 参数表示提供目标主机配置文件。

Ansible 所支持的具体模块的详细信息，请参阅官方文档 https://docs.ansible.com/ansible/latest/modules/modules_by_category.html。

下面将一步一步讲解如何用命令行的方式部署 Django TODO List 应用程序。

步骤 1：定义主机。

Ansible 提供了 Inventory 配置机制，用它来定义目标主机的信息，默认情况下，Ansible 会寻找/etc/ansible/hosts，也可以在命令行通过-i 参数指定一个定制的配置文件。Ansible 提供的 inventory 机制相对于 HOSTS 文件，提供了更加丰富的定制功能，如可以定义组，还可以定义组变量。更详细的使用方式请参阅官方文档 https://docs.ansible.com/ ansible/latest/user_guide/intro_inventory.html，这里只在 Inventory 文件中定义目标主机，创建一个自定义 Inventory 文件，命名为 inventory.ini，内容为目标主机地址。

```
$ cat inverntory.ini
172.17.0.12
```

172.17.0.12 是目标主机的 ip 地址，在我们的例子中是容器的内部地址。

步骤 2：确认远程主机的可访问性。

可以用 Ansible 提供的 ping 模块来确认目标主机可以通过 Ansible 的方式访问：

```
$ ansible all -m ping -u test --sudo -i inverntory.ini
```

实际上，在 Ansible 中该命令的意思是向 inventory.ini 中定义的所有主机以用户 test 发送 ssh 连接请求，并检查 sudo 是否能正常工作。

如果目标主机没有配置好，通常会遇到两个问题。

问题 1：免密码登录问题。

如果远程主机免密码登录存在问题，通常会遇到下面的错误。

● 如果是第一次登录主机，就会出现下面的错误（因为错误信息较长，这里只截取最关键的部分）。

```
    "msg": "Failed to connect to the host via ssh: Warning: Permanently added
'172.17.0.8' (ECDSA) to the list of known hosts.\r\nPermission denied
(publickey,gssapi-keyex,gssapi-with-mic,password).\r\n",
```

● 如果已经登录过主机，会出现下面的错误。

```
    "msg": "Failed to connect to the host via ssh: ssh: connect to host
172.17.0.10 port 22: Connection refused\r\n",
```

遇到上面的错误，通常是因为本地账号与目标主机的免密码登录没有配置好，可以用下面的方法来解决。

首先，为本地账号生成密钥：

```
    $ ssh-keygen -t rsa
    Generating public/private rsa key pair.
    Enter file in which to save the key (/home/test/.ssh/id_rsa):
    /home/test/.ssh/id_rsa already exists.
    Overwrite (y/n)? n
    test@mo-daa74f754:~/ansible> ssh-keygen -t rsa
    Generating public/private rsa key pair.
    Enter file in which to save the key (/home/test/.ssh/id_rsa):
    /home/test/.ssh/id_rsa already exists.
    Overwrite (y/n)? y
    Enter passphrase (empty for no passphrase):
    Enter same passphrase again:
    Your identification has been saved in /home/test/.ssh/id_rsa.
    Your public key has been saved in /home/test/.ssh/id_rsa.pub.
    The key fingerprint is:
    b3:ac:6a:c0:d1:c8:0f:96:66:12:02:93:d0:ad:ff:e0 [MD5] test@mo-
daa74f754.mo.sap.corp
```

```
The key's randomart image is:
+--[ RSA 2048]----+
|*o .             |
|+.. .            |
|.o =             |
|. @ .            |
| * =    S        |
|  o +  . o       |
|   o o  o        |
|    E ..         |
|    ....         |
+--[MD5]----------+
```

注意：在提示输入 passphrase 时，一定不能输入任何信息，因为我们需要实现免密码登录，如果在提示 passphrase 时输入信息，意思是在密钥上再加一层密码，这就会导致虽然我们消除了远程登录时的密码，但是在提供密钥时，还需要输入密钥的密码，从效果上看，跟有密码登录远程主机是一样的。

小技巧

如何用命令行产生一个用户的密钥而不需要用户输入任何信息？可以使用下面一条命令。

```
$ ssh-keygen -t rsa -P "" -f  ~/.ssh/id_rsa
```

然后，将密钥发布到远程主机。通常，如果只有很少的目标主机，可以采用下面的命令。

```
$ ssh-copy-id test@目标主机 IP
```

如果主机数量很多，需要采用脚本的方式将密钥批量发布到远程主机，这里我们提供一个采用 expect 方式的简单脚本，比较方便。

```
$ publish_key.exp <ipaddress> <password>
```

脚本的内容如下。

```
#!/usr/bin/expect -f
 set ip [lindex $argv 0 ]
 set password [lindex $argv 1 ]
set user [ exec whoami ]
puts env(HOME)
set home env(HOME)

 set timeout 10
```

```
spawn ssh-copy-id $user@$ip
expect {
"*yes/no" { send "yes\n"; exp_continue}
"*password:" { send "$password\n" }
}
interact
```

问题 2：免密码 sudo 问题。

如果在目标主机上以 sudo 方式的超级用户权限运行命令时需要密码，当我们向目标主机发送 Ansible 的 ping 命令时，就会出现如下的错误提示。

```
$ ansible all -m ping -u test --sudo -i inverntory.ini
172.17.0.8 | FAILED! => {
    "changed": false,
    "module_stderr": "Shared connection to 172.17.0.8 closed.\r\n",
    "module_stdout": "sudo: a password is required\r\n",
    "msg": "MODULE FAILURE",
    "rc": 1
}
```

Ansible 要求目标主机的 sudo 命令是免密码执行命令的，这需要保证在服务器端相应的配置是正确的，请检查文件/etc/sudoers，下面行的注释已经打开。

```
# %wheel  ALL=(ALL)       NOPASSWD: ALL
```

这一行的意思是允许在 wheel 组中的用户免密码执行所有命令，如果需要请确认用户 test 属于组 wheel，方法如下。

```
# groups test
test : test wheel
```

步骤 3：向远程主机安装 Python 包管理程序 pip，命令如下。

```
$ ansible all -m yum -a "name=python-pip state=latest" -u test --sudo
-i inverntory.ini
```

输出形式如下。

```
172.17.0.8 | SUCCESS => {
…
}
```

步骤 4：升级目标主机 pip 包管理程序到最新版本，命令如下。

```
$ ansible all -m shell -a " pip install --upgrade pip" -u test --sudo
-i inverntory.ini
```

输出形式如下。

```
172.17.0.8 | SUCCESS | rc=0 >>
Collecting pip
  Downloading https://files.pythonhosted.org/packages/d8/f3/413bab4ff08e1fc4828dfc59996d721917df8e8583ea85385d51125dceff/pip-19.0.3-py2.py3-none-any.whl (1.4MB)
Installing collected packages: pip
  Found existing installation: pip 8.1.2
    Uninstalling pip-8.1.2:
      Successfully uninstalled pip-8.1.2
Successfully installed pip-19.0.3
```

步骤 5：向目标主机安装 Django 的依赖库，命令如下。

```
$ ansible all -m shell -a " pip install django " -u test --sudo -i inverntory.ini
```

输出形式如下。

```
172.17.0.8 | SUCCESS | rc=0 >>
Collecting django
  Downloading https://files.pythonhosted.org/packages/8e/1f/20bbc601c442d02cc8d9b25a399a18ef573077e3350acdf5da3743ff7da1/Django-1.11.20-py2.py3-none-any.whl (6.9MB)
Collecting pytz (from django)
  Downloading https://files.pythonhosted.org/packages/61/28/1d3920e4d1d50b19bc5d24398a7cd85cc7b9a75a490570d5a30c57622d34/pytz-2018.9-py2.py3-none-any.whl (510kB)
Installing collected packages: pytz, django
Successfully installed django-1.11.20 pytz-2018.9DEPRECATION: Python 2.7 will reach the end of its life on January 1st, 2020. Please upgrade your Python as Python 2.7 won't be maintained after that date. A future version of pip will drop support for Python 2.7.
```

步骤 6：在目标主机创建目录，命令如下。

```
$ ansible all -m file -a " path=/work state=directory " -u test --sudo -i inverntory.ini
```

输出形式如下。

```
172.17.0.8 | SUCCESS => {
    "changed": true,
    "gid": 0,
    "group": "root",
```

```
        "mode": "0755",
        "owner": "root",
        "path": "/work",
        "size": 6,
        "state": "directory",
        "uid": 0
    }
```

步骤 7：在目标主机上安装 rsync 包，命令如下。

```
    $ ansible all -m yum -a " name=rsync state=latest " -u test --sudo -i
inventory.ini
```

输出形式如下。

```
    172.17.0.8 | SUCCESS => {
        "changed": false,
        "msg": "",
        "rc": 0,
        "results": [
            "All packages providing rsync are up to date",
            ""
        ]
    }
```

步骤 8：复制 Django TODO list 应用到目标主机，命令如下。

```
    $ ansible all -m synchronize -a " src=/work/toDoListPro dest=/work
compress=yes " -u test --sudo -i inventory.ini
```

输出形式如下。

```
    172.17.0.8 | SUCCESS => {
        "changed": true,
        "cmd": "/usr/bin/rsync --delay-updates -F --compress --archive
--rsh=/usr/bin/ssh -S none -o StrictHostKeyChecking=no -o UserKnownHosts File=
/dev/null --rsync-path=sudo rsync --out-format=<<CHANGED>>%i %n%L/work/bak/
cloudagileops/toDoListPro test@172.17.0.8:/work",
        "msg": ".d..t...... toDoListPro/toDoListApp/\n<f.st...... toDoList
Pro/toDoListApp/settings.pyc\n",
        "rc": 0,
        "stdout_lines": [
            ".d..t...... toDoListPro/toDoListApp/",
            "<f.st...... toDoListPro/toDoListApp/settings.pyc"
        ]
```

```
}
```

步骤 9：在远程目标机启动 Django TODO list 应用，命令如下。

```
$ ansible all -m shell -a " nohup  python /work/toDoListPro/manage.py
runserver & " -u test --sudo -i inventory.ini
```

输出形式如下。

```
172.17.0.8 | SUCCESS | rc=0 >>
```

小贴士

如何显示远程命令的输出结果？

默认情况下，Ansible 并不输出远程命令的运行结果，如果想看到远程命令的运行结果，我们可以增加“-v”参数。

```
$ ansible all -m shell -a "pwd" -u test --sudo -i inverntory.ini -v
```

输出形式如下。

```
172.17.0.8 | SUCCESS | rc=0 >>
/home/test
```

如何调试？

增加参数“-vvv”，它会打印出每一个任务的详细步骤：

```
$ ansible all -m shell -a "pwd" -u test --sudo -i inverntory.ini -vvv
```

下面是一个 pwd 命令的详细调试信息输出：

```
<172.17.0.8> ESTABLISH SSH CONNECTION FOR USER: test
<172.17.0.8> SSH: EXEC ssh -C -o ControlMaster=auto -o ControlPersist=60s
-o KbdInteractiveAuthentication=no -o PreferredAuthentications= gssapi-with-
mic,gssapi-keyex,hostbased,publickey -o PasswordAuthentication=no -o User=test
-o  ConnectTimeout=10  -o  ControlPath=/home/test/.ansible/cp/022035a7e0
172.17.0.8 '/bin/sh -c '"'"'echo ~test && sleep 0'"'"''
<172.17.0.8> (0, '/home/test\n', '')
<172.17.0.8> ESTABLISH SSH CONNECTION FOR USER: test
<172.17.0.8> SSH: EXEC ssh -C -o ControlMaster=auto -o ControlPersist=60s
-o KbdInteractiveAuthentication=no -o PreferredAuthentications=gssapi-with-
mic,gssapi-keyex,hostbased,publickey -o PasswordAuthentication=no -o User=test
-o ConnectTimeout=10 -o ControlPath=/home/test/.ansible/cp/022035a7e0 172.17.0.
8 '/bin/sh -c '"'"'( umask 77 && mkdir -p "` echo /home/test/.ansible/tmp/ansible-
tmp-1552528695.24-196796022595289  `"  &&  echo  ansible-tmp-1552528695.24-
196796022595289="`  echo  /home/test/.ansible/tmp/ansible-tmp-1552528695.24-
```

```
196796022595289 `" ) && sleep 0'"'"''
        <172.17.0.8> (0, 'ansible-tmp-1552528695.24-196796022595289=/home/
test/.ansible/tmp/ansible-tmp-1552528695.24-196796022595289\n', '')
        Using module file /usr/lib/python2.7/site-packages/ansible/modules/
commands/command.py
        <172.17.0.8> PUT /home/test/.ansible/tmp/ansible-local-548223yWuOW/
tmpwwkEn_ TO /home/test/.ansible/tmp/ansible-tmp-1552528695.24-1967960225952
89/command.py
        <172.17.0.8> SSH: EXEC sftp -b - -C -o ControlMaster=auto -o Control
Persist=60s -o KbdInteractiveAuthentication=no -o PreferredAuthentications=
gssapi-with-mic,gssapi-keyex,hostbased,publickey -o PasswordAuthentication=
no -o User=test -o ConnectTimeout=10 -o ControlPath=/home/test/.ansible/
cp/022035a7e0 '[172.17.0.8]'
        <172.17.0.8> (0, 'sftp> put /home/test/.ansible/tmp/ansible-local-
548223yWuOW/tmpwwkEn_ /home/test/.ansible/tmp/ansible-tmp-1552528695.24-
196796022595289/command.py\n', '')
        <172.17.0.8> ESTABLISH SSH CONNECTION FOR USER: test
        <172.17.0.8> SSH: EXEC ssh -C -o ControlMaster=auto -o ControlPersist=60s
-o KbdInteractiveAuthentication=no -o PreferredAuthentications=gssapi-with-
mic,gssapi-keyex,hostbased,publickey -o PasswordAuthentication=no -o User=test
-o ConnectTimeout=10 -o ControlPath=/home/test/.ansible/cp/022035a7e0
172.17.0.8 '/bin/sh -c '"'"'chmod u+x /home/test/.ansible/tmp/ansible-tmp-
1552528695.24-196796022595289//home/test/.ansible/tmp/ansible-tmp-155252869
5. 24-196796022595289/command.py && sleep 0'"'"''
        <172.17.0.8> (0, '', '')
        <172.17.0.8> ESTABLISH SSH CONNECTION FOR USER: test
        <172.17.0.8> SSH: EXEC ssh -C -o ControlMaster=auto -o ControlPersist=60s
-o KbdInteractiveAuthentication=no -o PreferredAuthentications=gssapi-with-
mic,gssapi-keyex,hostbased,publickey -o PasswordAuthentication=no -o User=test
-o ConnectTimeout=10 -o ControlPath=/home/test/.ansible/cp/022035a7e0 -tt
172.17.0.8 '/bin/sh -c '"'"'sudo -H -S -n -u root /bin/sh -c '"'"'"'"'"'"'"'"'echo
BECOME-SUCCESS-kcexkxjlaotrydhoymioahuhkowqjpru; /usr/bin/python /home/
test/.ansible/tmp/ansible-tmp-1552528695.24-196796022595289/command.py'"'"'
"'"'"'"'"'"' && sleep 0'"'"''
        Escalation succeeded
        <172.17.0.8> (0, '\r\n{"changed": true, "end": "2019-03-14 01:58:17.
101096", "stdout": "/home/test", "cmd": "pwd", "rc": 0, "start": "2019-03-14
01:58:17.013776", "stderr": "", "delta": "0:00:00.087320", "invocation":
{"module_args": {"warn": true, "executable": null, "_uses_shell": true, "_raw_
params": "pwd", "removes": null, "argv": null, "creates": null, "chdir": null,
"stdin": null}}}\r\n', 'Shared connection to 172.17.0.8 closed.\r\n')
        <172.17.0.8> ESTABLISH SSH CONNECTION FOR USER: test
        <172.17.0.8> SSH: EXEC ssh -C -o ControlMaster=auto -o ControlPersist=60s
```

```
-o KbdInteractiveAuthentication=no -o PreferredAuthentications=gssapi-with-mic,gssapi-keyex,hostbased,publickey -o PasswordAuthentication=no -o User=test -o ConnectTimeout=10 -o ControlPath=/home/test/.ansible/cp/022035a7e0 172.17.0.8 '/bin/sh -c '"'"'rm -f -r /home/test/.ansible/tmp/ansible-tmp-1552528695.24-196796022595289/ > /dev/null 2>&1 && sleep 0'"'"''
    <172.17.0.8> (0, '', '')
    172.17.0.8 | SUCCESS | rc=0 >>
    /home/test
```

（3）Ansible 定制剧本（脚本，playbook）方式安装 Django TODO List 应用

Ansible 剧本相对于 shell 的优势在于：Ansible 自动提供对所有操作的跟踪功能；Ansible 自带幂等判断功能，也就是说，如果 Ansible 发现某个任务已经在目标主机上生效了，它就不做任何动作，直接返回成功状态。

准备工作和命令行方式相同，包括确认与默认主机的可访问性，这里不再赘述。

Ansible 定制剧本遵循 YAML 的标准格式，基本语法是：

1）大小写敏感。

2）使用缩进表示层级关系。

3）缩进时不允许使用〈Tab〉键，只允许使用空格。

4）缩进的空格数目不重要，只要相同层级的元素左侧对齐即可。

5）# 表示注释，从这个字符一直到行尾，都会被解析器忽略。

6）用——表示开头。

下面是完整的 Ansible 剧本清单，已经以注释形式提供了各个动作步骤的解释。

```
---
  # Ansible 剧本名称
- name: Django TODO List deployment
  # 全局配置声明区开始
  # 该剧本适用的目标主机
  hosts: all
  # 在目标主机运行命令时是否需要转 sudo 权限
  sudo: true
  # 在目标主机上的使用的用户名
  remote_user: test
  # 全局配置声明区结束

  # 全局变量定义区开始
  # 在剧本中使用的全局变量定义
  vars:
       http_port: 8000
       local_workdir: /work/bak/cloudagileops
  # 全局变量定义区结束
```

```
# 任务列表区开始
tasks:
  # 步骤 1：安装 python 包管理程序 pip
  - name: install python pip package
    yum:
       name=python-pip state=latest
  # 步骤 2：升级 pip 包管理程序到最新版本
  - name: upgrade pip to latest
    shell:
       pip install --upgrade pip
  # 步骤 3：安装 Django 的依赖库
  - name: install Django dependencies
    shell:
      pip install django
  # 步骤 4：创建目录
  - name: create work directory
    file:
      path=/work state=directory
  # 步骤 5：安装 rsync 模块
  - name: install rsync package
    yum:
      name=rsync state=latest
  # 步骤 6：复制 Django TODO list 应用到目标主机
  - name: sync Django TODO list appliction
    synchronize:
      src={{local_workdir}}/toDoListPro dest=/work compress=yes
  # 步骤 7：启动 Django TODO list 应用
  - name: start web server of Django TODO list
    shell:
      nohup  python /work/toDoListPro/manage.py runserver 0.0.0.0:
{{http_port}} &
 # 任务列表区结束
```

注意：

1）全局配置声明区主要定义一些全局有效的参数，包括目标主机列表、是否使用 sudo 执行命令、远程主机用户等，这些信息是在 Ansible 运行过程中隐式起作用的，并不能访问和修改。

2）全局变量声明区可以定义在后续任务中可以读取和修改的变量，如这里定义了变量 http_port 和 local_workdir，并提供了初始化内容，后面在执行任务时可以直接引用。

3）任务列表区声明配置任务列表，该任务列表是顺序执行的。

4）在 Ansible 剧本中，通常采用{{var}}的方式来引用变量，如{{local_workdir}}。

5）步骤 6 因为采用 sync 的方式复制本地目录到远程主机，所以要在前一步为远程主机安装 rsync 模块以提供支持。当然还有其他方式实现从当前主机向目标主机的复制，但 sync 方式最为简单。

6）步骤 7 因为随着 Ansible 程序的结束，shell 进程的子进程也随之结束，如果希望在 Ansible 结束之后程序继续运行，则需要将进程在后台运行。这里要注意 nohup 命令和&后台运行命令。

更为详细的 Ansible 剧本的使用方法，请参阅 Ansible 官方文档。

6.2.2 测试区域/预生产区域/生产区域的 Ansible 配置

在实际的项目当中，一般会将不同目的的机器在逻辑上进行分组，形成一个流水线，通常情况下，可以分类为测试区域、预生产区域和生产区域。那么在 Ansible 中如何来处理在不同区域的不同任务呢，实际上可以为不同的区域定义不同的 inventory 文件，基本假设是：

1）在不同的区域上执行的部署任务基本相同。

2）差异主要体现在不同的区域会有不同的目标主机。

3）需要相应的机制来处理不同区域之间的细微差异。

利用 Ansible 提供的 inventory 机制，inventory 最大的不同就是它能够提供变量的定义，基本的想法是，可以在 inventory 中定义三个区域，然后在剧本中对相应的主机进行参数化，增加条件判断，从而实现针对不同区域执行不同的部署代码的目的。下面是具体步骤。

步骤 1：定义不同区域的 inventory。

例如，test 区域 inventory 文件的 test_inventory.ini 可以是下面的样子。

```
[webserver]
172.17.0.8
```

Staging 区域的 staging_inventory.ini 可以是下面的样子。

```
[webserver]
172.17.0.9
```

两者主要的差异是目标主机。

那么有的时候不同的区域之间有着细微的差异，如何更精细地控制这些差异呢？可以采用全局变量的形式来进行控制。

步骤 2：在 inventory 中定义全局变量。

在 test_inventory.ini 中增加下面的变量。

```
[all:vars]
landscape=test
```

在 staging_inventory.ini 中增加下面的变量。

```
[all:vars]
landscape=staging
```

步骤 3：条件执行特定的动作。

在剧本中定义相应的动作时，增加条件判断，对于所有必须在所有的区域能执行的动作，不增加条件判断，例如：

```
- name: variable demo
shell:
   echo "this is a demo"
when: landscape == “staging”
```

这段代码表明只有 staging 这个全局变量被定义时，相关的任务才会被执行。

6.2.3 跨域部署——Ansible 如何应对跳转机

在真实的项目中，我们经常会遇到这样的问题，在云端部署的集群，为了提高安全性，通常要从云下，也就是企业内部访问云上的集群，这里需要通过跳转机来完成，如图 6-2 所示。也就是说，当服务的客户端要访问云端的工作节点时，实际是无法访问的，它必须首先登录到跳转机，然后再从跳转机来访问云端的其他工作节点，因为只有跳转机拥有公网地址，其他工作节点是没有独立的公网地址的。这样做有两个好处，一是增加了安全性，二是可以节省工作 IP 地址资源（节省费用），但同时也增加了从企业内部网进行集群部署和维护的难度，如何解决这个问题呢？

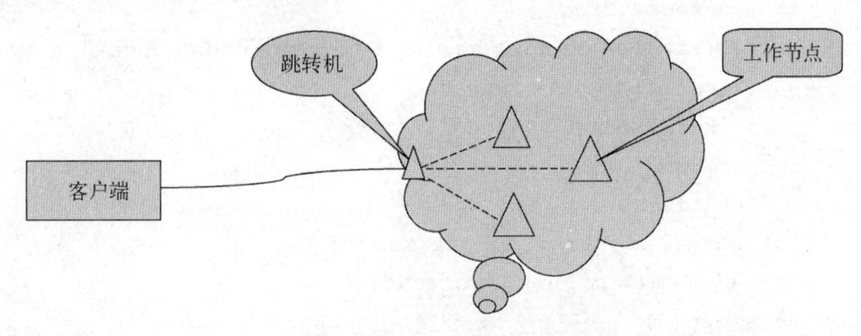

图 6-2　带有跳转机的云端环境

可能有些读者会说，这很简单，只要将部署脚本放在跳转机上执行就可以了，但是实际上为了保证安全，跳转机上只有非常有限的权限，例如只能运行 ssh 命令，并且只开放 22 端口，别的命令全都无法运行，这个时候，我们需要寻找其他的方法。实际上我们要讨论的是最复杂的一种场景，在跳转机上：

1）只能执行 ssh 命令。

2）登录跳转机只能通过 ssh 密钥形式。

3）集群内其他主机可以通过跳转机以密钥形式免密码登录。

4）登录跳转机需要进行二次授权验证（2 factor authentication），有关如何搭建二次授权验证的信息，请参阅https://aws.amazon.com/cn/blogs/startups/securing-ssh-to-amazon- ec2-linux-hosts/。

对于其他场景，读者可以酌情选择简化方案。

Ansible 通过插件的方式管理从源主机到目的主机的连接，如果我们能够在 Ansible 从源主机连接到目的主机之前，通过跳转机建立一个从源主机到目的主机的 ssh 的隧道，Ansible 在建立与目标主机的连接时，实际上是建立向这个隧道的连接，那么从 Ansible 的角度看，它就意识不到跳转机的存在。

具体的实现步骤如下。

步骤 1：从跳转机上下载能够连接集群内其他主机的私钥。

这需要执行下面的命令。

```
scp test@35.237.65.122:~/.ssh/id_rsa jumphost_rsa
```

命令解释：

test 表示跳转机上的用户名；35.237.65.122 为跳转机的公网地址；~/.ssh/id_rsa 为跳转机上可以访问其他内网主机的用户私钥；Jumphost_rsa 为复制到本地的私钥文件的名字。

我们可以用 pexpect 来实现自动化，代码如下。

```
    def __downloadPublicKeyfromJumphost(self, user, jump_host, two_factor_
key):
        expected_prompt_list = [
                pexpect.TIMEOUT,
                pexpect.EOF,
                '(?i)Are you sure you want to continue connecting (yes/no)?',
                'Verification code:',
                'Permission Denied*',
                '100%'
                ]
        if os.path.exists("jumphost_rsa"):
            os.system("rm jumphost_rsa")
        time.sleep(3)
        paraList = ['scp ',user,'@',jump_host,':~/.ssh/id_rsa jumphost_
rsa']
        cmd_copy_publickey = "".join(paraList)
        #print copyPublickKey
        process = pexpect.spawn(cmd_copy_publickey, timeout=60)
        expected_prompt_index = process.expect(expected_prompt_list)
        if expected_prompt_index == 0:
            print(process.before, process.after)
            raise RuntimeError('ERROR! login to jump host timed out!')
```

```
        elif expected_prompt_index == 1:
            print('copyJumpHostPublickKey failed!can not login with ssh!')
            print(process.before, process.after)
            raise RuntimeError('can not login with ssh,user or host invalid!')
        elif expected_prompt_index == 2:
            process.sendline('yes')
            process.expect('Verification code:')
        elif expected_prompt_index == 3:
            print 'Verification code verification...'
        else:
            print(process.before, process.after)
            raise RuntimeError('can not login with ssh, user or host invalid!')

        #On-Time Password verification
        LOOPNUM = 3
        for i in range(1,LOOPNUM):
            code = pyotp.TOTP(two_factor_key).now()
            process.sendline(code)
            expected_prompt_index = process.expect(expected_prompt_list,
timeout=60)
            if expected_prompt_index == 0 or expected_prompt_index == 1:
                print(process.before, process.after)
                raise RuntimeError('copy public key from jumphost %s failed' %
jump_host)
            elif expected_prompt_index == 2:
                process.sendline('yes')
                process.expect('Verification code:')
            elif expected_prompt_index == 3:
                print "retry verification code..."
            elif expected_prompt_index == 4:
                print(process.before, process.after)
                raise RuntimeError('ssh to jumphost %s permission denied' %
jump_host)
            elif expected_prompt_index == 5:
                print "copy private key from jump host %s completed" % jump_host
                process.close()
                return os.path.abspath("dbaas_rsa")
            else:
                process.close()
                print(process.before, process.after)
                raise RuntimeError('cannot copy the file')
```

步骤 2： 通过跳转机建立从源主机到目的主机的隧道。

实际上需要执行下面的命令。

```
$ scp -L 9554:10.140.0.2:22 35.237.65.122
```

命令解释：

-L 表示建立一个本地的端口映射；9554 表示本地在 9554 上端口监听；10.140.0.2 是集群主机的内网地址；22 是集群主机 ssh 服务的端口号；35.237.65.122 是跳转机的公网地址。

我们可以用 pexpect 来实现自动化，代码如下。

```
    def __setupTunnelViaJumpHost(self, user, jump_host, two_factor_key,
target_host):
            expected_prompt_list = [
                        pexpect.TIMEOUT,
                        pexpect.EOF,
                        '(?i)Are you sure you want to continue connecting
(yes/no)?',
                        'Verification code:',
                        'Permission Denied*',
                        'to get the list of allowed commands'
                        ]

            mappingport = self.getFreePort()
            paraList = ['ssh -L ',mappingport,':',target_host,':22 ',user,'@',
jump_host]
            cmd_setup_tunnel = "".join(paraList)
            process = pexpect.spawn(cmd_setup_tunnel, timeout=60)
            expected_prompt_index = process.expect(expected_prompt_list)
            if expected_prompt_index == 0:
               print(process.before, process.after)
               raise RuntimeError('login to jump host %s timed out!' % jump_host)
            elif expected_prompt_index == 1:
               print(process.before, process.after)
               raise RuntimeError('can not login with ssh,user or host invalid!')
            elif expected_prompt_index == 2:
               process.sendline('yes')
               process.expect('Verification code:')
            elif expected_prompt_index == 3:
               print "Verification code verification..."
            else:
               print(process.before, process.after)
               raise RuntimeError('can not login with ssh!')
             #On-Time Password verification
            LOOPNUM = 3
```

```
        for i in range(1,LOOPNUM):
            code = pyotp.TOTP(two_factor_key).now()
            process.sendline(code)
            expected_prompt_index  =  process.expect(expected_prompt_list,
timeout=60)
            if expected_prompt_index == 0:
                print(process.before, process.after)
                raise RuntimeError('setup tunnel time out!')
            elif expected_prompt_index == 1:
                print(process.before, process.after)
                raise RuntimeError('cannot setup tunnel!')
            elif expected_prompt_index == 4:
                print(process.before, process.after)
                raise RuntimeError('Permission Denied!')
            elif expected_prompt_index == 3:
                print(process.before, process.after)
                print "Verification code: retry verification ..."
            elif expected_prompt_index == 2:
                process.sendline('yes')
                process.expect('Verification code:')
            elif expected_prompt_index == 5:
                self.process = process
                print "mapped from %s:22  to localhost:%s ok" % (target_host,
mappingport)
                return ("localhost", mappingport)
        print(process.before, process.after)
        raise RuntimeError('cannot setup tunnel from %s' % jump_host)
```

代码并不复杂，实际上它是在模拟终端的交互，根据提示信息自动选择输入，读者可以根据自己系统的情况进行相应的修改。

步骤 3：在 Ansible 的 ssh 连接插件上改变连接目的地为隧道。

通常我们可以在/usr/lib/python2.7/site-packages/ansible/plugins/connection 目录下找到 ssh.py，这就是 Ansible 用来建立到目标主机连接的插件，在该文件中，我们可以找到类 connection 的构造函数__init__，然后增加下面的代码。

```
    from ansible.plugins.connection.sshtunnel import SSHTunnel
    self.sshtunnel = SSHTunnel()
    key_path = self.sshtunnel.downloadPublicKeyfromJumphost()
    print("key_path is %s" % key_path)
    remote_host = self._play_context.remote_addr
    (ipaddress,                              port)                              =
self.sshtunnel.setupTunnelViaJumpHost(remote_host)
```

```
        time.sleep(10)
        self._play_context.remote_addr_bak = self._play_context.remote_addr
        self._play_context.remote_addr = ipaddress
        self.host = self._play_context.remote_addr
        self._play_context.port_bak = self._play_context.port
        self._play_context.port = port
        self.port = self._play_context.port
        self._play_context.remote_user_bak = self._play_context.remote_user
        self._play_context.remote_user = "dbaas"
        self.user = self._play_context.remote_user
        self._play_context.private_key_file_bak                              =
self._play_context.private_key_file
        self._play_context.private_key_file = key_path
```

该代码首先建立一个隧道，然后修改 Ansible 建立连接时的目的地到隧道。

这里建议首先备份 ssh.py 文件，称为 ssh.py.bak，然后复制原始的文件到 ssh.py.new，接着建立从 ssh.py 到 ssh.py.new 的符号连接，这样我们就可以很容易在新旧两个版本之间进行切换进行调试了。

步骤 4：Ansible 剧本文件无需任何变化。

也就是说对终端用户完全透明，运行剧本的时候，Ansible 就会通过跳转机连接到云上集群的内部主机进行各种自动化部署操作。

当然这个程序还没有完全优化，例如，我们只是将固定的用户名、跳转机，以及两阶段授权的密码写在程序中，但实际上这些信息是可以从配置文件中读取，或者与 Ansible 的 inventory 文件相结合的，有兴趣的读者可以将它进一步完善。

6.3 构建容器式交付部署环境——使用 Kubernetes 集群

6.3.1 即插即用——容器运行环境

在 6.2.1 小节我们讨论了如何利用 Ansible 来部署 Django TODO List 应用程序，但是还有更加简单的部署方式，那就是采用容器的方式进行部署。容器实际上是将应用程序以及它的运行依赖环境打包，最后形成一个完整的镜像，一旦我们得到这个镜像，就可以开箱即用，下面介绍如何用容器的方式进行部署。如图 6-3 所示，首先在开发环境下，将服务以及它们的依赖环境打包，并上传到 Docker 仓库，接下来用 Ansible 控制部署环境下的主机，先完成环境的检查和预部署任务，然后从 Docker 仓库下载镜像，并启动镜像，这样就完成了应用服务的部署任务。

谈到基于容器的部署，要了解的第一个问题是容器镜像从哪里来。其有两个来源，一个是公共镜像库，通常一些基础性镜像来自这里；还有一个是自建的私有镜像仓库，通常生产系统中所用的镜像都来自私有镜像仓库。

首先搭建自己的镜像仓库，下面是具体的步骤。

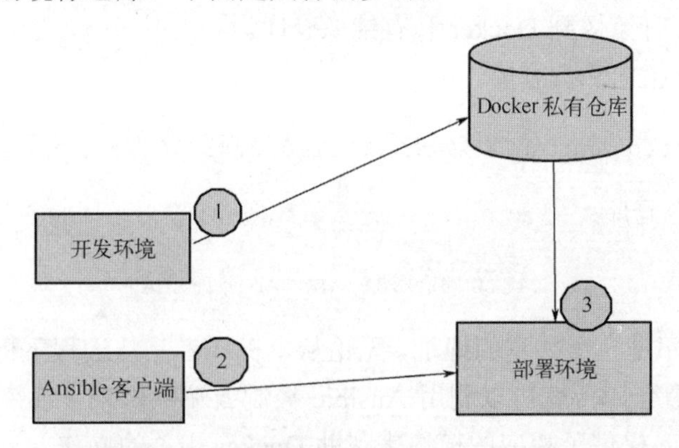

图 6-3　基于容器的部署方法

步骤 1：搭建私有 Docker 镜像仓库。

拉取镜像仓库的镜像：

```
# docker pull registry
```

启动镜像仓库：

```
# docker run -d -p 9000:5000 --restart always --name registry registry
```

更详细信息，请参阅 https://hub.docker.com/_/registry。

有时我们会遇到下面的错误（假设私有仓库的主机地址为 10.140.0.4）。

```
    # docker push 10.140.0.4:9000/ansibleimage
    The push refers to a repository [10.140.0.4:9000/ansibleimage]
    Get https://10.140.0.4:9000/v1/_ping: http: server gave HTTP response
to HTTPS client
```

这表明私有仓库不支持 HTTPS 协议，目前 docker pull（私有仓库的客户端）在默认情况下使用 HTTPS 协议，为了解决这个问题，可以采用下面的方法。

```
    # echo '{ "insecure-registry":["10.140.0.4:9000"] }' > /etc/docker/
daemon.json
    service docker restart
```

这种方法有两个问题：一是它将 docker pull 的 HTTPS 支持降级到 HTTP 协议，这将忽略私有仓库的认证，从而存在因为人为疏忽连接上钓鱼网站的风险；二是 Docker 伺服进程需要重新启动。6.3.2 小节将描述如何配置 https 使能的私有仓库，以解决这两个问题，在这里不做过多介绍，而是将重点集中在如何利用 Ansible 实现基于容器的部署。

步骤 2：构建私有镜像。

```
# ./build.sh ansibleimage
```

步骤 3：上传私有镜像到 Docker 私有镜像仓库。

修改镜像的 tag 指向私有仓库：

```
# docker tag ansiableimage1 10.140.0.4:9000/ansiableimage1
```

上传镜像到私有仓库：

```
# docker push 10.140.0.4:9000/ansiableimage1
```

Docker 镜像仓库是一个共享的地址，无论从本机或者是从远程主机都可以访问到，一旦将镜像上传到镜像仓库，就可以利用 Ansible 控制云端主机来下载镜像，并完成相应的初始化工作，Ansible 提供了相应的模块来帮助 Docker 相关的操作。

步骤 4：用 Ansible 控制云端主机在特定的主机下拉取最新的 Docker 镜像。

```
- name: docker pull images
  docker_container:
      name: ansibleimage
      image: 10.140.0.4:9000/ansiableimage
      pull: yes
```

步骤 5：远程启动容器。

```
- name: start docker container
  docker_container:
      name: ansible
      image: 10.140.0.4/ansiableimage
      command: /usr/sbin/sshd -D
```

具体命令信息请参考https://docs.ansible.com/ansible/latest/modules/docker_container_module.html。

步骤 6：部署完成。

6.3.2 部署和管理容器集群——Kubernetes 集群构建

上一章节，我们在讨论 Ansible 的应用部署时，讨论到一种最简单的方案，就是用 Ansible 直接控制 Docker 来部署容器，这种方法其实涉及当下比较流行的一个概念——微服务。其基本思想是，将一个大的非常复杂的请求分解成相互独立的若干小的服务，每个服务直接打包，然后部署到目标主机，容器技术就是针对这一需求而生的，其本质是将一个应用连同它的运行环境一起打包，这样在部署时可以开箱即用，实现部署应用的极简方案，下载镜像，然后启动容器就可以了。

对于非常简单和固定的应用而言，这种方法已经是比较完美的解决方案了，但如果部署的应用非常多，并且能提供服务的主机不只一台时，我们就需要在拿到部署请求后写一套程序来检查哪个虚拟机上有合适的资源，然后才能调用 Ansible 来控制 Docker 部署应用，这就涉及资源调度的问题。那么有没有现成方案来帮忙解决这个问题呢？答案是有的。谷歌的工程师们早就发现了这个问题，并且开发了一套程序来帮忙解决这个问题，项目的名字是 Kubernetes，目前他们已经开源了这个项目。Kubernetes 是一个开源的、用于管理云平台中多个主机上容器化的应用，Kubernetes 的目标是让部署容器化的应用简单且高效（powerful），Kubernetes 提供了一种应用部署、规划、更新、维护的机制。

下面就来看看如何使用 Kubernetes 来解决我们遇到的问题。

注意，本书并不是 Kubernetes 的教程，而只是想通过简单的例子说明 Kubernetes 在整个云端运维中的作用，所以我们假设读者已经掌握了 Kubernetes 的一些基本概念和术语。

1. 在一个虚拟机上部署单节点集群的方法

我们将使用比较流行的开源工具 Minikube 来安装 Kubernetes，因为 Minikube 是基于虚拟机技术来搭建集群的，所以可以在 Windows10 或者 iOS 系统上运行它来搭建集群，也可以利用它在虚拟机上搭建单节点集群（因为虚拟机无法支持嵌套）。这里主要想阐述原理，因此仅以最简单的方式讨论单节点集群问题，而不讨论多节点集群的问题，也就是说当前主机即是集群的管理节点，并且也是工作节点。作为工作节点，Kubernetes 要求安装 Docker，因为默认情况下 Kubernetes 是通过 Docker 来控制容器创建的。

我们选择在谷歌云搭建第一个单节点集群，原因是 Minikube 在构建集群时依赖于网络下载，而谷歌云访问这些软件仓库是比较顺畅的，具体实验环境如下。

```
Centos7, 2 vCPU, 2G memory, 10G disk
```

（1）安装 Minikube

需要执行下面的命令。

```
# curl -Lo minikube https://storage.googleapis.com/minikube/releases/
latest/minikube-linux-amd64 \
  && chmod +x minikube
```

（2）安装 Kubernetes

因为不想使用虚拟机来搭建集群，所以使用下面的命令来搭建一个单节点集群。

```
# ./minikube start --vm-driver=none
```

小技巧

在第一次运行 Minikube 时，可能会遇到下面的错误。

```
[wait-control-plane] Waiting for the kubelet to boot up the control plane
```

```
as static Pods from directory "/etc/kubernetes/manifests". This can take up to
4m0s
        [kubelet-check] Initial timeout of 40s passed.
        [kubelet-check] It seems like the kubelet isn't running or healthy.
        [kubelet-check] The HTTP call equal to 'curl -sSL http://localhost:10248/
healthz' failed with error: Get http://localhost:10248/healthz: dial tcp
[::1]:10248: connect: connection refused.
```

这是因为Kubelet服务没有正确启动，根据提示检查Kubelet的状态:

```
# systemctl status kubelet
```

从输出信息中几乎看不到多少有用的信息，只看到下面的错误提示。

```
        Process: 5111 ExecStart=/usr/bin/kubelet --hostname-override=minikube
--cluster-dns=10.96.0.10  --cluster-domain=cluster.local  --cgroup-driver=
cgroupfs --container-runtime=docker --fail-swap-on=false --kubeconfig=/etc/
kubernetes/kubelet.conf  --bootstrap-kubeconfig=/etc/kubernetes/bootstrap-
kubelet.conf --client-ca-file=/var/lib/minikube/certs/ca.crt --pod-manifest-
path=/etc/kubernetes/manifests --allow-privileged=true --authorization-mode=
Webhook (code=exited, status=255)
```

在命令行执行 ExecStart 等号之后的命令，这是服务启动时执行的命令，看看到底发生了什么错误。我们可以在命令输出的最后一行看到下面的关键性错误信息。

```
        failed to run Kubelet: failed to create kubelet: misconfiguration: kubelet
cgroup driver: "cgroupfs" is different from docker cgroup driver: "systemd"
```

错误原因是 Kubelet cgroup 驱动与 Docker 的 cgroup 驱动的方式不一致，但是因为Kubelet的配置信息是包装在Minikube之后的，我们无法修改，即使能够修改，在Minikube重新启动时也会被覆盖，所以考虑修改Docker的cgroup驱动的类型，方法如下。

找到文件/usr/lib/systemd/system/docker.service，将下面行中system信息修改为cgroupfs。

```
--exec-opt native.cgroupdriver=system
```

运行命令重新装入Docker的服务配置文件，然后重新启动。

```
# systemctl daemon-reload
# service docker restart
```

检查修改是否生效:

```
# docker info|grep group
  WARNING: You're not using the default seccomp profile
Cgroup Driver: cgroupfs
```

清除当前的 Kubernetes 环境，然后重新初始化：

```
# ./minikube stop
# ./minikube delete
# ./minikube start -vm-driver=none
```

如果重新执行再次遇到错误，需要检查相关的日志。如果发现下面的错误信息。

```
Mar 17 00:31:33 kubernetes2 kubelet[15491]: E0317 00:31:33.924704
15491 kubelet.go:2266] node "minikube" not found
Mar 17 00:31:33 kubernetes2 kubelet[15491]: E0317 00:31:33.970188
15491 reflector.go:134] k8s.io/kubernetes/pkg/kubelet/kubelet.go:453: Failed
to list *v1.Node: Get https:/...tion refused
Mar 17 00:31:34 kubernetes2 kubelet[15491]: E0317 00:31:34.025002
15491 kubelet.go:2266] node "minikube" not found
Mar 17 00:31:34 kubernetes2 kubelet[15491]: E0317 00:31:34.125270
15491 kubelet.go:2266] node "minikube" not found
```

猜测可能是防火墙问题，则关闭防火墙：

```
# setenforce 0
# systemctl stop firewalld
# systemctl disable firewalld
```

再来一遍，这回成功了，我们会得到下面的成功提示。

```
>   Creating none VM (CPUs=2, Memory=2048MB, Disk=20000MB) ...
-   "minikube" IP address is 10.140.0.4
-   Configuring Docker as the container runtime ...
-   Preparing Kubernetes environment ...
-   Pulling images required by Kubernetes v1.13.4 ...
-   Launching Kubernetes v1.13.4 using kubeadm ...
:    Waiting for pods: apiserver proxy etcd scheduler controller
addon-manager dns
-   Configuring cluster permissions ...
-   Verifying component health .....
+   kubectl is now configured to use "minikube"
i   For best results, install kubectl: https://kubernetes.io/docs/
tasks/tools/install-kubectl/
=   Done! Thank you for using minikube!
```

最后要安装 Kubernetes 命令行工具 Kubectl：

```
# curl -LO https://storage.googleapis.com/kubernetes-release/release/
$(curl -s https://storage.googleapis.com/kubernetes-release/release/stable.
txt)/bin/linux/amd64/kubectl
```

```
chmod +x ./kubectl
```

把工具搬移到 PATH 可以找到的位置:

```
$ sudo mv ./kubectl /usr/local/bin/kubectl
```

这样我们就可以使用 Kubectl 来管理整个集群了，首先用它检查集群状态:

```
$ kubectl cluster-info
Kubernetes master is running at https://10.140.0.4:8443
KubeDNS is running at https://10.140.0.4:8443/api/v1/namespaces/kube-system/services/kube-dns:dns/proxy
To further debug and diagnose cluster problems, use 'kubectl cluster-info dump'.
```

单节点 kubernetes 集群已经部署完毕，这种方式比较适合开发和调试时使用，因为读者可以利用虚拟机的方式在台式机或者笔记本上搭建完整的 Kubernetes 集群环境，本小节演示的是如何在云端虚拟机上搭建一个单节点集群。但是一旦完成开发调试，我们需要把 Kubernetes 部署到一个生产环境中去，下面就讨论如何利用工具将 Kubernetes 集群部署到真实的集群中去。

2. 生产系统中部署 Kubernetes

在生产系统中部署 Kubernetes，通常可以采用 Kubespray，它是基于 Ansible 开发的自动部署脚本，该项目是一个开源项目，代码仓库位于 GitHub，参见链接 https://github.com/kubernetes-sigs/kubespray。

为了以最小的代价说明原理，我们采用两台 VM 作为实验平台来打造一个两节点集群，具体拓扑细节见表 6-1。

表 6-1　拓扑细节

Ansible 客户端	10.140.0.10
Kubernetes Master 节点/工作节点	10.140.0.10
Kubernetes 工作节点	10.140.0.11

注意：使用的操作系统是 Centos 7。

下面讨论采用 Kubespray 进行 Kubernetes 集群部署的具体步骤，假设上表中的虚拟机已经准备就绪。

步骤 1：首先建立 Ansible 客户端与集群中两个节点的免密码登录。

读者可以参考 6.2.1 小节的内容，但因为步骤比较简单，为了避免读者来回翻阅的麻烦，这里直接重新提供步骤：

首先在 Ansible 所在机器（10.140.0.10）上生成密钥：

```
# ssh-keygen
```

然后将密钥发布到两个目标集群节点中。

```
# ssh-copy-id root@10.140.0.10
# ssh-copy-id root@10.140.0.11
```

步骤 2：安装 Ansible。

```
# yum install python-pip
# pip install --upgrade pip
# pip install ansible
```

步骤 3：下载 Kubespray。

这里直接使用最新的 v2.8.2 版本，读者可以查询软件发布的情况（https://github.com/kubernetes-sigs/kubespray/releases）。用下面的命令下载软件，然后解压到一个工作目录，假设是/work。

```
$ cd /work
$  wget  https://github.com/kubernetes-incubator/kubespray/archive/
v2.8.2.tar.gz
$ tar zxvf v2.8.2.tar.gz
$ ln -s kubespray-2.8.2 kubespray
```

行 4 的命令是建立一个软连接，这是一个一般性技巧。因为我们系统中可能存在软件的多个版本，利用软链接的方式可以保证 Kubespray 目录永远指向最新的软件版本。

安装依赖包：

```
# cd kubespray
# pip install -r requirements.txt
```

小经验

有时会遇到下面的错误，这说明系统中已经安装了 Requests 一个版本，并且因为一些依赖关系不能卸载，通常这种错误对后面的部署任务没有影响，可以忽略。

```
Found existing installation: requests 2.6.0
Cannot uninstall 'requests'. It is a distutils installed project and
thus we cannot accurately determine which files belong to it which would lead
to only a partial uninstall.
```

步骤 4：创建 Ansible 运行所需的 inventory 文件。

首先安装 Python36，这个是自动生成 inventory 文件所需要的。

```
# yum install python36
```

然后用下面的命令生成 inventory 配置文件。

```
    $ declare -a IPS=(10.140.0.10 10.140.0.11)
    $ CONFIG_FILE=inventory/inventory.cfg python36 ./contrib/inventory_
builder/inventory.py ${IPS[@]}
```

步骤 5：修改 inventory/inventory.cfg，确保[etcd]节下只有奇数个节点信息，这是 Kubernetes 的部署要求，否则 Kubespray 会报如下错误。

```
    TASK [kubernetes/preinstall : Stop if even number of etcd hosts]
****************************************************************************
*************************************************
    Tuesday 19 March 2019  01:38:40 +0000 (0:00:00.411)       0:00:24.099
*********
    fatal: [node1]: FAILED! => {
       "assertion": "groups.etcd|length is not divisibleby 2",
       "changed": false,
       "evaluated_to": false,
       "msg": "Assertion failed"
    }
    fatal: [node2]: FAILED! => {
       "assertion": "groups.etcd|length is not divisibleby 2",
       "changed": false,
       "evaluated_to": false,
       "msg": "Assertion failed"
    }
```

检查确认 Ansible 的 inventory 文件没有问题：

```
cat inventory.cfg
[all]
node1   ansible_host=10.140.0.10 ip=10.140.0.10
node2   ansible_host=10.140.0.11 ip=10.140.0.11
 [kube-master]
node1
node2
 [kube-node]
node1
node2
 [etcd]
node1
 [k8s-cluster:children]
kube-node
kube-master
```

```
[calico-rr]
[vault]
node1
node2
```

kube-master 节表示 master 包含哪些节点，如果是高可用的部署，master 可以包含不止一个节点，例子中包含两个节点，是高可用配置；kube-node 节表示工作节点包含哪些节点，例子中是包含两个节点；k8s-cluster:children 节表示整个集群包含哪些节点，一般情况下只包含 kube-master 和 kube-node；etcd 节表示集群中 etcd 数据库包含哪些节点，例子中包含一个节点；vault 节表示集群中包含哪些节点，例子中包含两个节点；calico-rr 节表示集群中 calico-rr 包含哪些节点，例子中没有指定。

步骤 6：在 inventory 目录下创建全局变量的软链接。

Kubespray 会在 inventory 配置文件相同目录下去装载全局变量文件，如果全局变量不存在，也不会提示错误，但是在后续的部署过程中会遇到各种奇奇怪怪的错误。解决办法是在 inventory 目录下建立一个指向 sample/group_var，参见下面的命令。

```
$ cd inventory
$ ln -s sample/group_var group_var
```

步骤 7：部署前进行预检查，保证所有节点都可以访问：

```
$ ansible -i inventory/inventory.cfg all -m ping
```

步骤 8：调用部署命令进行部署：

```
$ ansible-playbook -i inventory/inventory.cfg  --become --become-user=
root cluster.yml -b -v --private-key=~/.ssh/id_rsa
```

大约需要等待 10 分钟，整个部署就会完成。

步骤 9：检查集群状态以确认部署成功。

部署成功标志：

```
PLAY RECAP ***************************************************************
*****************************************************************************
*********************************************
localhost                  : ok=1    changed=0    unreachable=0
failed=0
node1                      : ok=400  changed=121  unreachable=0
failed=0
node2                      : ok=283  changed=84   unreachable=0
failed=0
Tuesday 19 March 2019  01:20:12 +0000 (0:00:00.094)        0:07:55.540
*********
```

上面的信息表明，在部署过程中没有遇到任何失败，然后用 kubectl 命令检查集群的状态来确认部署没有问题：

```
# kubectl get nodes
NAME    STATUS   ROLES         AGE     VERSION
node1   Ready    master,node   4m40s   v1.12.3
node2   Ready    master,node   3m58s   v1.12.3
# kubectl get componentstatuses
NAME                 STATUS    MESSAGE             ERROR
controller-manager   Healthy   ok
scheduler            Healthy   ok
etcd-0               Healthy   {"health": "true"}
# kubectl get deployments --all-namespaces
NAMESPACE     NAME                      DESIRED   CURRENT   UP-TO-DATE
AVAILABLE   AGE
kube-system   calico-kube-controllers   1         1         1
1           3m58s
kube-system   coredns                   2         2         2         2
3m18s
kube-system   dns-autoscaler            1         1         1         1
3m13s
kube-system   kubernetes-dashboard      1         1         1         1
3m10s
```

小经验

问题 1：Kubeadm_enabled 变量没有定义。

```
TASK [deploy warning for non kubeadm] ****************************************************************************************************************************************************************
Tuesday 19 March 2019  01:02:45 +0000 (0:00:00.099)       0:00:00.271 ********
fatal: [localhost]: FAILED! => {"msg": "The conditional check 'not kubeadm_enabled and not skip_non_kubeadm_warning' failed. The error was: error while evaluating conditional (not kubeadm_enabled and not skip_non_kubeadm_warning): 'kubeadm_enabled' is undefined\n\nThe error appears to have been in '/work/kubespray-2.8.0/cluster.yml': line 19, column 7, but may\nbe elsewhere in the file depending on the exact syntax problem.\n\nThe offending line appears to be:\n\n  tasks:\n    - name: deploy warning for non kubeadm\n      ^ here\n"}
```

错误提示 kubead_enabled 这个全局变量没有定义，这说明全局变量定义文件没有和 Ansible 剧本文件放在同一个目录下，Ansible 剧本找不到全局变量定义文件并装入它。应确保剧本文件与全局变量定义文件在同一个目录下，我们可以在目录 kubespray/inventory/sample 下找到全局变量定义目录 group_vars，直接复制到 Ansible 剧本所在目录下就可以了。

问题 2：Docker 版本冲突。

Kubespray 会自动为集群中所有节点安装 Docker 的社区版本，如果系统中已经安装了其他版本的 Docker，需要用下面的命令卸载。

```
sudo yum remove docker \
                  docker-client \
                  docker-client-latest \
                  docker-common \
                  docker-latest \
                  docker-latest-logrotate \
                  docker-logrotate \
                  docker-selinux \
                  docker-engine-selinux \
                  docker-engine
```

否则会报告 Docker 相关的各种错误。

6.3.3 注入应用——在交付部署环境中使用容器工具

1. Https 使能的私有镜像仓库的搭建

上面的章节已经讨论了如何部署 Kubernetes 集群，本节主要讨论如何将应用部署到集群中。上节中大家已经了解到，Kubernetes 中应用部署的基础是 Docker 镜像，那么镜像从哪里来的呢？一种来源是公共镜像仓库（如 Docker Hub），但是一个企业在部署自己的应用的时候，通常不希望将自己的镜像上传到公共的镜像仓库，这通常基于两个方面的考虑，一个方面是安全性，因为镜像中可能包含敏感数据，另一个方面是性能上的考虑，通常公共镜像仓库是放在公网上的，镜像的上传下载都需要通过互联网，如果镜像比较大，互联网的速度通常无法满足要求。对于这个问题，已经有相应的解决方案，那就是搭建自己的私有仓库，也就是镜像的另一个来源。下面的内容首先讨论如何搭建自己的私有仓库。

假设私有仓库所在的地址是 10.140.0.15，在调用 Docker pull 命令拉取镜像的时候，默认的协议已经是使用 HTTPS 协议。

HTTPS 协议通过证书的方式来建立通信双方的信任关系，这里读者可能会有疑问，为什么我们需要产生证书？其实道理很简单，因为在做软件部署的时候，需要保证我们是从信任的私有仓库中下载镜像，否则镜像中可能包含有危害的软件；同时，私有仓库也要保证只有企业中获得授权的人员才能获取镜像，因为镜像中存在企业相关的敏感信息；证书或者是数字签名是实现双方信任关系的手段。通常证书是由权威机构签署的，权威机构签署证书的好处是，大部分操作系统和浏览器已经内置了它们的根证书，所以在认证权威机构发放的证书时，不需要在目标系统上安装根证书。但是权威机构发放的证书都是收费的，对于学习目的有些昂贵，所以下面我们介绍的第一步是如何产生自签名证书。

注意：下面的步骤是在私有仓库所在机器，也就是 10.140.0.15 上。

步骤 1：生成自签名证书。

首先需要创建一个保存认证文件目录，名字叫 certs：

```
# mkdir /root/certs && cd /root/certs
```

设置目标认证文件的域是 10.140.0.15，并引出环境变量 domain：

```
# export domain=10.140.0.15
```

接着利用 openssl req 命令生成目标认证文件所需的密钥：

```
# openssl req -nodes \
  -subj "/C=CN/ST=Shaanxi/L=xian/CN=$domain" \
  -newkey rsa:4096 -keyout $domain.key -out $domain.csr
```

然后生成一个额外的配置文件，该文件只保存一个参数信息，该参数信息是为了改变默认的认证域类型，通常认证是面向域名的，这里我们使用的是 ip 地址，所以需要这一步，如果读者采用的是域名，这一步可以忽略。

```
# echo subjectAltName = IP:10.140.0.15 > extfile.cnf
```

最后调用 openssl x509 命令生成认证文件：

```
# openssl x509 -req -days 3650 -CAcreateserial -in $domain.csr -signkey
$domain.key -out $domain.crt -extfile extfile.cnf
```

一旦产生了自签名证书，我们就可以基于自签名证书启动私有镜像仓库。

步骤 2：启动私有仓库镜像。

```
# docker run -d -p 443:443 --privileged=true --name registry -v
/root/certs:/certs -e REGISTRY_HTTP_ADDR=0.0.0.0:443 -e REGISTRY_HTTP_TLS_
CERTIFICATE=/certs/10.140.0.15.crt -e REGISTRY_HTTP_TLS_KEY=/certs/10.140.0.
15.key registry:2
```

步骤 3：复制根证书。

我们不是权威机构，操作系统或者浏览器不可能内置我们的根证书，必须把根证书复制到所有需要它的机器上，这里实际上只有 Docker 需要用它，所以需要将证书复制到目录/etc/docker/certs.d/<域名>，这里的域名是 10.140.0.15，并且改名为 ca.crt，表示它是服务器根证书。

命令如下。

```
$ scp 10.140.0.15:/root/certs/10.140.0.15.crt /etc/docker/certs.d/
10.140.0.15/ca.crt
```

现在 HTTPS 使能的私有仓库已经建立起来了，下一步是如何让 Docker 识别到我们的镜像是在使用私有仓库而不是默认的 Docker hub。在 Docker 源代码中可以发现，Docker 是根据镜像标签名称的格式进行判断的，如果镜像标签中包含“.”或者“:”，那它就认为“/”之前的是一个私有仓库的地址，否则它就会从标准的 Docker hub 拉取上传镜像。那么怎么才能将本地仓库中的镜像上传到私有仓库呢？例如从 Docker hub 拉取了一个镜像 centos，它的标签是 centos，如果想把它推送到私有仓库，可以首先改变标签的名称。可以用下面的命令。

```
# docker tag centos 10.140.0.15/centos
```

这个时候你会在本地仓库看到一个新的标签，然后用 push 命令来将镜像上传到私有仓库：

```
# docker push 10.140.0.15/centos
```

小经验

有时会遇到下面的错误：

```
WARNING: IPv4 forwarding is disabled. Networking will not work.
```

这会导致从其他机器无法访问私有仓库。解决办法如下。

```
# echo net.ipv4.ip_forward=1 >> /usr/lib/sysctl.d/00-system.conf
# systemctl restart network && systemctl restart docker
```

上面讨论的是目标 Docker 宿主机如何对私有仓库进行认证，那么 Docker 私有仓库怎么保证在访问的是客户端授权用户呢？上面已经提到，私有仓库的建立是为了保证安全性和高性能，这就涉及客户端认证授权的问题。这里 Docker 仓库镜像提供了一种最简单的客户端认证授权方法。

步骤 1：生成用户名密码数据库。

```
# docker run --entrypoint htpasswd registry:2 -Bbn test test >/work/
auth/basicpassword
```

步骤 2：启动带基本认证授权功能的私有仓库。

```
# docker run -d -p 443:443 --privileged=true --name registry -v /root/
certs:/certs -v /work/auth:/auth -e "REGISTRY_AUTH=htpasswd" \
```

```
    -e "REGISTRY_AUTH_HTPASSWD_REALM=Registry Realm" \
    -e REGISTRY_AUTH_HTPASSWD_PATH=/auth/basicpassword \
    -e REGISTRY_HTTP_ADDR=0.0.0.0:443 -e REGISTRY_HTTP_TLS_CERTIFICATE=
/certs/10.140.0.15.crt -e REGISTRY_HTTP_TLS_KEY=/certs/10.140.0.15.key
registry:2
```

直接调用 Docker push 命令进行镜像推送，会遇到下面的错误。

```
# docker push 10.140.0.15/centos
The push refers to a repository [10.140.0.15/centos]
d69483a6face: Preparing
no basic auth credentials
```

这时，需要首先 login：

```
# docker login 10.140.0.15
Username: test
Password:
Login Succeeded
```

登录后，Docker 会在$HOME/.docker/config.json 文件中保存授权信息，后面的请求是基于该授权信息进行操作。

```
# cat /root/.docker/config.json
{
        "auths": {
                "10.140.0.4": {
                        "auth": "dGVzdDp0ZXN0"
                }
        },
        "HttpHeaders": {
                "User-Agent": "Docker-Client/18.06.1-ce (linux)"
        }
}
```

然后上传镜像即可：

```
# docker push 10.140.0.15/centos
The push refers to a repository [10.140.0.15/centos]
d69483a6face: Pushed
latest: digest: sha256:ca58fe458b8d94bc6e3072f1cfbd334855858e05e1fd
633aa07cf7f82b048e66 size: 529
```

最后可以调用 docker logout 10.140.0.4 来删除认证信息：

```
# docker logout 10.140.0.4
```

```
Removing login credentials for 10.140.0.4
```

小贴士

在 Kubernetes 中如何支持这种用户名口令的客户端认证方式？

首先创建一个特殊的 screcet:

```
# kubectl create secret docker-registry myregistrykey --docker-server=DOCKER_REGISTRY_SERVER --docker-username=DOCKER_USER --docker-password=DOCKER_PASSWORD --docker-email=DOCKER_EMAIL
secret/myregistrykey created.
```

然后准备下面的配置文件:

```
apiVersion: v1
kind: Pod
metadata:
  name: performancetest
  namespace: default
spec:
  containers:
    - name: todolist
      image: 10.140.0.4/todolist
  imagePullSecrets:
- name: myregistrykey
```

最后采用 create 方法来创建 pods:

```
# kubectl create -f test.yml
```

本节中为了简化起见，在所有例子中并没有增加客户端认证。

2. 命令行部署服务

步骤 1：使用 kubectl run 命令进行部署：

```
# kubectl run performancetest \
--image=10.140.0.4/todolist \
--port=8000 \
--labels="ver=1,app=todolist,env=prod"
```

检查 pod 部署是否正常，可以用 port-forward 命令映射容器内端口到宿主机，从宿主机上访问该端口来确定容器已经正常工作，例如：

```
# kubectl port-forward todolist 8000:8000
```

还有另一种方法，可以用 yml 文件来创建：

```
# cat deployment.yml <<EOF
---
apiVersion: extensions/v1beta1
kind: Deployment
metadata:
  name: todolist
spec:
  template:
    metadata:
      labels:
        app: web
    spec:
      containers:
        - name: todolist
          image: 10.140.0.4/todolist
          ports:
            - containerPort: 8000
EOF
# kubectl create -f deployment.yml
```

在另一个终端中，利用下面的命令来验证。

```
# curl localhost:8000
```

步骤 2：检查 pod 的状态。

```
# POD=$(kubectl get pods -l app=todolist \
-o jsonpath='{.items[0].metadata.name}')
```

步骤 3：将服务暴露出来。

```
# kubectl expose deployment performancetests  --type=NodePort
```

这条命令是创建一个类型为 NodePort 的服务，NodePort 的意思是将 Pod 中的内部端口映射到虚拟机级别，这样外面的客户端可以访问到该服务。

还有另外一种方法，可以用 yml 文件来创建：

```
---
apiVersion: v1
kind: Service
metadata:
  name: todolist
  labels:
```

```
    name: test
spec:
  type: NodePort
  ports:
  - port: 80
    protocol: TCP
  selector:
app: web
```

然后调用命令：

```
# kubectl create -f service.yml
```

可以完成与 Kubectl Expose 类似的功能。

步骤 4：检查服务所对应的端口，命令如下。

```
# kubectl describe svc/todolist
Name:                     todolist
Namespace:                 default
Labels:                    app=todolist
                         env=prod
                         ver=1
Annotations:               <none>
Selector:                  app=todolist,env=prod,ver=1
Type:                     NodePort
IP:                       10.233.6.216
Port:                     <unset>  80/TCP
TargetPort:                80/TCP
NodePort:                 <unset>  31220/TCP
Endpoints:                10.233.102.144:8000
Session Affinity:          None
External Traffic Policy:  Cluster
Events:                   <none>
```

步骤 5：访问服务。

在网络可以访问的任意主机上执行下面的命令，可以访问到服务：

```
# curl http://10.140.0.12:31220
```

小贴士

这里是以 Nodeport 的方式将服务暴露给用户，但是实际上在生产系统中，通常使用 Load Balancer 和 Ingress 方式发布相应的服务。

下面我们将讨论这三种服务暴露方式的区别：

Nodeport: NodePort 服务是引导外部流量到你的服务的最原始方式。NodePort 在所有节点（虚拟机）上开放同一个特定端口，如图 6-4 所示，如端口 36000，任何从客户端发送到该端口的流量都被转发到对应服务，然后通过服务转发给 Pod，Pod 完成实际的功能并沿相反路径返回结果。从客户端而言，必须知道不同虚拟机的网络地址。

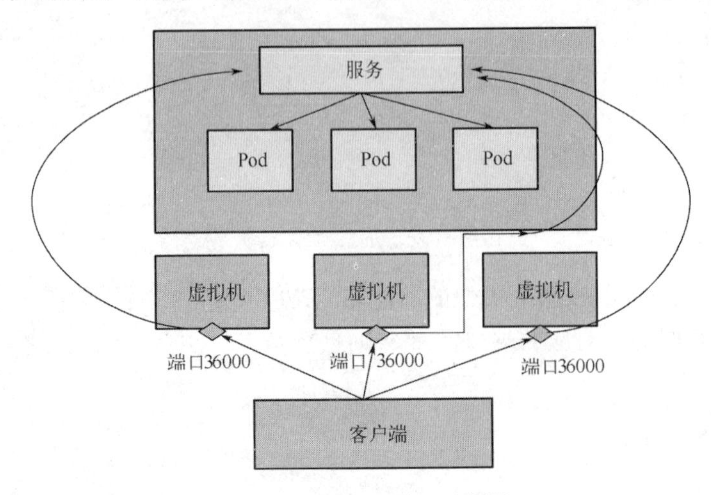

图 6-4　NodPort 原理示意图

Load Balancer: Load Balancer 是将服务发布到互联网上的标准方式，它会启动一个 Network Load Balancer，并提供一个独立的网络 IP 地址，将发送到该地址的所有流量转发到内部的服务。如图 6-5 所示，所有来自客户端的请求都会首先到达 Load Balancer，然后由 Load Balancer 转发请求到服务端点，服务端点再将请求下发到实际的 Pod，由 Pod 实际处理业务，然后返回结果。Load Balander 的特点是会无条件转发所有的流量，这种方式有一个最大的优点也是缺点，那就是每个使用 Load Balancer 的服务都会有一个网络地址，所以每个用到 Load Balance 的服务都是要付费的。

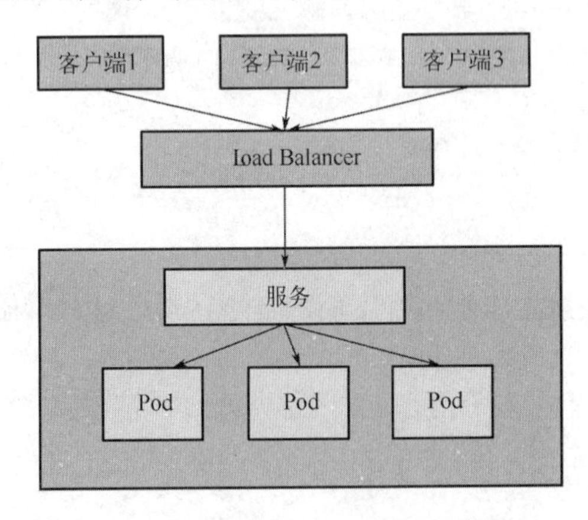

图 6-5　Load Balancer 原理示意图

Ingress: Ingress 不止为一个服务提供外部入口，而是为多个服务提供外部入口，因此它具有智能路由的功能，它可以根据路径或者子域名来路由流量到后端服务，如图 6-6 所示，所有 alltasks 相关的流量都会被转发给相关的服务，而所有 addtask 相关的流量也会转发给另外一个 addtask 相关的服务，这样多个服务可以共享同一个 Load Balancer 服务。

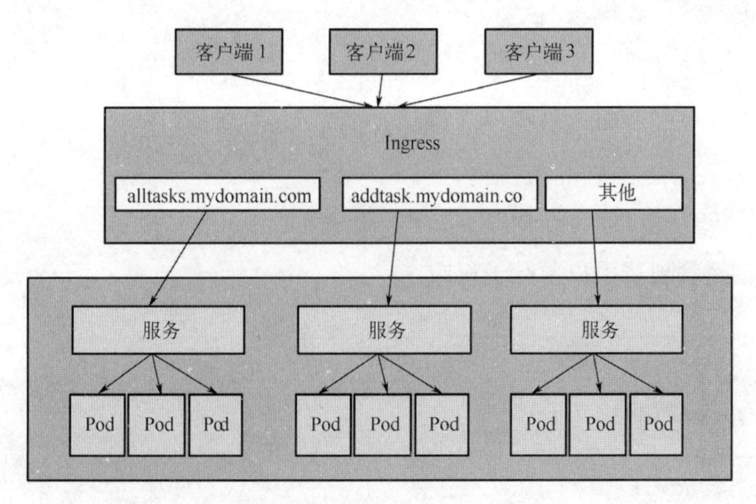

图 6-6　Ingress 原理示意图

3. 自动化部署服务

在一些场景中，需要远程部署承载有我们应用程序的容器到 Kubernetes 集群，并将该服务暴露给内部用户，最终内部用户拿到的是可以访问该服务的 IP 地址和端口号，这样一种场景如何用程序的方式自动实现呢？

我们的系统中同时安装了 Python 2.7 和 Python 3.6，默认情况下使用的是 Python2.7，而 Kubernetes 需要使用 Python3.6，那么如何在同一个环境中对用户透明地使用 Python 2.7 和 Python 3.6 呢？这里有一个小技巧，我们在 Python 2.7 文件的开头增加下面的语句。

```
#!/usr/bin/env python
```

在 Python 3.6 文件的开头增加下面的语句。

```
#!/usr/bin/env python36
```

该语句的意思是在环境变量 PATH 中查找命令，并用该命令来执行后续的程序。

在执行该程序时，不需要用 Python 加载执行，而是直接执行该程序文件，这样在程序头部的指令就会起作用，并按照正确的 Python 版本来执行后续的指令。如果我们需要混合使用两种版本的 Python 进行开发，但是又不想让使用者感觉到 Python 版本的差异，这个技巧就可以有效地帮我们解决问题。

如果需要用 Python 来控制 Kubernetes，首先需要在在 Kubernetes 上准备一些必要的信息，主要是授权信息，否则 Kubernetes 不允许任意的用户来访问它所提供的服务，下面是具体的步骤。

步骤 1：获取 API Server 访问点。

```
# export APISERVER=$(kubectl config view --minify | grep server | cut -f 2- -d ":" | tr -d " ")
# echo $APISERVER
https://10.142.0.2:6443
```

步骤 2：创建 Kubernetes 管理员用户。

```
mkdir -p /work/kube/role
[root@node1 ~]# cd /work/kube/role
```

步骤 3：创建管理员用户并赋予权限。

```
# cat createserviceaccont.yaml <<EOF
apiVersion: v1
kind: ServiceAccount
metadata:
  name: admin-user
  namespace: kube-system
EOF
# cat rolebinding.yaml <<EOF
apiVersion: rbac.authorization.k8s.io/v1beta1
kind: ClusterRoleBinding
metadata:
  name: admin-user
roleRef:
  apiGroup: rbac.authorization.k8s.io
  kind: ClusterRole
  name: cluster-admin
subjects:
- kind: ServiceAccount
  name: admin-user
  namespace: kube-system
EOF
# kubectl create -f createserviceaccont.yaml
serviceaccount/admin-user created
# kubectl create -f rolebinding.yaml
clusterrolebinding.rbac.authorization.k8s.io/admin-user created
```

步骤 4：获取访问令牌。

```
# export token=$(kubectl describe secret $(kubectl get secret -n kube-system | grep ^admin-user | awk '{print $1}') -n kube-system | grep -E '^token' | awk '{print $2}')
# echo $Token
eyJhbGciOiJSUzI1NiIsImtpZCI6IiJ9.eyJpc3MiOiJrdWJlcm5ldGVzL3NlcnZpY2
```

VhY2NvdW50Iiwia3ViZXJuZXRlcy5pby9zZXJ2aWNlYWNjb3VudC9uYW1lc3BhY2UiOiJrdWJlL
XN5c3RlbSIsImt1YmVybmV0ZXMuaW8vc2VydmljZWFjY291bnQvc2VjcmV0Lm5hbWUiOiJhZG1p
bi11c2VyLXRva2VuLXE2aDhmIiwia3ViZXJuZXRlcy5pby9zZXJ2aWNlYWNjb3VudC9zZXJ2aWN
lLWFjY291bnQubmFtZSI6ImFkbWluLXVzZXIiLCJrdWJlcm5ldGVzLmlvL3NlcnZpY2VhY2NvdW
50L3NlcnZpY2UtYWNjb3VudC51aWQiOiI1Nzg5YzI3Yy00ZWI4LTExZTktYWVlNy00MjAxMGE4Z
TAwMDIiLCJzdWIiOiJzeXN0ZW06c2VydmljZWFjY291bnQ6a3ViZS1zeXN0ZW06YWRtaW4tdXNl
ciJ9.ott4lZbJlhuC2I_teATD4VAuA5nQou9UZ7R7j6O6cw4Dy_aKLNypaV2fZ6w_VXsDFl4OsF
S2a-PT6t_RsRcZfc58k73Upm5vZUkmfH7nxws616ecOA8DHO34AeIZCTBSaVlF5seeSap3ygA15
ZR48MYy_WGgKoYythEkze7Zsv3ti42r--1fGmZR1OKvU8xwpDCxP3Rj1Zqk-qU-fU250P3yntPA
gVUm-oWGMGpdSorWWZQlAQOql5v8wH0eZ6q4H1NL4ceEkTkBuVleEFhSRnlXMfC4dQ9iYs20rK4
i-mJ-yCApYTmHA0KIdLzs5bRzRs0If8Dugc-XQvHhZfUqmg

步骤 5：Python 客户端程序，下面的程序包含了完整的代码来控制 Kubernetes 创建一个服务，并能提供服务部署的相关信息，具体的步骤可以参见程序中的注释：

```
from os import path
from kubernetes import client, config, utils
import time
def main():
    # 步骤 1：读取令牌文件中的令牌
    with open('token.txt', 'r') as file:
        Token = file.read().strip('\n')
    # 步骤 2：设置 APISERVER 的访问地址
    APISERVER = 'https://10.142.0.2:6443'
    # 步骤 3：创建客户但配置对象
    configuration = client.Configuration()
    # 步骤 4：设置集群的访问点
    configuration.host = APISERVER
    # 步骤 5：为了简化起见，不使用 ssl 访问 APISERVER
    configuration.verify_ssl = False
    # 步骤 6：设置 API 访问的令牌
    configuration.api_key = {"authorization": "Bearer " + Token}
    # 步骤 7：设置客户端缺省的配置对象
    client.Configuration.set_default(configuration)
    # 步骤 8：生成 K8s 客户端对象
    k8s_client = client.ApiClient()
    # 步骤 9：设置 k8s coreapi 对象，
    k8s_coreapi = client.CoreV1Api(k8s_client)
    # 步骤 10：设置 k8s exendapi 对象
    k8s_extendapi = client.ExtensionsV1beta1Api(k8s_client)
    # 步骤 11：从 yaml 文件部署服务
    utils.create_from_yaml(k8s_client, "deployment.yaml")
    # 步骤 12：获取服务部署的信息
```

```
        deps = k8s_extendapi.read_namespaced_deployment("todolist",
"default")
        print("Deployment {0} created".format(deps.metadata.name))


        # 步骤 13：查找服务部署的主机
        i = 0
        while i < 10:
            pods = k8s_coreapi.list_namespaced_pod("default")
            host_ip = ""
            for item in pods.items:
                labels = item.metadata.labels
                for key in labels.keys():
                    if key == "app":
                        if labels[key] == "todolist":
                            host_ip = item.status.host_ip
            if host_ip != None:
                break
            i = i+1
            time.sleep(10)
        # 步骤 14：从 yaml 文件暴露服务的端口
        utils.create_from_yaml(k8s_client, "service.yaml")
        # 步骤 15：获取服务的信息
        services= k8s_coreapi.read_namespaced_service("todolist", "default")
        print("Serivces {0} created".format(services.metadata.name))
        # 步骤 16：打印服务部署的主机 ip 地址
        print("Host IP is %s" % host_ip)
       # 步骤 17：打印服务在主机商暴露的端口号
        print("NodePort is {0}".format(services.spec.ports[0].node_port))
    if __name__ == '__main__':
        main()
```

程序输出会打印出提供服务的节点主机的 IP 地址和暴露在该主机上的端口号，最终用户可以通过这些信息来访问相应的服务，下面是程序运行的输出结果。

```
    # python deploymentwithyam.py
    /root/py36env/lib/python3.6/site-packages/kubernetes/utils/create_f
rom_yaml.py:42: YAMLLoadWarning: calling yaml.load() without Loader=... is
deprecated, as the default Loader is unsafe. Please read https://msg.pyyaml.
org/load for full details.
      yml_object = yaml.load(f)
    /root/py36env/lib/python3.6/site-packages/urllib3/connectionpool.py
:847: InsecureRequestWarning: Unverified HTTPS request is being made. Adding
```

```
certificate verification is strongly advised. See: https://urllib3.readthedocs.
io/en/latest/advanced-usage.html#ssl-warnings
      InsecureRequestWarning)
    /root/py36env/lib/python3.6/site-packages/urllib3/connectionpool.py
:847: InsecureRequestWarning: Unverified HTTPS request is being made. Adding
certificate verification is strongly advised. See: https://urllib3.readthedocs.
io/en/latest/advanced-usage.html#ssl-warnings
      InsecureRequestWarning)
    Deployment nginx created
    /root/py36env/lib/python3.6/site-packages/urllib3/connectionpool.py
:847: InsecureRequestWarning: Unverified HTTPS request is being made. Adding
certificate verification is strongly advised. See: https://urllib3.readthedocs.
io/en/latest/advanced-usage.html#ssl-warnings
      InsecureRequestWarning)
    > /work/auth/deploymentwithyaml.py(55)main()
    -> host_ip = ""
    (Pdb) c
    /root/py36env/lib/python3.6/site-packages/urllib3/connectionpool.py
:847: InsecureRequestWarning: Unverified HTTPS request is being made. Adding
certificate verification is strongly advised. See: https://urllib3.readthedocs.
io/en/latest/advanced-usage.html#ssl-warnings
      InsecureRequestWarning)
    /root/py36env/lib/python3.6/site-packages/urllib3/connectionpool.py
:847: InsecureRequestWarning: Unverified HTTPS request is being made. Adding
certificate verification is strongly advised. See: https://urllib3.readthedocs.
io/en/latest/advanced-usage.html#ssl-warnings
      InsecureRequestWarning)
    Serivces nginxtest created
    Host IP is 10.142.0.2
    NodePort is 31036
```

6.4 让一切动起来——持续集成交付部署

6.4.1 整体流程的自动化

前面的章节已经讨论了如何用 Ansible 进行自动化部署，以及如何利用 Kubernetes 加容器技术来简化整个部署过程，下面我们讨论如何从流程管理的角度使得整个流程能够自动化地运转起来。这里将着重讨论向准生产区域部署的情况，经常遇到的场景如下：当我们完成了一个迭代开发时，开发的组织者会更新 Redmine 上的一个项目，该项目的更新意味着我们应该将 Git 中的代码构建，部署到准生产区域，然后触发相应的端到端测试，测试完成后，需要更新相应的 Redmine 上的相关项目来触发下一个动作，例如，如果测试完全成功，则需要启动向生产区域进行部署的动作，如果测试没有完全成功，需要测试分析人员介入，分析测试失败的原因，并向开发人员报告问题，同开发人员一道进入修复问题的迭代过程。

假设流程的起点是 Redmine 里程碑项目的更新，当然，这个项目的更新可以是人工操作，如项目负责人认为已经完成了当前迭代所有的项目，可以发布一个新的版本了，还有一种可能是，项目负责人并不人为更新该项目，而是发送一个确认邮件，由后台程序监控该邮件来自动更新 Redmine 相关的项目。紧接着，负责构建的后台程序检测到 Redmine 相关项目的状态更新，满足构建的条件，它会自动将 Git 中的代码进行构建，在构建成功后更新相应的 Redmine 项目，并启动向准生产区域的部署，在部署成功后，启动相关的端到端测试。图 6-7 所示是敏捷部署整体自动化流程。

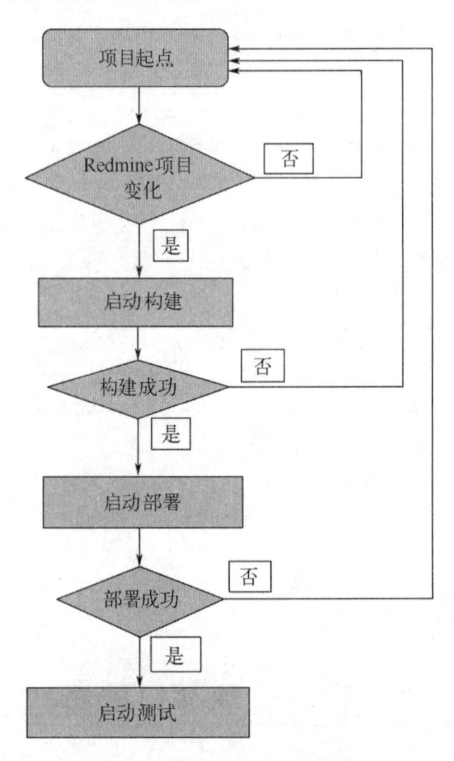

图 6-7　敏捷部署整体自动化流程

整个流程自动化的起点是一个关键，如何让自动程序知道构建可以开始进行了？这里有两种方法，一种方法是基于“推”的方法，就是在 Redmine 中内置一个回调逻辑，每次 Redmine 在对特定的项目进行操作时，该逻辑判断已经达到了进行代码构建的条件，如果达到了，就向 Jenkins 发送构建命令，启动构建。还有一种方法是基于“拉”的方法，也就是建立一个 Jenkins 任务，该任务定期读取 Redmine 特定项目的信息，并检查是否达到了构建的条件，如果达到了构建的条件就启动构建。比较两种方法，第一种方法必须了解 Redmine

如何编写插件逻辑，而第二种方法只需要了解 Redmine 提供的查询接口如何工作就可以了。具体的技术细节，我们已经在 Redmine 和 Jenkins 章节讨论过了，这里不再赘述。

6.4.2 Redmine 流程信息自动化查询与更新

在第 5 章我们已经讨论了如何使用 Requests 库来进行 RESTAPI 的编程，这里不再赘述，下面我们将讨论如何解决在企业内网中自动获取 Redmine RESTAPI 访问授权的问题。

通常在企业内部，Redmine 这样的系统会在 SAML 认证协议的保护之下，如何穿过 SAML 协议来对 Redmine 进行自动化操作是一个挑战。这里我们将提供一个基本的程序来实现自动的完成 SAML 认证。

SAML 协议的认证授权流程如下。

1）用户尝试访问位于服务提供商的应用 App1。

2）App1 生成一个 SAML 身份验证请求（SAMLRequest）。该请求主要包含了 IDP 给出的该 SP 的唯一 ID（用于 IDP 端的信任）、服务提供商（SP）的网址。

3）App1 将重定向发送到用户的浏览器。重定向网址包含应向 SSO 服务提交的编码 SAML 身份验证请求，浏览器自动重定向到身份提供商。

4）身份提供商（Identity Provider）解码 SAML 请求，并提取 App1 的 ACS（声明客户服务）网址以及用户的目标网址。然后，身份提供商对用户进行身份验证。

5）身份提供商生成一个 SAML 响应，其中包含经过验证用户的用户名。此响应将使用身份提供商的 DSA/RSA 公钥和私钥进行数字签名。

6）身份提供商对 SAML 响应并进行编码，同时将该信息返回到用户的浏览器，浏览器再将它返回给服务提供商。

7）App1 使用身份提供商的公钥验证 SAML 响应。如果成功验证该响应，则会向用户返回授权码，并将用户重定向到目标网址。

8）用户将重定向到目标网址并登录到 App1。

9）后续操作用户将使用授权码进行身份验证，而无需这么复杂的认证过程。

整个流程如图 6-8 所示。

利用 Python 中的 Requests 库实现 SAML 交互的协议如下，代码中的注释步骤与流程图中的步骤相对应，读者可以根据自己的实际情况进行相应的修改。

```
class SAMLSession(object):
    def __init__(self, singinurl=""):
        if singinurl == "":
            self.spSigninBaseUrl = "https://www.serviceprovider.com"
        else:
            self.spSigninBaseUrl = singinurl
    def signin(self, username, password):
        self.session = requests.session()
        #步骤 1 请求访问服务提供商内的应用，服务提供商将返回 SAML 请求数据包
```

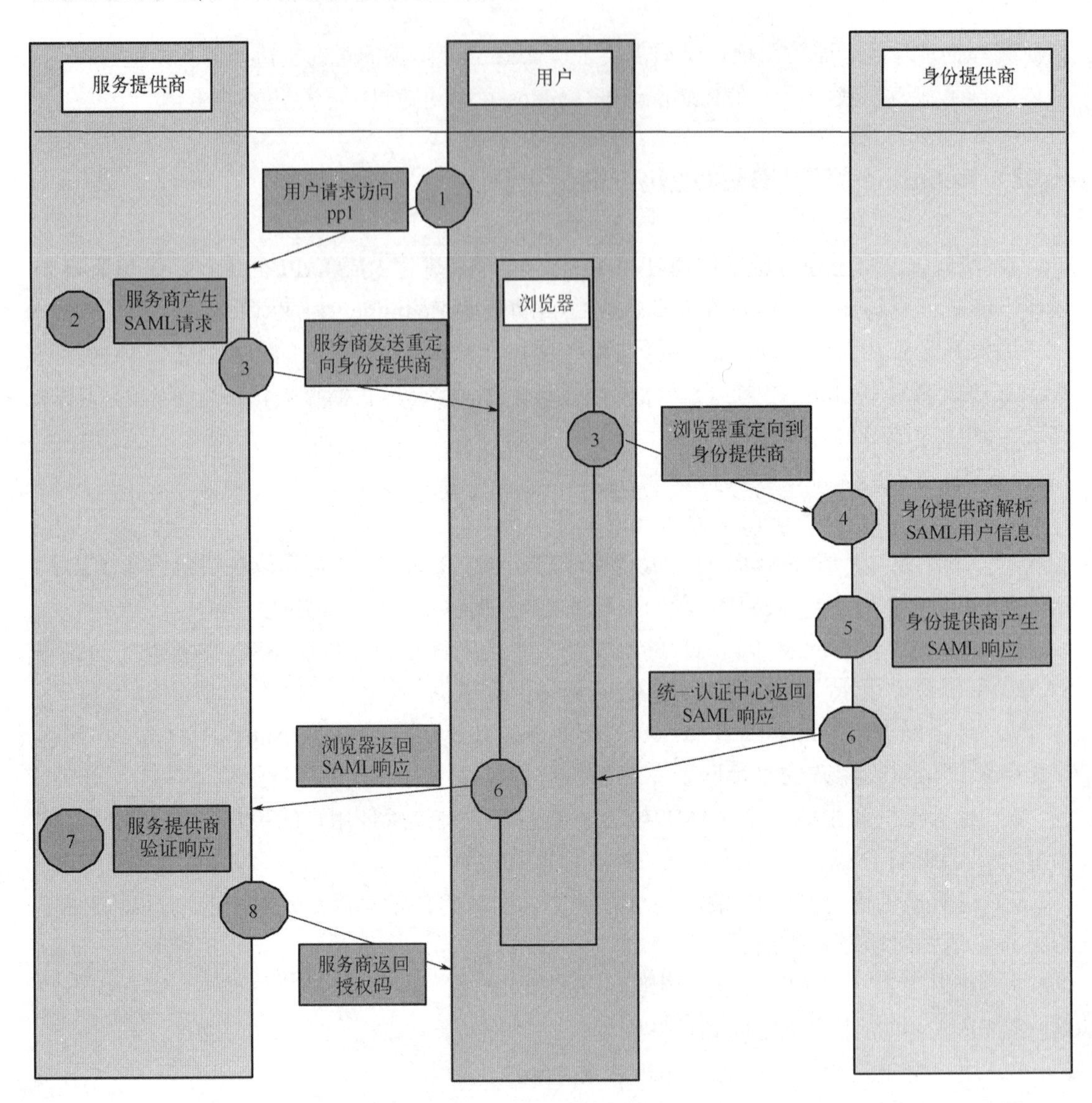

图 6-8　SAML 协议交互过程

```
req = self.session.get(self.spSigninBaseUrl, verify = False)
samlform  = BeautifulSoup(req.text).find('form')
#步骤 2 解析重定向网址（身份提供商网址），以及 SAML 请求数据包
action = samlform['action']
if action[0:4] != "http":
   action = "https://account.serviceprovider.com/%s" % action
samlrequest = samlform.findAll('input')
samlrequestDict = {}
for u in samlrequest:
   d_name = ""
   d_value = ""
```

```
        if u.has_key('name'):
            d_name = u['name']
        if u.has_key('value'):
            d_value = u['value']
        if d_name != "":
            samlrequestDict[d_name] = d_value
    headers = {'Content-Type':'application/x-www-form-urlencoded'}
    #步骤 3-1 将 SAML 请求包发送给身份提供商,获取必要的 Cookie 信息
    samllogin = self.session.post(url=action, headers=headers, data=samlrequestDict, verify = 
False)
    samlloginform = BeautifulSoup(samllogin.text).find('form')
    samlloginrequest = samlloginform.findAll('input')
    samlloginDict = {}
    for u in samlloginrequest:
        d_name = ""
        d_value = ""
        if u.has_key('name'):
            d_name = u['name']
        if u.has_key('value'):
            d_value = u['value']
        if d_name != "":
            samlloginDict[d_name] = d_value
    samlloginDict['j_username'] = username
    samlloginDict['j_password'] = password
    #步骤 3-2 将 SAML 请求包连同身份认证信息发送给身份提供商
        samlresponse = self.session.post(url=action, headers=headers, data=samllogin
Dict, verify = False)
    samlresponseform = BeautifulSoup(samlresponse.text).find
('form')
    action = samlresponseform['action']
    samlresponselist = samlresponseform.findAll('input')
    samlresponseDict = {}
    # 步骤 6-1 解析来自身份提供商的 SAML 响应信息
    for u in samlresponselist:
        d_name = ""
        d_value = ""
        if u.has_key('name'):
            d_name = u['name']
        if u.has_key('value'):
            d_value = u['value']
        if d_name != "":
            samlresponseDict[d_name] = d_value
   # 步骤 6-2/步骤 7/步骤 8 发送 SAML 响应信息给服务提供商，请求验证，服务提供
```

```
商验证成功，将返回授权码，授权码将保存在会话中
                samlverify = self.session.post(url=action, headers=headers, data=samlresponse
Dict, verify = False)
        return self.session
```

6.4.3 Jenkins + Redmine 集成

在 Jenkins 中与 Redmine 互操作有两种方式，一种方式是利用 Redmine 的 Jenkins 插件，这种方式的优点是使用简单，但是有一个比较大的问题是灵活性不够好，除非我们去了解插件的代码，在必要的时候根据需要进行修改，但是代价比较大。还有一种方式是直接利用 Redmine 提供的 RESTAPI 进行互操作，这种方法的好处是非常灵活，缺点是需要对 Redmine 的 RESTAPI 进行详细了解。在一般的生产系统中，我们选择采用 RESTAPI 的形式与 Redmine 进行交互。

6.4.4 Jenkins + Ansible 集成

Jenkins 也提供有 Ansible 插件，基于同样的考虑，我们应该自己控制 Ansible，而不是利用 Jenkins 插件来控制 Ansible，实际上在集成 Ansible 时，应该采用 shell 方式调用 Ansible，而不是采用插件形式来调用。

6.5 小结

本节主要讨论的内容是云端的自动化部署问题，我们可以利用 Ansible 来实现基本的自动化部署，但是纯 Ansible 的部署方式会带来部署步骤过于复杂的问题，从而引入了 Ansible+Docker 镜像的部署方法，因为 Docker 无法管理复杂集群的编排部署问题，从而引入 Kubernetes 来协助和简化复杂集群上的部署问题，最后讨论了如何将整个流程自动化起来。

第 7 章　对一切了如指掌——应用性能监测

7.1　应用性能管理概述

7.1.1　应用性能管理过程

从产品生命周期的整个过程中观察，可以发现所有的设计、实现、测试和交付都是为了最终的用户体验。最终的用户体验直接决定了他们是否喜欢我们的产品，是否愿意继续使用我们的产品，是否愿意为了产品付费，而这就决定了孵化产品并投放市场的公司本身的销售和收入，从而决定了一个公司能否存活。对于产品导向的公司，尤其是处于学步期的公司而言，打磨产品提高用户体验可以说是头等大事，在这个基础上才能有信心关注于产品销售量的持续增长。

基于以上背景，产品的用户体验与应用性能就自然地关联起来了。这里先介绍一下应用性能管理的相关概念。应用性能管理过程主要指对业务应用进行有计划的监测、分析、优化和相关决策，从而提高应用的用户体验和相关的可靠性、易用性和应用质量。从应用性能管理的整个流程来看，可以分为三个子过程，分别是应用性能监测、应用性能分析以及应用性能决策和优化。应用性能需要在产品上线期间持续关注，这里向大家介绍应用性能管理的基本过程，如图 7-1 所示。

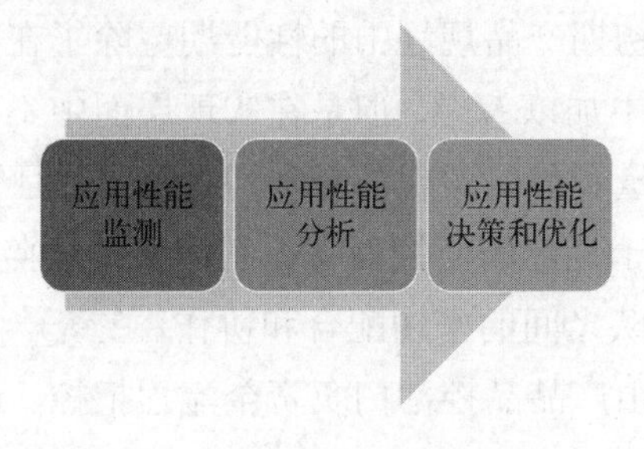

图 7-1　应用性能管理流程

应用性能监测是指从底层的基础设施到中间件、应用程序再到客户端的应用性能相关数据的一整套定义和收集方法。应用性能分析是指针对上述的相关数据综合运用各种数据整合和数据分析方法所做的计算操作，从而得出聚合、过滤等操作之后的分析结果并加以呈现。应用性能优化和决策是指针对前面应用性能监测获得的数据以及结合业务做出的分析结果，进一步根据发展规划的方向和业务指标的提升方向做出合适的布局和规划。

7.1.2 产品生命周期中的应用性能管理

产品生命周期包括产品的总体规划、产品的市场调研和竞品分析、产品的需求分析、产品的设计实现、产品的测试和交付、产品的上市管理以及产品的退市管理等阶段。虽然应用性能管理主要集中在产品交付阶段和产品上市管理阶段，但是作为产品经理必须明白，应用性能管理应该在产品生命周期中的各个阶段有所体现。根据产品管理经验，这包括了产品应用性能管理的三原则，即伴随性、渗透性和结合性。

产品应用性能管理的伴随性表现在应用性能管理应该一直伴随着产品生命周期各个阶段的始终，包括产品规划阶段的性能期望、产品设计阶段的初期目标、产品实现阶段的性能预计、产品交付阶段的模拟测试和产品上市阶段的持续监控。产品应用性能管理的渗透性表现在为了产品在端到端交付后，用户体验可以达到预期的目标，需要在构成产品的各个层次上都渗透到应用性能监测。产品应用性能管理的结合性表现在应用功能管理与应用性能管理紧密结合，即在考虑功能设计的同时也考虑到性能设计的相关要求，并且把相关的评估过程纳入功能评估和性能评估的整个过程。相关概念如图 7-2 所示。

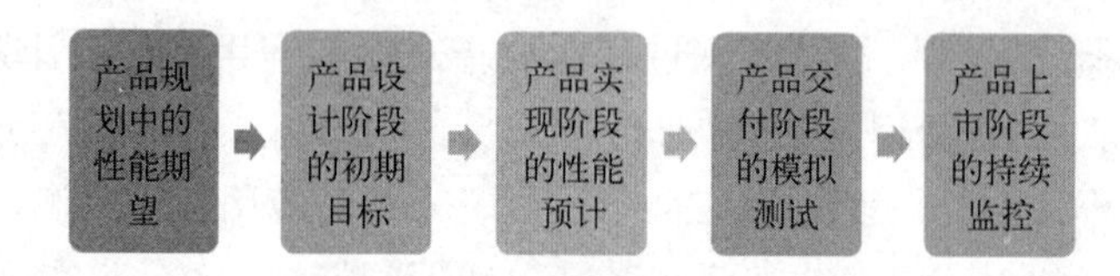

图 7-2　产品生命周期中的应用性能管理

在这里需要注意的是，初期产品规划中的性能期望除了在文档中定义清楚以外，还需要在架构和部署模型的设计中加以考虑，但是在实现层面中不宜过早进行。本质上由于性能表现和框架设计、部署质量和代码实现都有密切关系，并且需要在产品生命周期的每个子阶段中迭代进行，因而对于性能的监控而言，它需要持续监控和不断改进。除此以外，性能的持续改进还需要各团队之间的密切配合和协作，在统一的产品生命周期管理中体现出各团队的角色和职责，再由产品品控部门负责全流程把控，最终使得产品可以给客户带来满意的交付结果。

7.2 深入应用性能监测

7.2.1 根据性能数据类型探索性能监测

按照需求来划分，性能监测可以分为三种类型，即业务持久性能监测、随机查询性能监测和特定事件追踪性能监测。

业务持久性能监测的产生伴随着产品处理业务的复杂性而发展。比如随着产品相关部门从几个、十几个到几十个，对应需要管理的产品特性和产品需求呈现非线性增长，需要管理的用户用例和相关的组件达到数百个，更何况在微服务模式下，对应的监控目标和对象以及相关的数据记录和日志规模也会有更大的压力。无论哪种模式，都需要产品经理从不同的层次和维度来通盘考虑产品的表现数据，而这些都需要业务持久性能监测数据的支持，如图 7-3 所示。

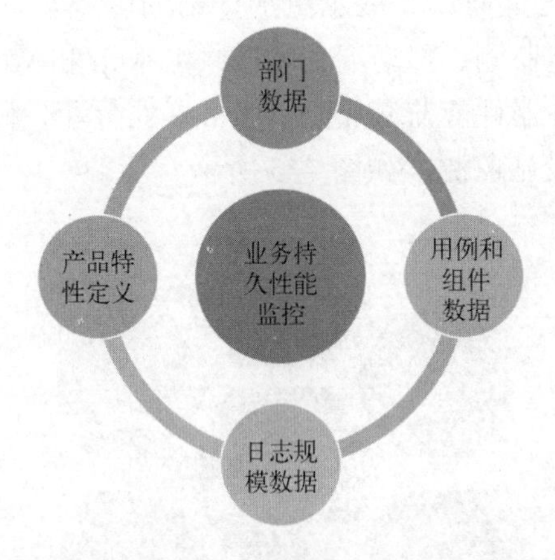

图 7-3 业务持久性能监控相关影响因素

对于一个面对多种类型客户的应用而言，需要的持久性能监测类型为移动端监测、基础设施层监测、服务层监测和应用层监测，如图 7-4 所示。

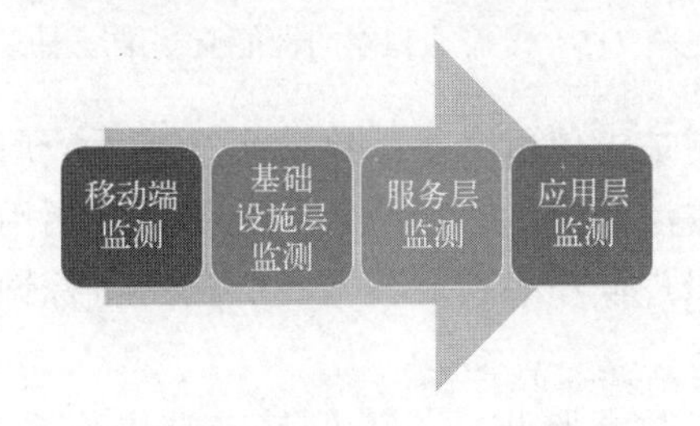

图 7-4 多类型持久性能监测

移动端监测包括了移动端原生 App 监测和移动端浏览器类型监测。其中移动端原生 App 监测使用基于不同移动端操作系统的系统调用来规划监测程序，这些监测应用相当于在移动客户端上运行的应用程序，它们作为 agent 在各个客户端上收集相关的客户使用的数据，为后续应用性能分析所用，移动端浏览器类型监测主要基于移动端浏览器类型应用设计，即客户端应用运行在移动端浏览器容器中，收集应用运行时的相关性能数据，并及时回传到后端服务器上作为后续数据分析的依据。基本的方法包括在应用页面中埋点记录相关数据，当用户行为触发了相关代码逻辑后，相应生成的数据会回传到后端服务器上进行后续的分析工作。

基础设施层监测包括针对云平台中提供的计算、存储、网络等功能所带来的性能数据的收集和整理工作。服务层监控包括对于应用服务器中的相关应用程序状态信息、预定义的性能指标数据进行收集和整理工作。应用层监控包括在应用程序的代码逻辑中嵌入了相关的关键点性能指标收集逻辑之后产生的监控数据。

7.2.2 覆盖端到端的性能监测维度

在上一节的基础上，这里向读者展示更加详细的端到端性能监测维度的各项监控指标，包括终端用户行为性能监测、移动端（包括原生 App 和 Web）性能监测、API 服务器性能数据监测、中间件服务器性能监测、应用服务器业务和代码逻辑性能监测、数据库性能监测和原生云平台基础设施监测，如图 7-5 所示。

图 7-5　覆盖端到端的性能监测维度图

其中终端用户行为监测是指使用产品的终端用户使用应用提供的相关操作方法和操作界面，由程序前端埋点方法收集到的用户行为数据，包括用户单击和操作区域数据、用户操作行为次序数据、用户操作等待时间数据、用户鼠标键盘使用和空闲时间比例数据等。

移动端原生 App 性能数据监测是指通过移动端操作系统提供的各种原生系统调用，根据性能管理目标规划中定义的指标数据，在特定的原生 App 代码逻辑的预定义位置生成的监测数据。这种类型的监测数据收集装置其实就是安装在用户移动终端上的原生 App。

移动端 Web 浏览器性能数据监测是指通过移动端浏览器容器提供的各种数据监测和收集的方法，经过分析待收集的指标数据，通过页面埋点的方法生成相关的浏览器容器内的各种用户操作行为产生的数据。

API 服务器性能数据监测是指通过在 API 服务器中进行特定配置和执行相关的逻辑嵌入代码，把通过服务器的相关请求所产生的数据特定的业务性能评估相关的流处理流程和事后处理流程中，获取业务相关字段并计算相关的检测指标。

中间件服务器性能监测是指通过在中间件服务器中的特定配置和嵌入的相关代码，对在中间件层次中可能出现性能问题的位置做出实现的预估和评测之后，在产品上线实际运行中真实记录中间件服务器环境的性能数据。比如缓存服务器集群、文件缓冲服务集群、事件队列服务器集群等都是可以进行中间件服务器性能监测的位置。

应用服务器代码逻辑以及服务依赖集性能监测主要面对具体的应用逻辑中可能产生性能问题的位置进行监测布置，包括各种进程管理下的资源池、线程池、多核计算规划等方面的监控逻辑管理。

数据库性能监测和原生云平台基础设施监测是指使用数据库厂商和原生云平台供应商提供的相关工具或者第三方提供的集成工具，针对数据库连接、存储、应答、并发事务、读写控制等方面以及云计算、存储、网络和资源调配等方面的性能指标所产生的相关监控数据。由于其中涉及的指标体系相对较多，因此这些层次的性能监测往往需要产品设计和开发团队做相应的定制开发和相关的配置工作。

7.2.3 服务器性能数据监测分类

上面小节向读者介绍了端到端的性能监测维度，涵盖了产品运行过程中各个环节的性能数据。这里重点介绍从服务器性能数据层面收集监测数据的几个基本方面。

以 Linux 操作系统为例，性能信息在应用运行中是在多个层次和多个角度中体现的。因此在做性能数据监测和后续分析的过程中，需要综合多个方面的监测数据，通盘考虑遇到的性能问题，才可以分析出性能问题的位置和原因所在。具体来说，性能监测数据可以从以下三个方面来观察和收集，而对应着这些方面，Linux 系统提供的各种工具和命令也是从这三个方面入手和划分的。

性能数据监测首先可以通过数据摘要的形式收集，这种数据形式通常以统计数值（如计算总值或者和平均值）的形式来显示应用运行在特定时间段内的综合情况。例如，应用集群中检测到的各个节点的内存使用率最近 1 分钟内在 60%上下浮动，那么根据以往的经验，这样的情况在这个检测范围内是没有问题的。因此，对于性能数据监测和分析的探索阶段，我们可以初步得出结论，对应的监测对象应该是没有问题的。这种类型的 Linux 命令包括 Linux 中的 sar 命令、vmstat 命令、netstat 命令等。

```
~> vmstat
procs---------memory-------------swap-------io-----system--------cpu-----
 r  b   swpd   free   buff  cache   si   so    bi    bo   in   cs us sy id wa st
 0  0   7888 9367492 3437104 82856712   0    0     1    13    1    0  2  1 97  0  0
~> netstat -a
Active Internet connections (servers and established)
Proto Recv-Q Send-Q Local Address       Foreign Address     State
tcp        0      0 localhost:60709      *:*                 LISTEN
tcp        0      0 localhost:43590      *:*                 LISTEN
tcp        0      0 localhost:46414      *:*                 LISTEN
tcp        0      0 *:sunrpc             *:*                 LISTEN
tcp        0      0 *:cvsup              *:*                 LISTEN
tcp        0      0 *:51569              *:*                 LISTEN
tcp        0      0 *:ssh                *:*                 LISTEN
tcp        0      0 localhost:smtp       *:*                 LISTEN
tcp        0      0 localhost:x11        *:*                 LISTEN
tcp        0      0 localhost:41346      *:*                 LISTEN
tcp        1      0 localhost:57178      localhost:47354     CLOSE_WAIT
tcp        0      0 localhost:46414      localhost:45057     ESTABLISHED
tcp        0      0 localhost:60709      localhost:54634     ESTABLISHED
tcp        0      0 localhost:47744      localhost:46414     ESTABLISHED
tcp        0      0 localhost:54638      localhost:60709     ESTABLISHED
tcp        1      0 localhost:55108      localhost:45209     CLOSE_WAIT
tcp        0      0 localhost:54636      localhost:60709     ESTABLISHED
tcp        0      0 localhost:46414      localhost:47744     ESTABLISHED
tcp        0      0 localhost:45055      localhost:46414     ESTABLISHED
tcp        0      0 *:40006              *:*                 LISTEN
tcp        0      0 *:cslistener         *:*                 LISTEN
tcp        0      0 *:40012              *:*                 LISTEN
tcp        0      0 *:sunrpc             *:*                 LISTEN
tcp        0      0 *:cvsup              *:*                 LISTEN
tcp        0      0 *:http-alt           *:*                 LISTEN
tcp        0      0 *:mrt                *:*                 LISTEN
tcp        0      0 *:x11                *:*                 LISTEN
tcp        0      0 *:57138              *:*                 LISTEN
```

性能数据监测可以通过数据快照性能获得，这类数据通过 Linux 提供的工具把系统在瞬时的状态记录下来，通过接口提供给用户。这种类型的数据就像是平时我们使用的照相功能，把系统在故障以前多个瞬时的相关状态记录保存下来，方便事后进行相关的性能数据分析。这种类型的 Linux 命令包括 top 命令、pstack 命令、ps 命令等。例如，我们通过用户端监测数据的反馈，获知在某个特定的时间段中客户端程序响应特别缓慢，经过初步监测数据分析得知是几个特定的应用服务器节点的特定进程出现处理异常的情况，那么就需要获取在问题发生前的一段时间中几个特定进程对应的数据快照的相关数据来做进一步的分析和定位。这样的情况下，数据快照类型的性能监测数据就很有用了，如下面的 top 命令所显示的信息。

```
~> top
top - 11:25:33 up 31 days,  7:57,  7 users,  load average: 0.44, 0.21, 0.16
Tasks: 622 total,   1 running, 509 sleeping,   0 stopped, 112 zombie
%Cpu(s): 0.3 us,  0.2 sy,  0.0 ni, 99.4 id,  0.0 wa,  0.0 hi,  0.0 si,  0.0 st
KiB Mem:  13186889+total, 12250204+used,  9366848 free,  3437104 buffers
KiB Swap:  3129340 total,     7888 used,  3121452 free. 82857552 cached Mem

  PID USER      PR  NI    VIRT    RES    SHR S  %CPU  %MEM     TIME+ COMMAND
60623 1014       20    0 6186196 3.879g 525996 S  1.980 3.084    1384:36
hdbnameserver
10239 1014       20    0 6323936 3.789g 524640 S  1.650 3.013    1071:33
hdbnameserver
11086 1014       20    0 6912364 4.647g 666180 S  1.650 3.695    1931:49
hdbindexserver
60996 1014       20    0 7081540 4.689g 673416 S  1.650 3.729    2450:23
hdbindexserver
11007 1014       20    0 1662012 163916  51560 S  0.990 0.124 304:18.02
hdbpreprocessor
11089 1014       20    0 3816768 1.124g 348596 S  0.990 0.893 544:15.56
hdbxsengine
60999 1014       20    0 3679228 1.122g 351244 S  0.990 0.892 685:33.41
hdbxsengine
  312 i300142  20   0   15912   1920   1108 R 0.660 0.001   0:00.63 top
    9 root     20   0       0      0      0 S 0.330 0.000  59:55.63 rcu_sched
 4720 jenkins  20   0 17.677g 777664  18536 S 0.330 0.590 578:48.90 java
11004 1014       20    0 2654244 274476 124444 S  0.330 0.208 281:17.36
hdbcompileserve
11970 1014       20    0 2959640 516572 121104 S  0.330 0.392 288:12.39
hdbwebdispatche
23972 root      20    0 4504756 112464  20624 S  0.330 0.085 115:30.02 dockerd
60941 1014       20    0 2651420 268404 124708 S  0.330 0.204 341:06.29
hdbcompileserve
60944 1014       20    0 1654324 156996  51964 S  0.330 0.119 366:34.96
hdbpreprocessor
61493 1014       20    0 2950740 329832 121288 S  0.330 0.250 373:53.49
hdbwebdispatche
    1 root     20   0   48856  16084   2124 S 0.000 0.012   2:14.36 systemd
    2 root     20   0       0      0      0 S 0.000 0.000   0:02.88 kthreadd
    3 root     20   0       0      0      0 S 0.000 0.000   1:11.94 ksoftirqd/0
```

```
    5 root      0 -20      0      0      0 S  0.000 0.000   0:00.00 kworker/0:0H
    7 root      rt  0      0      0      0 S  0.000 0.000   0:00.58 migration/0
    8 root      20  0      0      0      0 S  0.000 0.000   0:00.00 rcu_bh
   10 root      rt  0      0      0      0 S  0.000 0.000   0:15.57 watchdog/0
   11 root      rt  0      0      0      0 S  0.000 0.000   0:12.50 watchdog/1
   12 root      rt  0      0      0      0 S  0.000 0.000   0:00.64 migration/1
```

性能数据监测还可以通过事件捕捉类型获得。应用系统中存在着各种各样、各个层次的事件，事件的触发和产生往往代表了特定类型操作或者数据状态的变更。所以对于性能数据监测来说，捕捉特定的系统事件，不论是客户端的系统事件、网络中间层的系统事件，还是服务器端的系统事件，都有助于丰富性能数据监测的数据集以及相关的分析决策工作。这种类型的 Linux 命令包括系统调用的事件记录 strace 命令、网络数据包流转事件记录 tcpdump、wireshark 命令等。以 strace 命令为例，首先可以使用 top 命令浏览到各个进程的快照监测数据，然后挑选需要进一步分析的进程，使用 strace 命令进行系统调用分析。

Linux 数据事件捕捉类型 top 命令生成如下的数据。

```
        ~>top
        top - 11:27:59 up 31 days,  7:59,  7 users,  load average: 0.51, 0.35,
0.22
        Tasks: 623 total,   2 running, 509 sleeping,   0 stopped, 112 zombie
        %Cpu(s):  0.7 us,  0.4 sy,  0.0 ni, 98.8 id,  0.0 wa,  0.0 hi,  0.0 si,
0.0 st
        KiB  Mem:   13186889+total,  12250873+used,   9360152  free,   3437108
buffers
        KiB Swap:  3129340 total,     7888 used,  3121452 free. 82857928 cached
Mem

          PID USER       PR  NI    VIRT    RES    SHR S   %CPU  %MEM     TIME+
COMMAND
          591 root      20   0   31760   8444   2292 R  3.630 0.006   0:00.11 ruby
        10239 1014       20   0 6323936 3.789g 524640 S  2.310 3.013   1071:38
hdbnameserver
         2191 root      20   0  687568 110224   4792 S  1.980 0.084  10:11.69 ruby
        60623 1014       20   0 6186196 3.879g 525996 S  1.980 3.084   1384:42
hdbnameserver
        11086 1014       20   0 6912364 4.647g 666180 S  1.650 3.695   1931:59
hdbindexserver
        60996 1014       20   0 7081540 4.689g 673416 S  1.650 3.729   2450:37
hdbindexserver
        60999 1014       20   0 3679228 1.122g 351244 S  1.320 0.892 685:35.77
hdbxsengine
        11089 1014       20   0 3816768 1.124g 348596 S  0.990 0.893 544:17.66
```

```
hdbxsengine
        586 i300142   20   0   15912    1920    1108 R  0.660 0.001   0:00.04 top
      11004 1014      20   0 2654244 274476 124444 S  0.660 0.208 281:18.40
hdbcompileserve
      11007 1014      20   0 1662012 163916  51560 S  0.660 0.124 304:19.13
hdbpreprocessor
      11970 1014      20   0 2959640 516572 121104 S  0.660 0.392 288:13.46
hdbwebdispatche
      42129 1000      20   0 32.768g 8.142g  22312 S  0.660 6.474  79:20.73 java
      60944 1014      20   0 1654324 156996  51964 S  0.660 0.119 366:35.99
hdbpreprocessor
      61493 1014      20   0 2950740 329832 121288 S  0.660 0.250 373:54.57
hdbwebdispatche
       4720 jenkins   20   0 17.677g 777664  18536 S  0.330 0.590 578:49.48 java
       7016 root      20   0 2387196  20868   5308 S  0.330 0.016  57:55.79
containerd
      32835 1000      20   0  825436 131088  37808 S  0.330 0.099  17:35.72
chrome
      42034 root      20   0       0      0      0 S  0.330 0.000   2:54.40
xfsaild/dm-14
      47935 1000      20   0  652032  31568  19080 S  0.330 0.024   0:03.63
chrome
      60941 1014      20   0 2651420 268404 124708 S  0.330 0.204 341:07.27
hdbcompileserve
          1 root      20   0   48856  16084   2124 S  0.000 0.012   2:14.37
systemd
          2 root      20   0       0      0      0 S  0.000 0.000   0:02.88
kthreadd
          3 root      20   0       0      0      0 S  0.000 0.000   1:11.94
ksoftirqd/0
          5 root       0 -20       0      0      0 S  0.000 0.000   0:00.00
kworker/0:0H
          7 root      rt   0       0      0      0 S  0.000 0.000   0:00.58
migration/0
```

Linux strace 命令获得相关进程的系统调用监测数据如下。

```
~>strace -p 10239
  Process 10239 attached
  epoll_pwait(30, {{EPOLLIN, {u32=3782570096, u64=140015421452400}}},
8192, 1000, NULL) = 1
  epoll_ctl(30, EPOLL_CTL_DEL, 40, {EPOLLIN, {u32=3782570096, u64=
140015421452400}}) = 0
```

```
        recvfrom(40, "?", 1, MSG_PEEK, NULL, NULL) = 1
        futex(0x7f58521e2780, FUTEX_WAKE_PRIVATE, 1) = 1
        epoll_pwait(30, {}, 8192, 1000, NULL)  = 0
        epoll_pwait(30, {{EPOLLIN, {u32=3782570288, u64=140015421452592}}},
8192, 1000, NULL) = 1
        epoll_ctl(30, EPOLL_CTL_DEL, 49, {EPOLLIN, {u32=3782570288, u64=
140015421452592}}) = 0
```

7.3 使用 InfluxDB 管理应用性能数据

7.3.1 时间序列数据库的结构和原理介绍

InfluxDB 是一个用于存储和分析时间序列数据的开源数据库。那么什么是时间序列数据呢？简单来说就是存储数据结构中包含了时间信息的数据。从广义上来说，任何数据根据特定的定义都可以打上时间标记，所以时间序列数据的应用场景十分广泛。由于时间序列数据基于时间轴展开，因此可以根据时间轴去查询特定的数据，进行数据的过滤、数据的聚合、数据的抽样比对以及其他的数据计算操作。InfluxDB 的应用场景包括应用性能矩阵数据处理、物联网传感器数据收集、基于时间的商务分析等。

InfluxDB 具有以下重要特性。

1）针对时间序列数据的高度定制化的高性能数据存储，其中的 TSM 引擎支持高速数据摄取和数据压缩。

2）完全使用 Go 语言编写，因此不需要任何外部依赖的单一二进制文件。

3）拥有简约、高性能的写入和查询 HTTP API 接口。

4）以插件形式支持其他的数据更新管理协议，如 Graphite、collectd 等。

5）通过丰富的类 SQL 查询语言，轻松查询聚合数据。

6）标签特性允许高速且有效的索引查询。

开源版本的 InfluxDB 安装在单一节点上运行，读者可以在其官网上自行下载安装使用。

InfluxDB 由于存储和管理时间序列数据，所以它和一般的关系型数据库中的概念有所不同，见表 7-1。

表 7-1 InfluxDB 和关系型数据库中的概念对比

InfluxDB 中的概念	关系型数据库中的概念
Database	数据库
Measurement	数据库中的表（Table）
Point	表里面的一行数据（row）

其中，Point 相当于关系型数据库中表里面的一行数据，Point 由时间戳、数据和标签组成（见表 7-2）。

表 7-2 InfluxDB 中的 Point 和关系型数据库中的概念对比

Point 组成的概念	关系型数据库中的概念
Time	数据库中的主索引，每一个数据自动生成的时间
Field	用户定义的记录值
Tag	用户定义的用于索引的标签

7.3.2 InfluxDB 数据库管理

下面介绍 InfluxDB 数据库管理的基本操作。首先启动已经下载好的 InfluxDB，使用命令 influxdb-1.7.6-1/usr/bin> ./influxd，influx 后台进程启动，会得到如下结果。

```
influxdb-1.7.6-1/usr/bin> ./influxd

 8888888           .d888 888                   8888888b.  888888b.
   888            d88P"  888                   888  "Y88b 888  "88b
   888            888    888                   888    888 888  .88P
   888   88888b.  888888 888 888  888 888  888 888    888 8888888K.
   888   888 "88b 888    888 888  888  Y8bd8P' 888    888 888  "Y88b
   888   888  888 888    888 888  888   X88K   888    888 888    888
   888   888  888 888    888 Y88b 888 .d8""8b. 888  .d88P 888   d88P
 8888888 888  888 888    888  "Y88888 888  888 8888888P"  8888888P"

    2019-06-13T11:33:54.219783Z    info    InfluxDB starting      {"log_
id":"0G09gyfl000","version":"1.7.6","branch":"1.7","commit":"01c8dd416270
f424ab0c40f9291e269ac6921964"}
    2019-06-13T11:33:54.219845Z    info    Go runtime     {"log_id":
"0G09gyfl000", "version": "go1.11", "maxprocs": 20}
```

接着在另一个终端中启动 InfluxDB 终端，使用命令 influxdb-1.7.6-1/usr/bin> ./influx，这样 InfluxDB 的客户端程序就会启动，并显示相关的基本信息。

```
influxdb-1.7.6-1/usr/bin> ./influx
Connected to http://localhost:8086 version 1.7.6
InfluxDB shell version: 1.7.6
Enter an InfluxQL query
>
```

然后使用命令 show databases 查看现在有哪些数据库。当前只有一个默认的_internal

数据库，我们会在后面加入新的自定义数据库来存储应用性能数据。

```
> show databases
name: databases
name
----
_internal
>
```

接下来创建两个用户，并分别赋予相应的数据库操作权限，使用命令如下。

```
CREATE USER <username> WITH PASSWORD '<password>' WITH ALL PRIVILEGES
```

创建一个用户为 admin，另一个用户为 dataop_user，二者都有相应的数据库操作权限。

```
> create user admin with password 'influxdb@123' with all privileges
> create user dataop_user with password 'influxdb@123' with all privileges
> show users
user        admin
----        -----
admin       true
dataop_user true
```

这里使用命令 show users 列出当前创建的用户。

再创建两个用户，它们不具有 admin 的权限，仅仅是普通用户。

```
> create user normal_1 with password 'influxdb@321'
> create user normal_2 with password 'influxdb@321'
> show users
user        admin
----        -----
admin       true
dataop_user true
normal_1    false
normal_2    false
>
```

现在我们有 4 个用户，两个 admin 用户和两个普通用户，在 admin 属性列中可以看到它们有不同的权限设定。

使用 grant 命令给普通用户赋予相应的权限，从而对用户的操作范围做相应的调整。

```
> grant read on "test_1" to "normal_1"
> grant all on "test_1" to "normal_2"
> show grants for normal_1
database privilege
```

```
-------- ---------
test_1   READ
> show grants for normal_2
database privilege
-------- ---------
test_1   ALL PRIVILEGES
>
```

从上面的代码可以看到，用户相应的权限发生了变化。其中test_1是事先创建的数据库，权限的范围分为READ、WRITE、ALL三种方式。

如果想要删除用户，则使用drop user命令进行删除，然后查看用户列表。

```
> create user normal_3 with password 'influxdb@321'
> drop user normal_3
> show users
user        admin
----        -----
admin       true
dataop_user true
normal_1    false
normal_2    false
```

这样用户normal_3就被删除了。

另外，为了监控部署InfluxDB节点的服务器运行情况，可以使用show stats命令来查看。

其中Runtime组件主要包括InfluxDB运行时组件的相关运行信息。

```
> show stats
name: runtime
Alloc   Frees   HeapAlloc HeapIdle HeapInUse HeapObjects HeapReleased
HeapSys Lookups Mallocs NumGC NumGoroutine PauseTotalNs Sys      TotalAlloc
-----   -----   --------- -------- --------- ----------- ------------
------- ------- ------- ----- ------------ ------------ ---      ----------
9463656 7716995 9463656   52027392 13148160  60839       5775360
65175552 0      7777834 200   25           97053936     75102456 751952624

name: queryExecutor
queriesActive queriesExecuted queriesFinished queryDurationNs
recoveredPanics
------------- --------------- --------------- ---------------
---------------
1             20              19              557007807       0
```

```
name: database
tags: database=_internal
numMeasurements numSeries
--------------- ---------
12              39

name: shard
tags: database=_internal, engine=tsm1, id=1, indexType=inmem, path=
/home/i300142/.influxdb/data/_internal/monitor/1, retentionPolicy=monitor,
walPath=/home/i300142/.influxdb/wal/_internal/monitor/1
diskBytes fieldsCreate seriesCreate writeBytes writePointsDropped
writePointsErr writePointsOk writeReq writeReqErr writeReqOk
--------- ------------ ------------ ---------- ------------------
-------------- ------------- -------- ----------- ----------
851162    0            18           0          0                 0
0           0        0          0
```

queryExecutor 组件主要用来执行用户提交的相关查询，并输出相关的统计信息，如已经执行的查询数量、已经提交完成的查询数量、查询的持续时间等信息。

```
name: queryExecutor
queriesActive queriesExecuted queriesFinished queryDurationNs
recoveredPanics
------------- --------------- --------------- ---------------
---------------
1             20              19              557007807       0
```

Database 状态信息统计包括各个数据库中的 Measurements 和 Series 的统计信息。Measurements 对应了关系型数据库中的表（Table），而 Series 表示了 InfluxDB 中的特定数据的集合，属于同一个 Seires 的数据在物理部署上会按照定义的顺序依次存储在一起。而具有相同的 Measurement 和 tag sets 的数据会被看作同一个 Series 来存储和处理。

```
name: database
tags: database=_internal
numMeasurements numSeries
--------------- ---------
12              39
```

在 show stats 的输出中还包括 tsm1_engine、tsm1_cache、tsm1_filestore、tsm1_wal 和 shard 等输出信息。限于篇幅，在这里就不展开讨论了，有兴趣的读者可以参考相关的使用文档。

如果对节点的 build 信息、运行时间、服务器信息等相关信息感兴趣，并且在服务运行期间需要进行相关的监控，则可以使用命令 show diagnostics 来查看相关的信息。

```
>show diagnostics
name: build
Branch Build Time Commit                                    Version
------ ---------- ------                                    -------
1.7             01c8dd416270f424ab0c40f9291e269ac6921964 1.7.6

name: config
bind-address   reporting-disabled
------------   ------------------
127.0.0.1:8088 false

name: config-coordinator
log-queries-after max-concurrent-queries max-select-buckets max-
select-point max-select-series query-timeout write-timeout
----------------- ---------------------- ------------------
---------------- ----------------- ------------- -------------
0s              0                  0               0              0
0s          10s

name: config-cqs
enabled query-stats-enabled run-interval
------- ------------------- ------------
true    false               1s

name: config-data
cache-max-memory-size cache-snapshot-memory-size cache-snapshot-
write-cold-duration compact-full-write-cold-duration dir
max-concurrent-compactions  max-index-log-file-size  max-series-per-database
max-values-per-tag series-id-set-cache-size wal-dir                wal-
fsync-delay
--------------------- -------------------------- -----------------
----------------- -------------------------------- ---
--------------------------  ------------------------  -----------------------
------------------ ------------------------ -------
---------------
1073741824          26214400                  10m0s
4h0m0s                        /.influxdb/data 0                       1048576
1000000             100000           100              /home/i300142/.
influxdb/wal 0s

name: config-httpd
```

```
access-log-path bind-address enabled https-enabled max-connection-limit max-row-limit
--------------- ------------ ------- ------------- --------------------- -------------
                :8086        true    false         0                     0

name: config-meta
dir
---
/.influxdb/meta

name: config-monitor
store-database store-enabled store-interval
-------------- ------------- --------------
_internal      true          10s

name: config-precreator
advance-period check-interval enabled
-------------- -------------- -------
30m0s          10m0s          true

name: config-retention
check-interval enabled
-------------- -------
30m0s          true

name: config-subscriber
enabled http-timeout write-buffer-size write-concurrency
------- ------------ ----------------- -----------------
true    30s          1000              40

name: network
hostname
--------
hostname **.**.**.**

name: runtime
GOARCH GOMAXPROCS GOOS  version
------ ---------- ----  -------
amd64  20         linux go1.11

name: system
PID  currentTime                         started                          uptime
```

```
--- ------------                   -------                   ------
1588  2019-06-13T11:52:21.337969388Z  2019-06-13T11:33:53.175859418Z
18m28.16210997s
```

在显示信息中，reporting-disabled 选项可以在 InfluxDB config 文件中进行配置。

```
name: config-coordinator
log-queries-after max-concurrent-queries max-select-buckets max-
select-point max-select-series query-timeout write-timeout
----------------- ---------------------- ------------------ ---------
------- ---------------------------------- ------------
0s              0                0              0             0
0s        10s

name: config-cqs
enabled query-stats-enabled run-interval
------- ------------------- ------------
true    false               1s

name: config-data
cache-max-memory-size cache-snapshot-memory-size cache-snapshot-
write-cold-duration compact-full-write-cold-duration dir
max-concurrent-compactions max-index-log-file-size max-series-per-database
max-values-per-tag series-id-set-cache-size wal-dir                 wal-
fsync-delay
--------------------- -------------------------- ------------------
---------------- -------------------------------- ---
-------------------------- ----------------------- -----------------------
------------------ ------------------------ -------             -------
--------
1073741824           26214400                  10m0s
4h0m0s                      /.influxdb/data 0                  1048576
1000000              100000          100                     /.influxdb/wal
0s

name: config-httpd
access-log-path bind-address enabled https-enabled max-connection-
limit max-row-limit
--------------- ------------ ------- ------------- ----------------
----- -------------
                :8086        true    false         0               0

name: config-meta
```

```
dir
---
/.influxdb/meta
```

可以看到配置协调器 config-coordinator 记录了并行查询、select 查询的相关信息，同时还有 config-cqs、config-data、config-httpd 和 config-meta 等组件的相关信息。

对于 InfluxDB 中涉及的数据库管理的相关信息，读者如果有兴趣，可以参考官方文档进行深入了解。

7.3.3 应用性能数据表操作

现在让我们开始使用 InfluxDB 来创建应用性能相关的数据库和数据结构。首先新建一个数据库 app_perf，使用命令 create database app_perf 来实现。

```
> create database app_perf
> show databases
name: databases
name
----
_internal
test_1
app_perf
>
```

之后，使用这个指定的自定义数据库，通过命令 use app_perf 实现。

```
app_perf
> use app_perf
Using database app_perf
>
```

当前这个数据库中是没有 measurement 表的，可以使用命令 show measurements 实现。

```
> show databases
name: databases
name
----
_internal
test_1
app_perf
> use app_perf
Using database app_perf
```

```
> show measurements
>
```

现在新建一个 measurement，并定义表名、索引 tag、相关的记录值 fields，时间戳信息由 InfluxDB 自动添加。使用 insert 命令来为 measurement 输入数据，在实际自动化业务流程中，这个输入的工作由相应的脚本程序来完成。

```
insert measure_app_1,appname=todolist resp_time=200,cpu_use=0.20
```

上面的命令中，设定应答时间的单位为毫秒，CPU 使用率用百分数表示。

```
> insert measure_app_1,appname=todolist resp_time=200,cpu_use=0.2
> select * from measure_app_1
name: measure_app_1
time                appname  cpu_use resp_time
----                -------  ------- ---------
1560428367782605047 todolist 0.2     200
1560428432570269389 todolist 0.18    183
1560428442648822998 todolist 0.12    179
1560428461624806369 todolist 0.15    180
1560428483810052327 todolist 0.17    195
1560428515745623290 todolist 0.23    207
1560428539993180632 todolist 0.13    171
>
```

从上面的命令可以看到，measure_app_1 是表名，appname 是索引，resp_time=200 和 cpu_use=0.2 都是 field 记录值。

也可以自定义时间戳，并把它加入到数据库 measurement 中，使用下面的命令。

```
> insert measure_app_1,appname=todolist resp_time=219,cpu_use=0.27
1559208401373896299
> insert measure_app_1,appname=todolist resp_time=219,cpu_use=0.27
1559208401373896230
> insert measure_app_1,appname=todolist resp_time=219,cpu_use=0.28
1559208401373896231
```

整个 measurement 的数据如下。

```
> insert measure_app_1,appname=todolist resp_time=219,cpu_use=0.27
1559208401373896299
> insert measure_app_1,appname=todolist resp_time=219,cpu_use=0.27
1559208401373896230
> insert measure_app_1,appname=todolist resp_time=219,cpu_use=0.28
1559208401373896231
> select * from measure_app_1
```

```
name: measure_app_1
time                appname  cpu_use resp_time
----                -------  ------- ---------
1559208401373896230 todolist 0.27    219
1559208401373896231 todolist 0.28    219
1559208401373896299 todolist 0.27    219
1560428367782605047 todolist 0.2     200
1560428432570269389 todolist 0.18    183
1560428442648822998 todolist 0.12    179
1560428461624806369 todolist 0.15    180
1560428483810052327 todolist 0.17    195
1560428515745623290 todolist 0.23    207
1560428539993180632 todolist 0.13    171
>
```

需要特别说明的是，在 InfluxDB 中没有直接提供数据记录删除的方法，它是通过设置数据保存策略（Retention Policies）来实现的，也就是说，用户设置了数据保存的时间限制之后，当数据达到了数据时间限制之后，相应的数据就会自动删除了。

首先查看当前数据库的保存策略：

```
> show retention policies on app_perf
name    duration shardGroupDuration replicaN default
----    -------- ------------------ -------- -------
autogen 0s       168h0m0s           1        true
>
```

创建新的保存策略，使用如下命令。

```
create retention policy "retention policy_name" on "database_name"
duration "time" replication "number" default
```

其中，retention policy_name 表示指定的 retention policy 的名称；database_name 表示指定的数据库名称；time 表示数据保存的时间，其中 h 表示小时，d 表示天，w 表示星期；replication number 表示副本个数，一般默认为 1；default 表示为默认策略。

创建一个新的保存策略，并对相应的参数做如下设置。

```
create retention policy "daily_analysis" on "app_perf " duration 7d
replication 1 default
```

这个命令表示创建一个保存策略在数据库 app_perf 上，数据保存的时间为 7 天，副本个数为 1 个。

```
> create retention policy "daily_analysis" on "app_perf" duration 7d
replication 1 default
```

```
> show retention policies on app_perf
name           duration shardGroupDuration replicaN default
----           -------- ------------------ -------- -------
autogen         0s       168h0m0s           1        false
daily_analysis 168h0m0s 24h0m0s             1        true
>
```

然后就可以删除默认的保存策略，保留用户自定义的数据保留策略了。

```
> drop retention policy autogen on app_perf
> show retention policies on app_perf
name           duration shardGroupDuration replicaN default
----           -------- ------------------ -------- -------
daily_analysis 168h0m0s 24h0m0s             1        true
>
```

在时间序列数据查询中，因为时间序列数据不断产生，所以需要配合这种场景，定时启动一些数据查询任务，在 InfluxDB 中使用连续查询来完成这个目标。InfulxDB 的连续查询是指在数据库中定时自动地启动一系列事先定义好的查询语句，使用连续查询对于在线实时跟踪数据的变化非常有好处。

连续查询的定义由如下语法实现。

```
CREATE CONTINUOUS QUERY <cq_name> ON <database_name>
[RESAMPLE [EVERY <interval>] [FOR <interval>]]
BEGIN SELECT <function>(<stuff>)[,<function>(<stuff>)] INTO
<different_measurement>
FROM <current_measurement> [WHERE <stuff>] GROUP BY time(<interval>)
[,<stuff>]
END
```

这里用一个实例来解释这个语法。比如在当前的数据库 app_perf 中，新建一个连续查询，定义为每 1 分钟取一个 resp_time 字段的平均值、最大值和最小值，数据保存策略使用 default。使用的命令如下。

```
> create continuous query data_1min on app_perf begin select mean
(resp_time),max(resp_time),min(resp_time) into measure_1min from measure_app_1
group by cpu_use,time(1m) end
> show continuous queries
name: _internal
name query
---- -----

name: test_1
name query
```

```
---- -----

name: app_perf
name      query
----      -----
data_1min CREATE CONTINUOUS QUERY data_1min ON app_perf BEGIN SELECT
mean(resp_time), max(resp_time), min(resp_time) INTO app_perf.daily_analysis.
measure_1min FROM app_perf.daily_analysis.measure_app_1 GROUP BY cpu_use,
time(1m) END
```

在上面的例子中，使用 show continuous queries 命令可以看到在当前的数据库 app_perf 中，显示了一个连续查询 data_1min。

如果要删除这个连续查询，则使用 drop continuous queries 来完成。

```
> drop continuous query data_1min on app_perf
> show continuous queries
name: _internal
name query
---- -----

name: test_1
name query
---- -----

name: app_perf
name query
---- -----
>
```

下面是几个高级查询语句，可以让读者对时间序列数据查询有更深入的认识，比如可以查询特定的数据：

```
> select * from measure_app_1 where "cpu_use" = 0.23 and time < now()
name: measure_app_1
time                appname  cpu_use resp_time
----                -------  ------- ---------
1560429254810638288 todolist 0.23    207
>
```

也可以在 measurement 数据的基础上做计算：

```
> select ("resp_time"*0.89)+0.01 from "measure_app_1" where "cpu_use"
= 0.17 an
d time < now()
```

```
name: measure_app_1
time                resp_time
----                ---------
1560429248615238332 173.56
>
```

在实际的 SQL 查询中，如果能够熟练地使用各种常用函数，对于提高查询效率和快速生成计算结果将很有益处。

（1）聚合类函数

Count()函数——返回对应字段中的数值个数。

例如，查询 cpu_use 字段的数值个数：

```
SELECT COUNT(cpu_use) FROM "measure_app_1"
> SELECT COUNT(cpu_use) FROM "measure_app_1"
name: measure_app_1
time count
---- -----
0    10
>
```

Distinct()函数——返回指定字段中的唯一值：

```
SELECT DISTINCT(cpu_use) FROM "measure_app_1"
> SELECT DISTINCT(cpu_use) FROM "measure_app_1"
name: measure_app_1
time distinct
---- --------
0    0.2
0    0.18
0    0.12
0    0.15
0    0.17
0    0.23
0    0.13
0    0.27
0    0.28
>
```

MEAN() 函数——返回指定字段中值的平均值：

```
SELECT MEAN(cpu_use) FROM "measure_app_1"
> SELECT MEAN(cpu_use) FROM "measure_app_1"
name: measure_app_1
time mean
```

```
---- ----
0    0.2
>
```

MEDIAN()函数——返回指定字段中数值的中位数：

```
SELECT MEDIAN(cpu_use) FROM "measure_app_1"
> SELECT MEDIAN(cpu_use) FROM "measure_app_1"
name: measure_app_1
time median
---- ------
0    0.19
>
```

SPREAD()函数——返回指定字段中所有数值里最大值和最小值之间的差值：

```
SELECT SPREAD(cpu_use) FROM "measure_app_1"
> SELECT SPREAD(cpu_use) FROM "measure_app_1"
name: measure_app_1
time spread
---- ------
0    0.16000000000000003
```

SUM()函数——返回指定字段中所有数值之和：

```
SELECT SUM(resp_time) FROM "measure_app_1"
> SELECT SUM(resp_time) FROM "measure_app_1"
name: measure_app_1
time sum
---- ---
0    1972
```

INTEGRAL()函数——返回指定字段的积分值：

```
SELECT INTEGRAL(cpu_use) FROM "measure_app_1"
> SELECT INTEGRAL(cpu_use) FROM "measure_app_1"
name: measure_app_1
time integral
---- --------
0    12.717827457345003
```

（2）选择类函数

TOP()函数——返回指定字段中最大的N个值：

```
SELECT TOP(resp_time,3) FROM "measure_app_1"
> SELECT TOP(resp_time,3) FROM "measure_app_1"
```

```
name: measure_app_1
time                top
----                ---
1560429266356882092 219
1560429271832081590 219
1560429278228903403 219
```

BOTTOM()函数——返回指定字段中最小的N个值：

```
SELECT BOTTOM(resp_time,3) FROM "measure_app_1"
> SELECT BOTTOM(resp_time,3) FROM "measure_app_1"
name: measure_app_1
time                bottom
----                ------
1560429238241408273 179
1560429243395612561 180
1560429260115066029 171
```

FIRST()函数——返回指定字段中最前面的值：

```
SELECT FIRST(cpu_use) FROM "measure_app_1"
> SELECT FIRST(cpu_use) FROM "measure_app_1"
name: measure_app_1
time                first
----                -----
1560429209904019178 0.2
```

LAST()函数——返回指定字段中最新的数值：

```
SELECT LAST(cpu_use) FROM "measure_app_1"
> SELECT LAST(cpu_use) FROM "measure_app_1"
name: measure_app_1
time                last
----                ----
1560429278228903403 0.28
```

MAX()函数——返回指定字段中最大的数值：

```
SELECT MAX(cpu_use) FROM "measure_app_1"
> SELECT MAX(cpu_use) FROM "measure_app_1"
name: measure_app_1
time                max
----                ---
1560429278228903403 0.28
```

MIN()函数——返回指定字段中最小的数值：

```
SELECT MIN(cpu_use) FROM "measure_app_1"
> SELECT MIN(cpu_use) FROM "measure_app_1"
name: measure_app_1
time                min
----                ---
1560429238241408273 0.12
```

PERCENTILE()函数——返回指定字段的所有数值中排位为 N 的数值：

```
SELECT PERCENTILE(cpu_use,80) FROM "measure_app_1"
> SELECT PERCENTILE(cpu_use,80) FROM "measure_app_1"
name: measure_app_1
time                percentile
----                ----------
1560429266356882092 0.27
>
```

（3）变换类函数

DIFFERENCE()函数——返回指定字段中时间戳数值之间的差异情况：

```
SELECT DIFFERENCE(cpu_use) FROM "measure_app_1"
> SELECT DIFFERENCE(cpu_use) FROM "measure_app_1"
name: measure_app_1
time                difference
----                ----------
1560429216318802444 -0.020000000000000018
1560429238241408273 -0.06
1560429243395612561 0.03
1560429248615238332 0.020000000000000018
1560429254810638288 0.06
1560429260115066029 -0.1
1560429266356882092 0.14
1560429271832081590 0
1560429278228903403 0.010000000000000009
>
```

ELAPSED()函数——返回指定字段在连续的时间戳间隔之间的差异情况：

```
SELECT ELAPSED(resp_time) FROM "measure_app_1"
> SELECT ELAPSED(resp_time) FROM "measure_app_1"
name: measure_app_1
time                elapsed
----                -------
1560429216318802444 6414783266
```

```
1560429238241408273 21922605829
1560429243395612561 5154204288
1560429248615238332 5219625771
1560429254810638288 6195399956
1560429260115066029 5304427741
1560429266356882092 6241816063
1560429271832081590 5475199498
1560429278228903403 6396821813
>
```

MOVING_AVERAGE()函数——返回指定字段的移动平均值：

```
SELECT MOVING_AVERAGE(cpu_use,5) FROM "measure_app_1"
> SELECT MOVING_AVERAGE(cpu_use,5) FROM "measure_app_1"
name: measure_app_1
time                moving_average
----                --------------
1560429248615238332 0.164
1560429254810638288 0.17
1560429260115066029 0.16000000000000003
1560429266356882092 0.19000000000000003
1560429271832081590 0.21400000000000005
1560429278228903403 0.23600000000000004
```

STDDEV()函数——返回指定字段中的数值的标准偏差：

```
SELECT STDDEV(cpu_use) FROM "measure_app_1"
> SELECT STDDEV(cpu_use) FROM "measure_app_1"
name: measure_app_1
time stddev
---- ------
0    0.05981452814975455
>
```

综上所述，InfluxDB 使用与标准 SQL 类似的查询和计算语句以及相应的语法来查询时间序列数据，所以读者只要稍加练习就可以掌握相关查询语句的使用方法。

7.4 小结

本章主要介绍了在越来越重视提高用户体验的今天，应用性能监测在产品生命周期管理中的重要作用，同时介绍了相关的概念和定义应用性能监测指标数据的各种方法。应用性能监测涵盖了从客户端的用户行为监测、原生 App 数据监测、Web 移动端浏览器数据监测到中间件数据监测、后端应用服务器业务数据监测和相关代码逻辑监测以及后端数据库数据监测和基础设施数据监测的整个过程。在本章的最后，重点介绍了服务器性能数据监测的收集方法，包括数据摘要形式监测、数据快照形式监测和数据事件捕捉形式监测。在实际的应用数据监测实践中，需要综合各个层次的监测数据，综合运用技术与业务相结合的方法才能更好地分析定位问题，进而做出合理有效的优化和决策。在此基础上，还详细介绍了使用 InfluxDB 来管理应用性能数据的方法，希望读者通过这些内容，对应用性能管理能有更全面的认识和理解。

第 8 章　新的开始——拥抱机器学习与人工智能的明天

8.1　人工智能的新课题——AIOps

人工智能（Artificial Intelligence）和机器学习（Machine Learning）是现今 IT 领域的热点，也是当今学术界最为火爆的 IT 研究课题。无论是单纯的出于追求新技术所带来的满足感，还是真正体会到了基于规则的技术手段对于处理现在越发复杂的业务问题的无力感，亦或仅仅是茶余饭后的谈资，机器学习总是屡屡被 IT 从业人员乃至街头大众谈及和探索。机器学习已经开始慢慢渗透到了社会生产的各个领域，切切实实地影响着大众的生活。如今数字信息化运营遍布各个企业，电子商务已然成为生产生活不可或缺的部分，线上社交受众庞大，内容分享形式愈发丰富，它们背后产生的海量数据亟待分析应用，错综复杂的业务逻辑也急需更高效更智能的优化运维，这为机器学习的发展提供了良好的契机。IT 运维的自动化方法本身就可以看作一套系统级的应用平台，其中系统的部署、运行、维护等环节都会沉淀海量的数据，运维人员逐渐开始思考如何用更高效的手段管理流程或者分析数据，以更好地应对突发问题，人工智能即是答案之一。

8.1.1　AIOps 的诞生

软件工程中的运维工作发展到今天，大致经历了由手工到自动、由人力堆积到工具链整合、由工程需求驱动到专业理论方法指导的过程，清华大学的裴丹教授等人[30]将智能化运维出现之前的运维历史分成了三个阶段：

第一阶段是手工运维。由于早期的 IT 系统规模不大、架构简单，运维人员的大部分工作都围绕着网络配置、软件包管理、产品运行状态和单一性能指标的监控等展开，运维人员仅需手工作业就能满足当时的需要，尚未对其工作技能有更进一步的要求。运维职位本身在产品研发中属于后台支持服务，在当时又被称为网管或者系统管理员。这种劳力累计的工作方式造成单个运维人员的工作量和运维人员的数量随着产品发布次数或者产品服务的用户规模呈线性增长，大部分运维工作都是低效的重复工作，一定程度上也提升了企业的运营成本。在企业规模增加或者技术更新带来产品架构的变化，特别是互联网迅速繁荣壮大之后，系统规模、服务模式向更复杂、更多元化的方向发展，这对运维人员提出了更高的要求，手工作业方式已不能满足现实需求。

第二阶段是自动化运维。系统规模、产品加速迭代等现实要求使得手工运维的方式难以应对，这迫使运维人员逐渐考虑用自动化脚本去替代原本手工执行的重复性工作。这些脚本可以在人工监督下被重复调用或自动触发，去自动化处理产品升级、启停、查看状态等简单任务，并在此基础上更进一步地完成多项有逻辑关系的单一任务的串联操作，以自动化地执行更复杂的步骤，如监控通知、产品构建并测试等。将人工作业替换成机器执行，能很大程度地避免人工误操作，并节约人力成本。原先的运维劳力被腾出来处理其他更复杂的问题或进一步思考如何自动化的问题，这种良性循环促使大量的运维工作被自动化，自动化运维也就应运而生了。自动化运维是将针对行业产品领域的运维经验用机器语言描述出来，让机器基于语言描述出来的一系列规则去处理运维业务。

第三阶段是开发运维一体化。大量的运维工作被自动化后，一些运维的方法手段已经被包装成了脚本，以方便分享出去。分享不仅发生在运维人员之间，还有可能出现在产品研发各环节的其他人员之间，他们仅需要大致了解脚本的功能目的，便可以随时使用，帮助他们自动化地完成测试环境搭建、产品部署等工作。反过来，一些之前需要开发人员自己手工完成的本地工作也被包装在自动化脚本中进入运维阶段完成，这极大地促进了运维和产品研发之间的工作交流，使得研发人员更了解运维流程，运维人员也更加了解产品的功能特性。企业内部的运维和开发人员之间的界限会模糊起来，他们的工作会互相融合。另一方面，运维人员在传播自动化脚本、思考自动化的过程中，一些好的运维流程管理手段、运维实践方法被逐渐理论化，这吸引了更多的软件从业者或科研工作者开始关注和探讨利于软件产品交付、软件部门协作的运维的思想。此外，自动化脚本在不断完善，伴随着运维标准化理论的发展形成了独立的运维工具产品或者解决方案，一些优秀的开源运维工具有着大量的用户，这些工具还在被继续迭代开发和维护。这样，之前单纯的运维人员也会深度参与到产品开发中，本身也成了软件开发者。开发运维 DevOps 的需求就这样出现了，它的核心理念是开发运维一体化。

最近几年，随着基础设施算力的突飞猛进、软件技术的不断革新，各种新兴的软件架构、基础设施、服务方式不断涌现，对 DevOps 运维能力的要求也愈发提高。例如，容器虚拟化技术使得软件产品的构建部署变得更加灵活，以前的运维系统需要扩展功能以支持容器化的产品交付方式；公有云和私有云服务的突起，对企业软件产品或服务的开发流程、部署、扩容等都产生了颠覆性的影响，运维人员需要快速适应云环境的生产方式，并且还要针对不同的云基础设施提供商合理地规划管理产品的生命周期。虽然各种自动化运维工具解决了一部分运维能力不够的问题，但工具本身也需要人工配置、部署和维护，想要毫不费力地解决日益复杂的系统运维问题也是很难的。最简单直接的增强运维能力的方法是进一步招聘更多运维人员，但带来的开支增加是一些企业所不愿意的。

另一方面，自动化运维发展到今天，已经具有一套比较完善的方法论和相对完整的工具链。无论是流行的 Jenkins 等开源工具，还是 Travis CI 等商用自动化运维产品，都将使用过程中产生的业务数据持久化存储在第三方数据库，并且具有性能系统追踪、日志归档等功能，这些数据是大数据时代宝贵的原始物料，为事后运维开发过程的回溯分析提供了可能。此外，产品某些线上数据甚至能反映产品交付后的运行和流量状态，对产品的运营和市场方向把控具有很好的指导作用。开发运维人员设计的运维系统决定了获取和存储哪些数据，他们掌握着有关数据的一手资料。开发运维人员对于产品的运营和市场也能产生极大的影响，产品的运维和运营在 DevOps 中得到了融合。有些企业也因此对开发运维人员提出了新要求，希望他们设计运维系统时不仅要考虑解决运维的问题，还要考虑采集哪些维度的线上数据，以及用什么方法分析处理这些数据以对产品或服务的运营起到积极的促进作用。运维工作就此延伸到了运营范畴，基于规则的自动化处理也就此延伸到了大数据应用领域。

2012 年，Forrester 市场调研公司就提出了早期的 IT 运维和分析（IT Operation Analytics，ITOA）的概念：“IT 分析工具帮助 IT 部门更好地管理他们运营业务的技术”“这实际是将内部的大数据转变为驱动业务技术服务或者内在基础设施应用发展的更好的决策力”[31]。Gartner 的市场调研报告也指出，相比于 2013 年的 2%，到 2020 年，25%的 2000 强跨国公司会应用 ITOA 的运维方法[32]。这些数字说明市场相信 ITOA 将会在云计算时代大有作为，大量原始数据和计算机算法的结合为企业的智能管理提供了可能性。运维数据反映了产品或服务的环境变化和活动状态，企业希望从中挖掘出更深层次的见解，提高业务可靠性并节约成本。利用 ITOA 将不同维度、不同来源的数据流关联在一起，可以最大限度地保证产品系统的性能、可用性、安全性及灵活性，做到真正的数据驱动数字化运营。

然而，将所有数据存储在一起还不够，系统产生的各种遥感或监控数据需要业务领域专家的解释和翻译，才能揭露其数字背后的含义，这是企业应用 ITOA 时需要面临的一个挑战。比如，许多企业部署了第三方工具监控和分析遥感数据，现有的 ITOA 系统在报警策略的制定上更多地依赖于运维人员的直觉，这使得监控服务在触发报警的规则定义上缺乏标准、没有灵活性，经常发生误报或高频次的低重要性报警，一些企业的运营费用被浪费在了重复处理这些错误报警上。这说明仅仅有 ITOA 系统并不能一劳永逸，必须还有经验丰富的既懂业务又懂运营的专家，才能保证 ITOA 的准确高效性。事实上，企业想要留住或者在人才市场重新找寻这些专家非常不易。麦肯锡咨询公司的一份调查指出，35%的企业高管相信 IT 运维专家和持续的运维能力能引导好的 IT 表现，而 2/3 的企业高管同意想找到、培养或者留住有经验的 IT 运维人才是个非常大的挑战。ITOA 虽然能提供有一定远见的见解，但还基本无法脱离人的经验和认知而直接将见解转变为行动。在 IT 事故发生的过程中，ITOA 发挥的作用更类似“事后诸葛”，而非“未卜先知”。

人工智能实际就是解决有关“未卜先知”的问题，它作为大数据应用的一种手段，最近几年火爆至极。开发运维人员本身作为 IT 从业者，自然会考虑到借助人工智能的方法，通过对历史运维数据的分析学习，在深度集成开发运维工具链的基础上进一步减少其中人工干预的操作，推进运维系统向智能化方向发展，以迅速应对外界软硬件系统环境的变化，提高生产效率。事实上，有关人工智能运用于开发运维领域的讨论探索和实践已悄然开始。2014 年，Gartner 的分析师就指出，在 ITOA 中，网络管理人员只有实际请求或者流量发生后才能分析网络情况，但企业更期望的是实时分析网络数据，诊断网络故障并予以自动化修复，他同时提出了 Algorithmic IT Operations（AIOps）的概念。结合机器学习与自动化手段对遥感数据进行分析，就能获取更深层次的洞察力，前瞻性地回应系统可能发生的事件，而非都依赖人工的经验。以前需要有不少运维人员守在监控报表前，随时快速处理已经发生的系统报警；使用机器学习的方法后，机器完全可以自动处理报警，并有可能根据事实分析及时发现即将可能发生的故障，实现从报警到预警的转变。

AIOps 现今更多地被认为是 Artificial Intelligence for IT Operations 的缩写，说明人工智能应用在运维运营工作中是人们的默认和期许。运维运营主动适应当前 IT 生产环境变化的意愿、企业降低运维人员行业领域经验门槛的紧迫感和机器学习技术的飞速发展共同促进了 AIOps 的诞生。AIOps 实际上融合了运维场景知识、行业领域经验和机器学习三个方面，如图 8-1 所示。

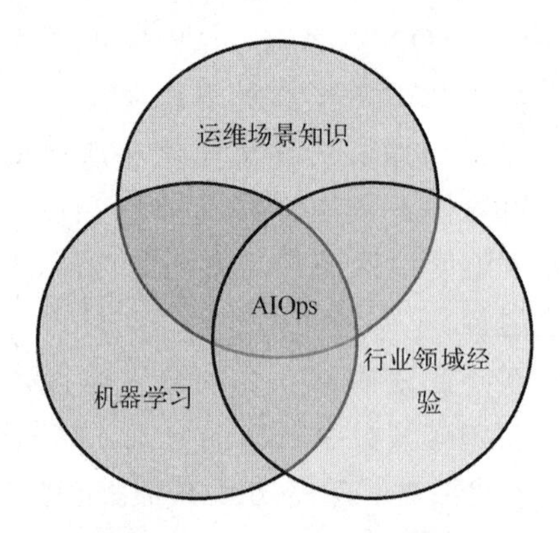

图 8-1 AIOps 涉及的范围

8.1.2 AIOps 的现状

AIOps 利用机器学习和大数据方法，以自动化决策的方式完成 IT 运维或者运营的任务。以往需要大量人工治理的工作现在可以由 AIOps 自动化完成。机器学习并不是伴随着 AIOps 而生的，它最近几年已经开始在各个业务领域得到应用，而 IT 运维也已经在 AIOps 之前存在了很久，脱开二者或其中之一来谈 AIOps 是没有意义的。AIOps 的创新在于结合了机器学习和传统的开发运维，赋予了机器理解运维思想、优化运维效率的能力。IT 运维领域是机器学习发挥效用的一个新话题。

当下，人们认为 AIOps 的主要应用还是集中在更好地支持 IT 运维中的监控环节，通过学习遥感数据来总结基础设施、应用等数字化运维的经验，对系统监控和预警提出更进一步的指导，以达到减少故障出现的频次、缩短故障处理所需平均时间的目的。此外，AIOps 直接带来了数据消化处理能力的提高，自动化开发运维在以往大多仅仅产生和跟踪日志文本，现在 AIOps 会对更多维度的度量及互联数据进行沉淀和分析。总的来说，AIOps 极大地改变并且丰富了传统的开发运维和产品运营两方面的内容：AIOps 与 DevOps 中的持续集成持续交付（CI/CD）环节融合，可在 CI/CD Pipeline 执行过程中提前发现产品部署时可能发生的功能或安全问题；AIOps 增强了产品运营中的事件关联处理的能力，延展了运营关注的范围。2018 年 1 月，Gartner 指出其客户对于运营中的实时报表分析能力表现出极大的兴趣，他们希望能对客户的满意度、订单情况和商业总体运营健康度进行实时监控和分析，这其实就是 AIOps 的范畴。

AIOps 已被越来越多的企业认可。Gartner 在 2017 年发布的报告中称："到 2019 年，将有 25%的全球化大企业即将策略性地部署 AIOps 平台，以支持两个及以上的主要 IT 运维功能。" 此外，TechValidate 最近的研究表明，97%的 IT 企业认可 AIOps 提供可执行的见解，能切实帮助企业自动化和全面地增强 IT 运营能力。尽管在 AIOps 全面开花之前还有一段路程需要走，但当前，一些巨无霸互联网企业已经开始尝试采用 AIOps 的手段优化自己的运维能力。例如，百度机房故障自愈项目，即某个业务由于网络、设备、程序漏洞等原因造成故障，且故障范围局限在单个机房或单个域内部时，百度将采用基于流量调度等的手段，将访问流量调度到非故障机房或域，实现该类型故障的自动止损。

这些企业作为 AIOps 的先行者，有这样一些特点：一是资金技术实力雄厚，允许对 AIOps 建设进行额外投入；二是它们以往的运维团队已经很好地整合了各种工具链，搭建了完善的运维平台，采集到了多元化的数据，为 AIOps 奠定了基础；三是它们确实有现实需要，线上服务众多并且系统异常烦杂，原始的开发运维方式不能满足现今的需求。阻碍大部分企业实施 AIOps 的主要原因还是它们不确信 AIOps 能带来的实际价值，同时它们对自己采集到足够量的可靠数据缺乏信心。这些互联网企业先行者的 AIOps 实践将会逐渐打消人们对于 AIOps 实际价值的疑虑，并且一些成功案例能够给其他企业提供思路，从而降低研发成本，这样会促使越来越多的企业应用 AIOps。2018 年一项调查报告的结果显示，97.2%的企业主管正在对构建大数据和人工智能的服务或者应用投资。运维作为大数据应用的一个很好的课题，相信不会被现今人工智能的追随者们遗忘。

8.2 AIOps 的应用场景和典型案例

AIOps 从诞生至今一直朝着两个大的方向发展，它不仅解决了数据消化处理的问题，更重要的是将基于数据的分析转化为最终决策行动力。AIOps 运维流程从数据采集到最终实现智能决策大致要经历四个阶段，包括传统运维平台的数据采集、数据聚合、数据分析和智能决策阶段，如图 8-2 所示。运维监控系统主要处理数据的采集、聚合以及简单的分析任务，而 AIOps 着重利用人工智能机器学习的手段进行高级数据分析以及最终做出智能决策。

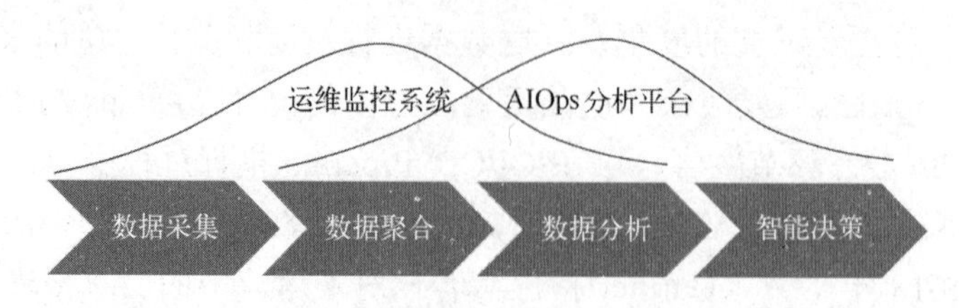

图 8-2　AIOps 中的四个阶段

数据采集是 AIOps 的基石。运维数据来源于开发运维流程管理各环节的工具链以及对它们的整合，深度集成开发运维工具链是设计良好 AIOps 解决方案的开端。数据采集需要始终紧密结合 AIOps 的设计目标，清楚了解记录哪些特征数据有可能帮助分析智能决策，综合考虑用户流量、隐私、服务器压力等多个因素，尽可能地降低无效数据的采集，增加有价值信息的上报。

数据聚合为智能分析提供了有利条件。运维的数据是多样化的，包括了各种不同来源、不同格式的数据，如历史日志、网络互联数据、文本、在线互联数据、业务系统运营指标、社交数据等。数据聚合就是将这些不同的原始数据以结构化或近结构化的形式存放同一数据平台上，并把某些维度的数据利用 ETL 进行初步的过滤、转换和关联，方便后续步骤随时调用和分析。根据业务经验从这些海量的数据中提取出真正有价值的度量信息，大大方便进一步的分析决策。

数据分析是智能决策的前提。数据一旦被采集并且经过初步处理，就能用于统计分析，统计人员将从不同形式数据中发现出某些规律，描画出数据背后的见解。

智能决策是 AIOps 的最终目标。运用机器学习的方法使系统自动地应对从数据中提取出来的信息，将数据洞察力转换为行动力，做出最终的决策，智能化地解决运维运营中的复杂问题。

AIOps 的智能决策力求解决有关产品生产的质量保障、成本管理、效率提升三方面问题，它们主要包括以下几个具体方面。

1）提升产品质量：包括异常检测、事故预测、根因分析、舆情监控。

2）节省研发投入：包括性能自动调优、成本分析、生产环境容量管理、资源优化。

3）提升开发或运营效率：包括简化存储与管理企业 IT 架构中设备的各种配置信息（CMDB）、产品交付规划编排、智能变更、问答机器人。

终极目标是综合以上解决问题的方案，实现流程化的、免干扰的人工智能运维能力，如故障自愈等。AIOps 的整个流程处理以及功能框架如图 8-3 所示。

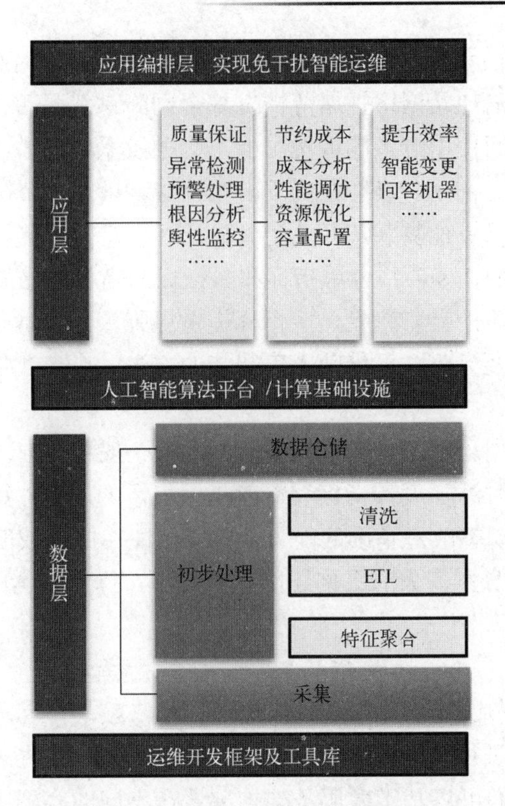

图 8-3 AIOps 流程及功能框架图

AIOps 的具体应用案例主要有以下几个。

1. 动态抓取系统异常

异常是指在正常外界条件下发生的偏离正常范围的数据奇异点或者事件，根据异常检测去定位系统实际问题并理解应用服务的健康趋势是 AIOps 的一个关键用例。利用监督或半监督的机器学习可以基于有标注的特征数据，按照预先定义的模型，对正在发生的事件进行分类，过滤出异常事件，并通过邮件或电子流向相关人员发出预警通知。在这个过程中，运维人员需要参与添加标注，生成各种特征数据，然后进行学习和分类。

虽然理解异常的概念很简单，但是难点在于当前的软件生产使用过程中没有统一的规范定义到底什么是正常的操作行为，如在给定环境中的网络拥堵、内存和存储空间的消耗会在一天内大幅波动，这种波动看起来是随机性的，系统活跃用户数量和应用实例启动数也同样如此。因此，有效的异常检测需要足够智能以应对这种看似随机的波动，动态地调整甄别异常基准。动态的基准不是固定不变的数字，它会根据输入条件发生相应变化，例如，系统响应时间一天的平均值是 5 毫秒，不能将所有超过 5 毫秒，甚至 10 毫秒的情况都认为是响应时间异常，而需要结合当时的用户数量、并发量、带宽抖动等综合判断，那么可以预见，响应时间的异常判定基准应随着一天的不同时刻呈曲线变化。

此外，异常检测分为单一的指标度量和多指标度量。例如，使用单指标度量标准会在存储使用超过预先设定的总容量的80%时触发系统损耗预警，相对的，良好的AIOps会同时衡量存储用量、内存消耗及网络拥堵等情况综合判断系统是否已经发生异常。在这样的情形下，单一的存储空间使用过多的情况可能不会触发系统预警，但如果正好内存消耗量也很大、网络拥堵严重，AIOps或许就会发出预警。这只是一个简单的多维度度量系统异常的例子，现实中的情况更加复杂，可以使用神经网络建模计算各个维度的数据对最终系统的影响，用于决策。AIOps会结合单指标和多指标的衡量方法来提供最佳的异常检测结果，单指标度量用于基本的异常判定，多指标提供更强大的自动化和决策能力。AIOps另一优势是隐藏了算法的复杂性，可借助人工智能的方法，基于准备分析的数据自动帮助挑选合适的统计运算方法。

AIOps异常检测模型还应该具有扩展性。扩展性一般包含三方面的能力：第一，在现有检测模型基础上，随时添加度量指标和修改指标权重的能力；第二，添加分析数据源的能力；第三，支持持续动态改进基准的能力。这能保证在产品或服务本身的架构变得更为精妙和复杂时，模型本身不需大的重构还能继续使用，提升了AIOps的灵活性。

2. 事件归因分类

当今的IT系统越来越复杂，各个组件之间相互依赖，一旦发生故障，需要花费很长时间对关联的不同组件进行调研，查找原因。例如，一个一般的web应用包含了前端、数据库和中间服务层，它们可以基于微服务架构部署在不同的容器中，如果运维人员发现了web服务器响应变慢的事件，调试跟踪诱因的过程会非常麻烦。这类响应问题可能由网络带宽瓶颈造成，也可能由硬盘故障导致，还有可能被数据库的错误配置触发。如果运维系统建立了基于数据的分析归类的自动化方法，将会大大提高寻找根因的效率。机器学习的分类方法是一种对离散型随机变量建模或预测的监督学习算法，非常适用于根据IT运维过程中发生事件的表象推断内里原因。AIOps 可以按照预先训练好的模型提取事件的特征，经过计算归类到不同的事件场景中，便于运维人员理解与处理。

这种探索因果关系的分类方法是否有效、准确，很大程度上取决于所采集的数据类型。需要清楚归因类别，从而选择正确的数据采集并对其归一化。此外，采集存储跟正在分析的问题没有直接联系的上下文数据（Contextual Data）也很重要，上下文数据包括了类似的问题在过去发生的频次和当时的诱因、其他系统中同样的问题及归因等。这些数据能很好地帮助算法定义问题的范围和严重程度。

有时，事件的归因可能不止一个，运维中同样如此。再回到刚才的例子，web服务器响应变慢可能是由带宽限制和硬盘I/O问题共同造成的。那么，归因分析方案需要能同时发现多个诱因，逐一修复才能最终解决问题。导致事件的原因还有可能是多层的，不合适的负载均衡会使系统变慢，然而负载均衡问题本身可能又是由内存不够所导致的，因此，仅仅解决负载均衡的问题，并不能修复故障。利用机器学习建立知识图谱的方法能避免这种仅发现中间原因而忽略根本原因的情况发生。

运维事件归因分类问题的示意图如图8-4所示。

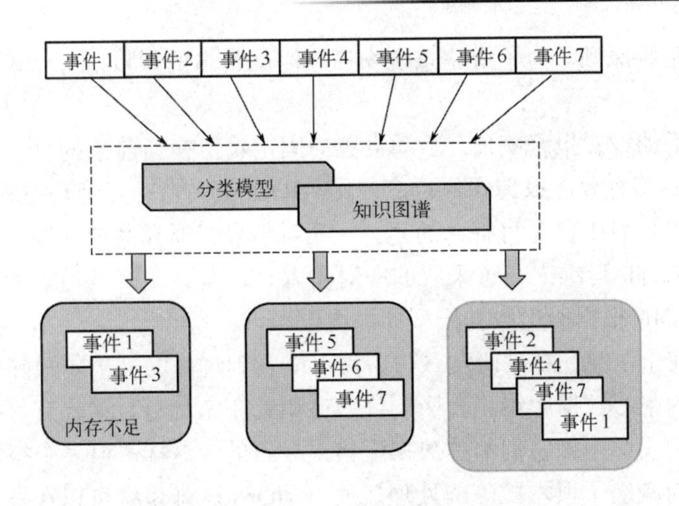

图 8-4　事件归因分类

3. 趋势分析和资源优化

为产品正常运行提供容量正好的基础设施是 IT 运维工作的一项挑战。如果容量预留过多，会造成资源浪费；反之，则容易引发现网络故障。假如能对产品所需容量进行预估，在大的并发量即将来临时扩容，而在系统服务流量减少时相应地回收负载节点和带宽，将能大大节约企业的运营成本。这种根据预估动态调整基础设施容量的能力也是 IT 运维的一个新课题，很多企业都在追求这种能力。

传统的基于业务的运维人员的容量预测手段不是很有效，而不准确的容量预估使得缩容扩容时机都不够及时准确，浪费了大量的物资，造成了系统服务的不稳定性。实际上，开发运维系统很容易积累有关服务流量的历史数据，AIOps 利用这些数据外加一些关联数据进行一定的建模分析，便能准确地预估一天的流量高峰、低谷以及平稳期等，并有可能根据预测自动地调整基础设施容量。

此外，AIOps 采取类似的趋势分析手段可以优化应用的性能。基于历史数据的分析预测可以帮助 IT 运维团队决定应用或服务在当前情况下如何动态调整配置，以达到最佳的性能。性能的调优一直是运维的难点，如果性能优化得当，则会减少实际的运算量，以最小的计算资源获得较大的服务器性能。AIOps 通过对历史的配置选项属性和性能表现数据建模学习，会根据当前应用的实际情况进行智能的系统配置调整，力求达到应用的最优性能。

4. 消除系统噪声，发出准确预警

虽然 AIOps 相较于运维人员手工操作或基于规则的自动化处理，对系统基础设施、应用、服务都有更强大和更敏捷的管控能力，但同时它也带来了一些负面影响，最明显的就是信息超载。显著的例子是如果 AIOps 没有恰当的过滤功能，就会产生大量的预警通知，长此以往，IT 运维人员就会对报警邮件产生疲劳感而逐渐忽略它，这违背了 AIOps 带来

的准确、智能的运维原则。为了避免系统噪声和因此带来的误报，可以采取以下实践，如图 8-5 所示。

第一，避免手动设置报警阈值。手动设置的固定阈值在当前架构复杂并且动态变化的软件运行环境下不够有效。报警阈值也应使用 AIOps 工具自动化地动态调整。

第二，在预警信息中包含可行动的建议。相对于仅仅通知某个问题事件的发生，报警信息如果同时告知 IT 运维人员可采取的应对步骤，那么会变得有趣且更有价值。每个应对建议都需要 AIOps 根据历史数据模型计算得出。

第三，避免冗余信息。产品研发参与人员可能收到过由同一根本故障触发的很多警报邮件。一个单一的中心数据库错误会影响许多应用的正常运行，这就有可能触发一封又一封的报警邮件，但实际上，它们都是数据库错误导致的。这样，很多个报警就分散了运维团队的注意力，而减缓了根本故障的处理速度。AIOps 运维系统可以在发送警报前，再进行智能过滤分析，可以使用聚类的方法将所有问题归类，同样根因的问题仅触发一次报警，这样能帮助 IT 运维人员更快地解决问题。

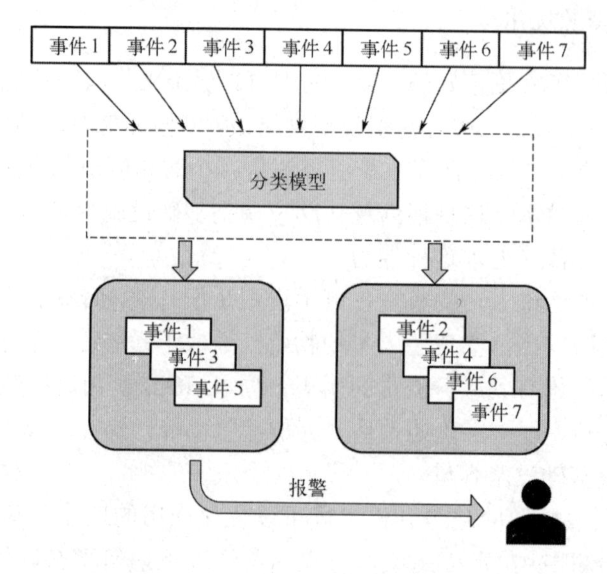

图 8-5　AIOps 消除噪声、准确报警

5. 故障自愈

AIOps 不仅会快速准确地定位问题，而且希望能自动化地选择策略，迅速解决问题，这也是 AIOps 的终极目标。AIOps 在智能分析阶段会检测出现的异常现象并对其加以分析，对潜在的故障进行诊断和预测，智能执行阶段会根据分析的结果实现故障自我修复。

传统的故障修复决策主要靠研发人员积累的经验，每个人的经验都是有限的，而且人工无法保证 7×24 小时随时可以监控系统处理问题。AIOps 提供的完善的自动化平台，可在故障智能分析之后，自动决策，实现自愈。常见的场景有系统在版本在升级后检测到故障，继而自动回退，以 CDN 对请求的目标节点实现轮换尝试和自动调度等。

故障自愈是基于故障诊断中的问题定位和根因分析，进而进行智能化评估，决定“解决故障”或“恢复系统”的过程。该评估会对故障之后所产生的影响范围输出评估结果，并根据这个评估来决定要采用什么解决手段，以及选择时机执行解决手段。

总的来说，AIOps主要解决了两大类问题：第一，时效类问题。运维的本质是提供稳定可靠的服务，而达成这个目标的关键是足够好的时效。时效类的场景还有很多，例如更短的MTTR（平均故障恢复时间），特别是在服务规模很大的情况下监控数据采集、存储、分析，问题的跟踪、定位、恢复的执行规划等。如果再加上海量数据和状态频繁变化，AIOps时效会远高于有经验的人和自动化工具。此外，人类有“工作时间”和“工作状态”的限制，自动化依然离不开人的决策，但智能化可以自主决策；第二，协作类问题。人类的生产离不开协作。尽管有了自动化运维平台或工具链，运维的很多场景依然需要许多人工协作。一个经典的例子，产品使用者或测试人员发现了问题，提交工单给IT服务台，IT服务台根据经验初步判断可能与哪些系统相关，再通知相关团队，相关团队判断是否是自己的问题，如果是自己的问题则考虑修复方案，然后修复，再反馈给IT服务台，通知问题发现者。在AIOps的帮助下，这个流程会被完全革新，不需要各个角色的参与，AIOps会实时检测线上异常，再对异常进行根因分析，接着提出修复建议或者直接自动修复。

8.3 AIOps的未来展望

虽然已经有越来越多的企业开始尝试采用AIOps解决方案，但AIOps实际上还处于持续的演化和快速发展阶段。人们时常会思考，AIOps未来会发展成什么样？还有哪些新问题亟待AIOps解决呢？我们猜想，未来几年AIOps可能出现如下的发展趋势。

持续支持新的环境。如上所述，如今，运维平台需要支持多种不同的基础设施和软件环境，如物流网设备、容器、serverless平台等。新的软件技术在不断涌现，可以预想，未来还会有更多、更灵活的软件架构和软件部署方式。IT运维团队需要持续不断地对这些出现的架构和部署方式进行支持。虽然确切的新技术发展方向以及由此带来的软件架构的变化还没有定论，但可以确定的是，AIOps一定会在管理配置不同基础设施和架构的工作中扮演关键角色，发挥重要作用。

获得基于知识图谱的认知能力。上文介绍过知识图谱在复杂的根因分析中的重要作用，一些AIOps解决方案对构建知识图谱提高运维过程的认知能力已经有了一定的实践经验，可以预见，AIOps应用知识图谱应对量级更大、更为复杂的数据集时，能够更清晰准确地洞察数据背后的规律。

应用遗传算法。遗传算法在AIOps中的使用需求会增强，遗传算法利用原始数据集不断进行自我迭代训练学习，在这个过程中还会有新的数据被源源不断地加入，模型会随着时间推移变得更加精准。遗传算法赋予了AIOps平台持续改进的能力，它不仅进一步减少了对IT运维人员运维经验的依赖，还能通过自我训练，使AIOps变得更快、更精准、更高效。

附录 A 公有云提供商的相关服务列表

下面是全球最大的四个云服务提供商的服务列表，包括阿里云、亚马逊云、Azure 云和 Google 云。

附录 A-1 使用阿里云实现敏捷运维管理的相关服务

访问链接 https://cn.aliyun.com/product/list，单击“产品”按钮，再单击“开发与运维”按钮，能看到下面的产品列表。总的来讲，该列表已经覆盖了运维的方方面面，比较全面，如图 A-1 所示。

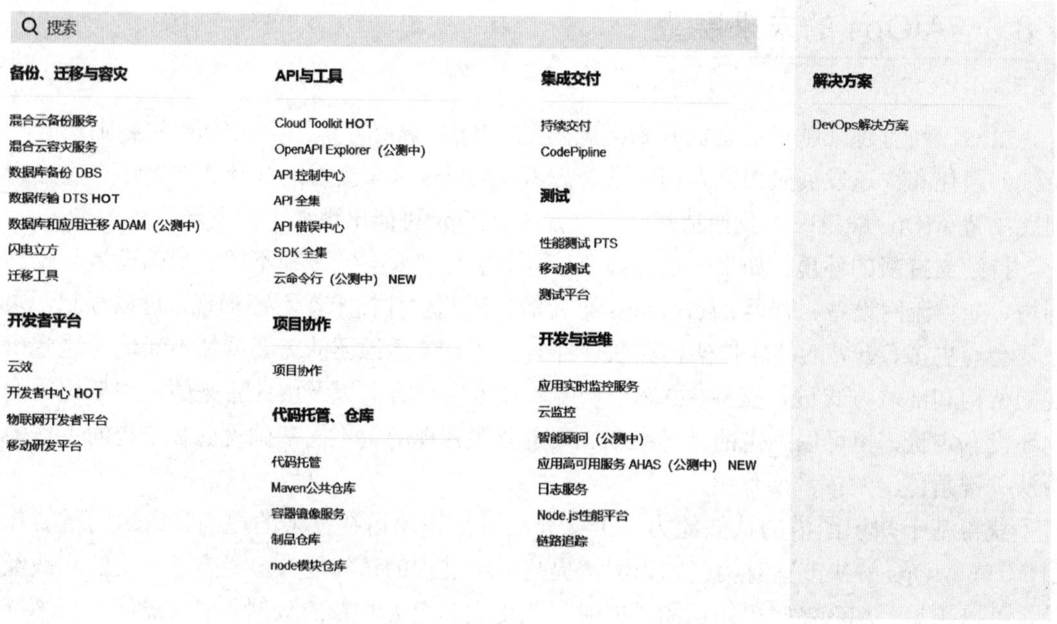

搜索

备份、迁移与容灾
混合云备份服务
混合云容灾服务
数据库备份 DBS
数据传输 DTS HOT
数据库和应用迁移 ADAM（公测中）
闪电立方
迁移工具

开发者平台
云效
开发者中心 HOT
物联网开发者平台
移动研发平台

API与工具
Cloud Toolkit HOT
OpenAPI Explorer（公测中）
API 控制中心
API 全集
API 错误中心
SDK 全集
云命令行（公测中） NEW

项目协作
项目协作

代码托管、仓库
代码托管
Maven公共仓库
容器镜像服务
制品仓库
node模块仓库

集成交付
持续交付
CodePipline

测试
性能测试 PTS
移动测试
测试平台

开发与运维
应用实时监控服务
云监控
智能顾问（公测中）
应用高可用服务 AHAS（公测中） NEW
日志服务
Node.js性能平台
链路追踪

解决方案
DevOps解决方案

图 A-1 阿里云运维相关产品目录

这里只截取与本书密切相关的一部分服务并列出产品链接，具体的介绍和使用教程，可以参见产品的帮助说明。

（1）阿里云项目协作

参见 https://cn.aliyun.com/product/yunxiao-project。

（2）阿里云代码托管服务

参见 https://promotion.aliyun.com/ntms/act/code.html。

（3）阿里云容器镜像仓库

参见 https://cn.aliyun.com/product/acr。

（4）阿里云测试平台

参见 https://cn.aliyun.com/product/yunxiao-testing。

（5）阿里云性能测试

参见 https://cn.aliyun.com/product/pts。

（6）阿里云持续交付服务

参见 https://cn.aliyun.com/product/yunxiao-cd。

（7）阿里云应用实时监控服务

参见 https://cn.aliyun.com/product/arms。

（8）阿里云监控

参见 https://cn.aliyun.com/product/jiankong。

（9）阿里云日志服务

参见 https://cn.aliyun.com/product/sls。

（10）阿里云容器服务

参见 https://cn.aliyun.com/product/containerservice。

（11）阿里云 Kubernetes 集群服务

参见 https://cn.aliyun.com/product/kubernetes。

附录 A-2 使用亚马逊云实现敏捷运维管理的相关服务

对于亚马逊提供的服务，可以访问链接 https://aws.amazon.com/cn/eks/? nc2=h_m1，然后选择“产品”标签，在从具体的分类中选择需要的产品，如图 A-2 所示。

亚马逊运维相关的服务没有单独的门类，而是分布在其他门类之下，筛选后总结如下。

（1）亚马逊代码托管服务

参见 https://aws.amazon.com/cn/codecommit/?nc2=h_m1。

（2）亚马逊构建与测试工具

该服务支持持续集成与测试。参见 https://www.amazonaws.cn/codebuild/?nc2=h_l3_dm。

（3）亚马逊自动部署服务

参见 https://www.amazonaws.cn/codedeploy/?nc2=h_l3_dm。

（4）亚马逊持续交付服务

参见 https://aws.amazon.com/cn/codepipeline/?nc2=h_m1。

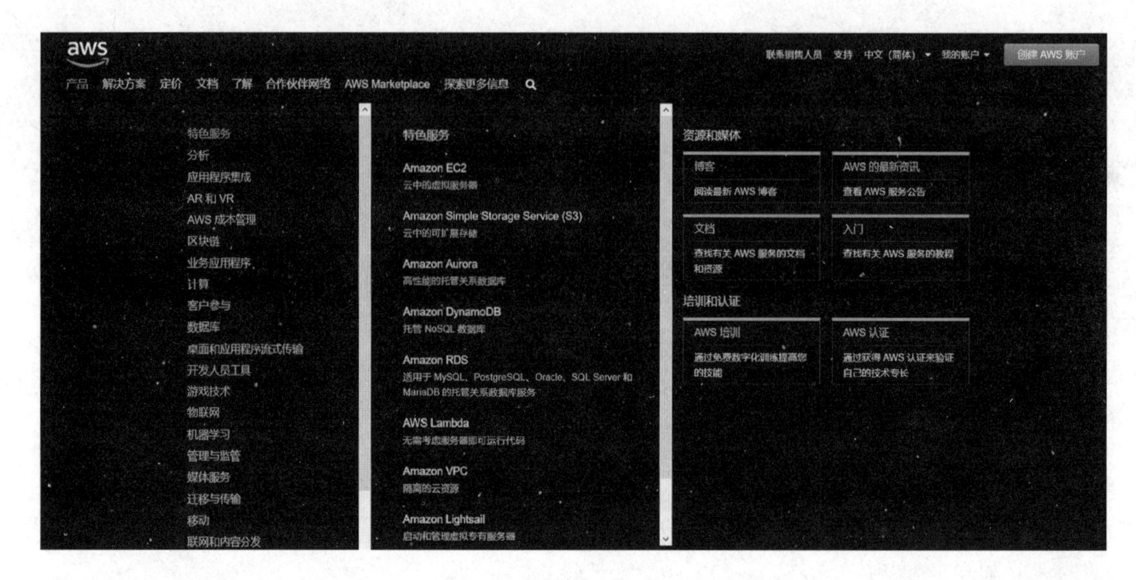

图 A-2　亚马逊产品目录

（5）亚马逊资源监控

参见 https://aws.amazon.com/cn/cloudwatch/?nc2=h_m1。

（6）亚马逊跟踪用户行为与 API 使用情况的服务

参见 https://aws.amazon.com/cn/cloudtrail/?nc2=h_m1。

（7）亚马逊容器仓库托管服务

参见 https://aws.amazon.com/cn/ecr/?nc2=h_m1。

（8）亚马逊容器服务

参见 https://aws.amazon.com/cn/ecs/?nc2=h_m1。

（9）亚马逊 Kubernetes 服务

参见 https://aws.amazon.com/cn/eks/?nc2=h_m1。

（10）亚马逊 API 网关服务

参见 https://www.amazonaws.cn/api-gateway/?nc2=h_l3_n。

附录 A-3　使用 Azure 实现敏捷运维管理的相关服务

产品目录可以访问 https://www.azure.cn/zh-cn/，选择“产品”标签，如图 A-3 所示。

（1）Azure 云容器仓库

参见 https://www.azure.cn/home/features/container-registry/。

（2）Azure 容器服务

参见 https://www.azure.cn/home/features/service-fabric/。

（3）Azure 网络观察程序

参见 https://www.azure.cn/home/features/network-watcher/。

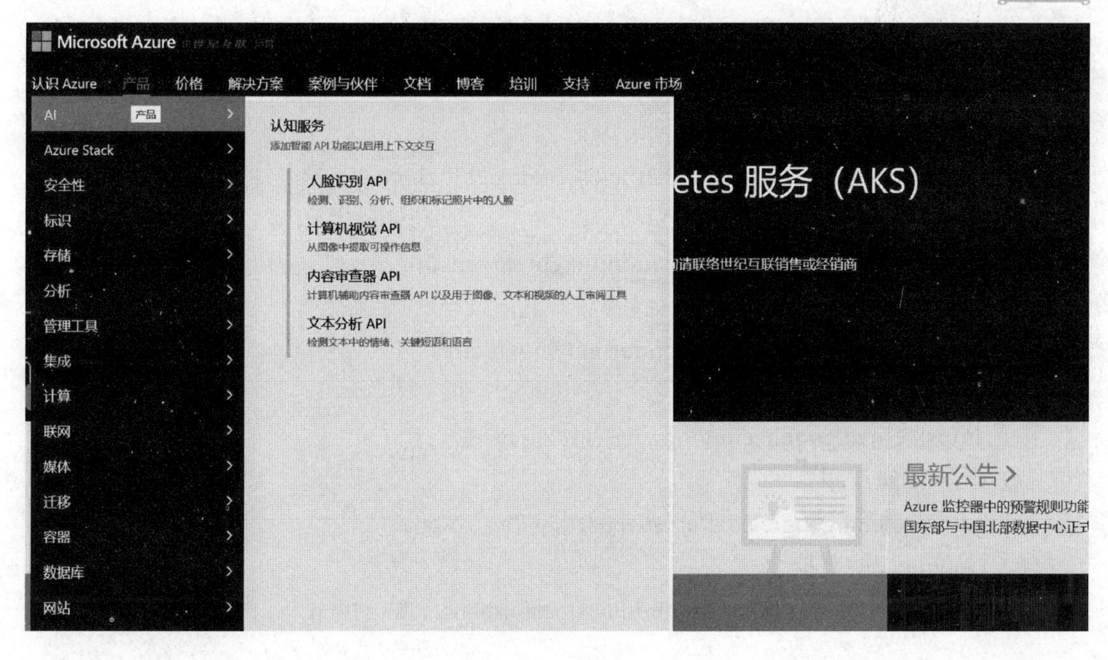

图 A-3 Azure 云服务产品目录

（4）Azure 云规模的批处理

参见 https://www.azure.cn/zh-cn/home/features/batch/。

附录 A-4 使用 Google 云实现敏捷运维管理的相关服务

访问 https://cloud.google.com/?hl=zh-cn，选择“产品”标签，如图 A-4 所示。

（1）Google 代码仓库

参见 https://cloud.google.com/source-repositories/?hl=zh-cn。

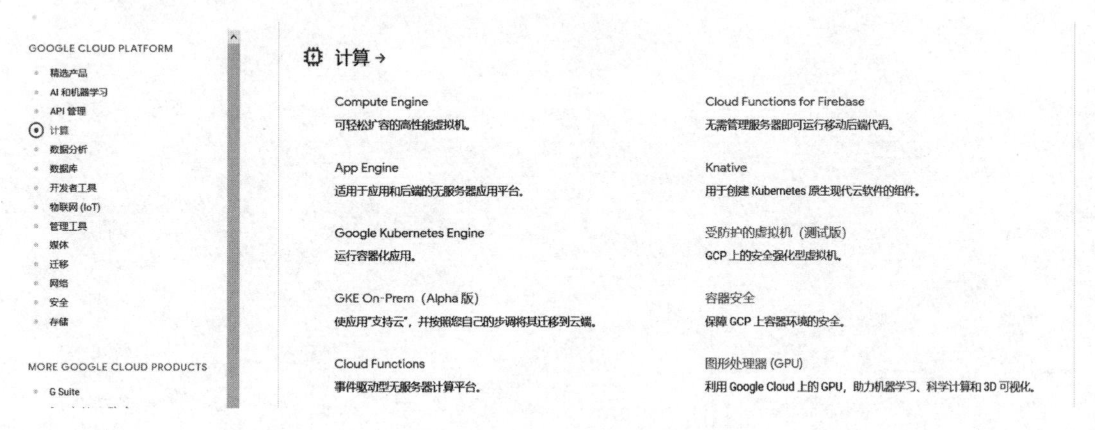

图 A-4 Google 云服务产品目录

（2）Google 容器镜像仓库

参见 https://cloud.google.com/container-registry/?hl=zh-cn。

（3）Google Kubernetes 集群

参见 https://cloud.google.com/kubernetes-engine/?hl=zh-cn。

（4）Google 持续构建工具

参见 https://cloud.google.com/cloud-build/?hl=zh-cn。

（5）Google 监控工具

参见 https://cloud.google.com/monitoring/?hl=zh-cn。

（6）Google 日志管理

参见 https://cloud.google.com/logging/?hl=zh-cn。

（7）Google 错误报告

参见 https://cloud.google.com/error-reporting/?hl=zh-cn。

（8）Google 性能监控

参见 https://firebase.google.com/products/performance/?hl=zh-cn。

附录 B 云服务测评指标体系（CMI）

指标体系介绍来自Cloud Service Measurement Index Consortium（CSMIC）发布的Cloud Measurement Index（CMI）指标体系，完整详情请参阅其官方网站。

云服务测评指标体系分为以下几个部分。

1. 责任指标（Accountability）

这个指标类别包括了用来测评云服务供应商组织本身相关的特性。分为如下几个指标。

1）可审计性指标（Auditability）。

2）规范遵从性指标（Compliance）。

3）合同缔约经验性指标（Contracting Experience）。

4）商业便利性（Ease of Doing Business）。

5）治理指标（Governance）。

6）客户所有权指标（Ownership）。

7）供应商业务稳定性指标（Provider Business Stability）。

2. 敏捷性指标（Agility）

这个指标类别包括了云服务对客户快速改变其战略以及策略的影响能力。分为如下几个指标。

1）适应性指标（Adaptability）。

2）弹性指标（Elasticity）。

3）扩展性指标（Extensibility）。

4）灵活性指标（Flexibility）。

5）可移植性指标（Portability）。

6）可伸缩性指标（Scalability）。

3. 保证性指标（Assurance）

这个指标类别包括了云服务在多大程度可以保证其承诺的可用服务关键特性。分为如下几个指标。

1）可用性指标（Availability）。

2）可维护性指标（Maintainability）。

3）可恢复性指标（Recoverability）。

4）可靠性指标（Reliability）。

5）弹性/容错性指标（Resiliency/Fault Tolerance）。

6）服务稳定性指标（Service Stability）。

7）可服务性指标（Serviceability）。

4．财务性指标（Financial）

这个指标类别表示客户为服务做出的支付。分为如下几个指标。

1）计费流程（Billing Process）。

2）费用（Cost）。

3）财务灵活性（Financial Agility）。

4）财务结构（Financial Structure）。

5．性能指标（Performance）

这个指标类别包括了云服务提供的功能和特性。分为如下几个指标。

1）准确性指标（Accuracy）。

2）功能性指标（Functionality）。

3）适宜性指标（Suitability）。

4）互操作性指标（Interoperability）。

5）服务响应时间指标（Service Response Time）。

6．安全性和隐私指标（Security & Privacy）

这个指标类别包括了云服务运营商在服务访问、服务数据等多个方面的控制有效性测评。分为如下几个指标。

1）访问控制和权限管理指标（Access Control & Privilege Management）。

2）数据完整性指标（Data Integrity）。

3）数据隐私和数据丢失指标（Data Privacy & Data Loss）。

4）物理环境安全指标（Physical & Environmental Security）。

5）安全管理指标（Security Management）。

7．可用性指标（Usability）

这个指标类别表示一个服务使用的容易程度。分为如下几个指标。

1）可访问性指标（Accessibility）。

2）客户用户需求指标（Client Personnel Requirements）。

3）可学习性指标（Learnability）。

4）可操作性指标（Operability）。

5）操作透明性指标（Transparency）。